一流规划教材
一流学科教材
生命科学

核磁共振
原理及其应用

PRINCIPLE AND APPLICATION OF NUCLEAR MAGNETIC RESONANCE

施蕴渝　主审

张家海　夏佑林　龚庆国　吴季辉　编著

U0243121

中国科学技术大学出版社

内 容 简 介

本教材是在中国科学技术大学研究生和本科生生物大分子波谱学原理、结构生物学Ⅱ(波谱学)及核磁共振实验技术等理论和实验教学中使用多年的讲义基础上,参考国内外有关专著编撰而成的。本教材主要介绍了核磁共振原理,高场核磁共振波谱仪的结构与功能,以及核磁共振在各类分子结构解析、分子间互相作用,分子动力学研究方面的应用。详细介绍了应用多维核磁共振技术解析蛋白质三维溶液结构的原理、方法和策略。

本书可作为高等院校化学、材料、生物、物理和药学等专业的本科生、研究生的教材及教师的教学参考书,也可供从事核磁共振波谱学及相关专业方向研究的科研工作者参考。

图书在版编目(CIP)数据

核磁共振原理及其应用/张家海等编著. —合肥:中国科学技术大学出版社,2022.8
(中国科学技术大学一流规划教材)
ISBN 978-7-312-03897-6

Ⅰ. 核… Ⅱ. 张… Ⅲ. 核磁共振—高等学校—教材 Ⅳ. O482.53

中国版本图书馆 CIP 数据核字(2022)第 069420 号

核磁共振原理及其应用

HE-CI GONGZHEN YUANLI JI QI YINGYONG

出版	中国科学技术大学出版社
	安徽省合肥市金寨路 96 号,230026
	http://press.ustc.edu.cn
	https://zgkxjsdxcbs.tmall.com
印刷	安徽国文彩印有限公司
发行	中国科学技术大学出版社
开本	787 mm×1092 mm 1/16
印张	17
字数	435 千
版次	2022 年 8 月第 1 版
印次	2022 年 8 月第 1 次印刷
定价	50.00 元

序

核磁共振（Nuclear Magnetic Resonance，NMR）是指核磁矩不为零的核，在外磁场的作用下，核自旋能级发生塞曼分裂（Zeeman Splitting），共振吸收某一特定频率的射频（Radio Frequency，RF）辐射的物理过程。由于核磁共振的参数与分子的化学结构有密切的关系，因而 NMR 能提供有关化学结构及分子动力学的信息，成为分子结构解析的一个有力工具。

NMR 技术从发现到发展，直到今天的广泛应用，不过七十余年的历史，却有着非常惊人的成就。与之相关的工作已经先后有 8 人获得 6 次诺贝尔奖（3 次物理学奖，2 次化学奖，1 次生理学或医学奖），由此足以看出核磁共振波谱技术及其应用的多学科交叉的特点。

1943 年和 1944 年，Otto Stern 和 Isidor Rabi 分别由于发现核自旋现象和测量到原子核的磁性先后获得诺贝尔物理学奖。美国哈佛大学的 Edward Purcell 和斯坦福大学的 Felix Bloch 各自独立观察到核磁共振信号，1952 年获得诺贝尔物理学奖。1946～1951 年间，由于化学位移和自旋耦合的相继发现，NMR 信号与化学结构联系起来，成为解决化学问题的一个有力工具，并且在其他领域也具有广阔的应用前景。1953 年美国 Varian 公司研制成世界上第一台商业化的 NMR 谱仪（EM-300 型，质子工作频率 30 MHz，磁场强度 7000 Gs）。从此，各类仪器相继出现，其应用范围也日益扩大。1964 年以后，NMR 谱仪经历了两次重大的革命：其一是磁场超导化，其二是脉冲傅里叶变换技术（PFT）的采用，两者都大大提高了仪器的分辨率和灵敏度。1964 年美国 Varian 公司研制出世界上第一台超导磁场的 NMR 谱仪（HR-200 型，200 MHz，磁场强度 4.74 T），1971 年日本 JEOL 公司生产出世界上第一台脉冲傅里叶变换 NMR 谱仪（JNM-PFT-100 型，质子工作频率 100 MHz，磁场强度 2.35 T）。从此以后，多核及多功能的高级 NMR 谱仪如雨后春笋般地涌现出来，NMR 的应用范围也相应地从有机小分子扩展到生物大分子。1991 年，瑞士苏黎世联邦理工学院（简称"高工"）的 Richard R. Ernst 因为发展了脉冲傅里叶变换的多维 NMR 技术获得诺贝尔化学奖。瑞士苏黎世高工的 Kurt Wüthrich 也于 2002 年通过发展多维核磁共振解析生物大分子的溶液结构方法获得了诺贝尔化学奖。2003 年美国科学家 Paul C. Lauterbur 和英国科学家 Peter Mansfield 因发展了核磁共振成像技术获得诺贝尔生理学或医学奖。

如今,NMR 不仅是有机结构测定的四大谱学之一,而且在分析化学、络合物化学、高分子化学、石油化工、药物学、分子生物学、医学和固体物理等领域都有广泛的应用。

核磁共振波谱学技术用于研究生物学问题开始于这个方法出现之后的 10 年。1954 年 Jacobson、Andson 和 Arnol 试图通过观察水中质子信号的增宽及面积的减小来测量 DNA 的水化。尽管以后的研究证明这种测量的结果并不能清楚地说明 DNA 的水化,但是他们的报告还是引起了人们的兴趣,开始把核磁共振作为生物学研究的一个工具。1956 年 Jardetzky 和 Wetz 将 ^{23}Na 共振的四极矩增宽用于研究在含有螯合剂、蛋白质、红细胞的溶液中离子的结合。在同一年 Bdeblad、Bhar 及 Lindstrom 尝试测量人红细胞中水的交换速度。第一次使用核磁共振波谱技术成功地直接观察到生物大分子的是 Saunders、Wishnia 及 Kirkwood 等人,他们于 1957 年报道了 40 MHz 的核糖核酸酶 ^{1}H 核磁共振波谱。同年,Davidson 和 Gold 通过研究首先指出顺磁离子和大分子的结合可以通过它们对水分子的弛豫时间的影响来观测。而酶反应的立体化学信息可以通过产物的核磁共振谱获得,则首先由 Far-rar、Gutowsky、Albarty 和 Miller 等人发现。1959 年 Cohn 报道了第一个 ADP 和 ATP 的 ^{31}P 谱,并指出 Mg^{2+} 主要是结合在 α 和 β 磷上,而不是在 γ 磷上。随着 1964 年第一台超导磁场核磁共振谱仪投入商品生产,以及随后二维核磁共振波谱技术的发展,NMR 在生物学中得到了越来越广泛的应用。到 1969 年为止,讨论 NMR 在生物学中的应用的文章还不足 300 篇,而到 1981 年这类文章就接近 6000 篇。生物体中几乎所有组分,包括氨基酸、核苷、糖、寡聚肽、多肽、寡聚核苷酸、多核苷酸、蛋白质、tRNA、mRNA、DNA、磷脂和多糖都得到研究。从中可以得到如下信息:生物大分子在溶液中的构象及构象变化,同源结构的比较,晶体结构和溶液结构的比较,分子相互作用的细节,反应速率和交换速率。核磁共振还可用来研究分子动力学,包括分子内的基团运动,以及生物膜的流动性;此外,还被用来研究活细胞和活组织。

用 X 射线衍射法测定晶体状态的生物大分子的空间结构,是分子生物学的重大突破,它使人们可以直接看到生物大分子内部的立体图象,为人们提供了最准确的结构信息。但是 X 射线衍射法也有其局限性,那就是它只能研究在晶体状态下的生物大分子。而生物大分子发挥生物功能都是在溶液中或界面上,而且都是动态的过程,这种动态过程常与几个生物分子的相互作用,或大分子与小分子的相互作用相联系,因此有必要发展测定生物大分子溶液构象的方法。核磁共振波谱技术就是测定生物大分子溶液构象的一种重要方法。为了证明该方法的可行性,1986 年瑞士苏黎世高工的 Kurt Wüthrich 和西德马克斯普朗克研究所的 R. Huber 分别用 2D-

NMR 方法和 X 射线晶体衍射方法独立测定α淀粉酶抑制剂 Tendamistat 在溶液和在晶体状态下的空间结构,二者的结果十分相似。

截至目前,核磁共振波谱技术、冷冻电镜、X 射线晶体衍射仍旧是少数几种可以获得生物大分子三维结构的方法,而在获取动态信息和研究相互作用方面,NMR 有独特的优势。

利用核磁共振波谱技术研究生物大分子具有如下特点:

(1) 可以不破坏生物大分子的结构(包括空间结构),在天然状态下对样品进行探测。

(2) 能够用来研究生物大分子在溶液中的空间结构和功能的关系;不仅可以探测基态结构,而且可以探测激发态的结构。

(3) 能够用来研究生物样品中的动态行为。

近年来在蛋白质和核酸等生物大分子中都发现了分子内基团的毫微秒数量级的运动,这就改变了以往人们认为的蛋白质和核酸在结构上是静止的这种观点。这种运动可能有着重要的生物学意义。核磁共振技术可用来对这种运动进行探测,也可用来探测生物膜的流动性。

(4) 和其他研究生物大分子溶液构象的光谱方法相比,核磁共振具有可观察个别基团行为的特点。

用核磁共振技术来研究生物大分子溶液构象也有其缺点:灵敏度低,样品需要量大,确定分子量较大的分子的 NMR 谱线的归属十分困难,而且仪器昂贵,使用和维护费用也非常高。

近年来,核磁共振技术在多方面获得突破性的进展,新的技术方法和应用场景不断涌现。低温超导(Low Temperature Superconducting,LTS)和高温超导(High Temperature Superconducting,HTS)技术联用开发出的 1.2 GHz(25.9 T)磁体已经于 2020 年交付到第一批商业用户手中。由于超高磁场在灵敏度和分辨率方面的巨大优势,核磁共振技术在结构生物学和材料科学领域的许多变革性应用正在变为现实。更高强度的磁场和高灵敏度的超低温探头技术的应用近一步推动了溶液 NMR 在生物大分子结构和功能以及人类代谢组学方面的研究的深入。甲基 TROSY 使得核磁共振可以观察分子量高达兆道尔顿数量级的大型复合物中的信号,由此打开观察分子机器内部运动机制的窗口。另外,液体 NMR 技术作为一种独一无二的手段,提供了固有无序蛋白的构象信息,使得我们更好地了解了这些蛋白在生理和病理条件下的功能。

固体核磁方面更取得了长足的进步,极大地扩展了固体 NMR 技术在生物大分子方面的应用范围。不仅仅得益于更高的磁场,超高转速魔角旋转和动态核极化技术(Dynamic Nuclear Polarization,DNP)相关硬件和方法的发展和成熟,也大大提高了固体核磁的灵敏度。核磁的样品不再局限于纯化的蛋白溶液或者单一的蛋白质聚合体,整个细胞或者完整的病毒粒子都可以成为核磁共振技术的研究对象。

    本书是对中国科学技术大学结构生物学和核磁共振波谱学多年教学和科研的成果总结。期望本教材的出版对结构生物学和核磁共振波谱学等相关领域的人才培养和科学研究起到积极的推动作用。

2022 年 5 月 16 日

前　　言

　　结构生物学是一门以生物大分子的结构与功能的关系和动力学为基础来阐明生命现象的科学。在自然科学自身发展和新兴产业发展两种驱动力的交互作用下，结构生物学已成为生命科学研究的前沿领域和热点，它与细胞生物学、神经生物学、免疫学、遗传学、发育生物学等学科密切相关。

　　如果说生物大分子空间结构的测定已经有了七十年的历史，那么今天的结构生物学已经完全超越了单纯的空间结构测定本身，并且瞄准了生物大分子的功能，瞄准了那些与功能紧密联系在一起的生物大分子复合物的结构，如酶与底物、激素与受体、DNA 和 RNA 与其结合蛋白，以及更为复杂的大分子组装体，如细胞骨架的微管系统、细菌鞭毛、核小体、核糖体细胞表面受体等。

　　结构生物学作为近二十年来兴起的一门新兴学科，是一门交叉性极强的学科，它的发展既是生命科学中生物化学、分子生物学、分子生物物理学等学科发展的必然结果，又与数学、物理学、化学、计算机科学有着极为密切的关系。结构生物学既是基础理论研究，又有很强的应用前景，它是新兴生物产业和生物高技术应用研究如蛋白质工程、药物分子设计、新型疫苗和抗体设计等的重要基础。

　　核磁共振波谱学是结构生物学研究的重要手段之一。20 世纪 90 年代以来核磁共振波谱理论和技术得到了飞速的发展，并在结构生物学上得到了广泛应用。

　　本教材是在中国科学技术大学生命科学学院三十多年对本科生和研究生教学以及科研成果总结的基础上，参考了国内外有关论著编写的，适合于本科生的学习，也可供研究生及有关专业人员参考。由于时间仓促，难免有错误和不完善之处，望读者批评指正，以进一步改进。

编　者

2022 年 6 月

目　　录

第1章 核磁共振基本原理

1.1 原子核的磁矩

设原子的质量数为 A, Z 为核电荷数, 也等于原子序数, 如果原子核的自旋用核自旋量子数 I 来表示, 那么核自旋量子数符合下面三条基本规律:

(1) 当 A、Z 都是偶数时, 核自旋量子数 $I = 0$。如 $^{16}O_8$, $^{12}C_6$, $^{32}S_{16}$: $I = 0$。

(2) 当 A 是奇数, Z 是偶数或奇数时, 核自旋量子数 $I =$ 半整数。 如 $^{1}H_1$, $^{19}F_9$, $^{31}P_{15}$, $^{3}H_1$, $^{15}N_7$: $I = 1/2$; 以及 $^{35}Cl_{17}$, $^{37}Cl_{17}$: $I = 3/2$。

(3) 当 A 是偶数, Z 是奇数时, 核自旋量子数 $I =$ 整数, 如 $^{2}D_1$, $^{14}N_7$: $I = 1$; $^{50}V_{23}$: $I = 6$。

自旋量子数 $I \neq 0$ 的核具有角动量和磁矩。I 为核自旋角动量, 其大小为

$$|I| = \sqrt{I(I+1)}\,\hbar \tag{1.1.1}$$

其中 $\hbar$ 为普朗克常数, $\hbar = h/(2\pi)$, 核磁矩 μ 和核角动量之间存在如下关系:

$$\mu = \gamma I \tag{1.1.2}$$

γ 是核旋磁比, 不同的核有不同的旋磁比,

$$\gamma = ge/(2m_p c) = \frac{g\beta}{\hbar} \tag{1.1.3}$$

其中 g 称为 g 因子, 因核而异, m_p 是质子质量, c 是光速, $\beta = eh/2m_p c = 5.05038 \times 10^{-24}$ erg·Gs^{-1}, β 被称为核磁子。因为质子质量是电子质量的 1836 倍, 即 $m_p = 1836 m_e$, 所以核磁子是玻尔磁子的 1/1836。

核自旋角动量在外磁场中是空间量子化的, 以磁场方向为 z 轴, 核自旋角动量在 z 方向上的投影为

$$I_z = m\hbar \tag{1.1.4}$$

其中 m 称为核的磁量子数, $m = I, I-1, \cdots, -I+1, -I$。

核磁矩在 z 方向上的投影为 μ_z, 有

$$\mu_z = \gamma I_z = \lambda m\hbar = g\beta m \tag{1.1.5}$$

由以上分析可知, 核磁矩也是空间量子化的。因为 $m = I, I-1, \cdots, -I+1, -I$ 共有 $2I+1$ 个取值, 所以在外磁场中核磁矩将有 $2I+1$ 个不同的空间取向。图 1.1.1 是 $I = 2$ 的核在外磁场中磁矩的 5 种不同取向。在图中,

$$\cos\theta_m = \frac{I_z}{|I|} = \frac{m\hbar}{\sqrt{I(I+1)}\,\hbar} = \frac{m}{\sqrt{I(I+1)}} \tag{1.1.6}$$

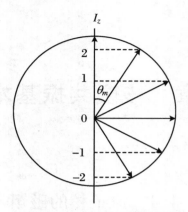

图 1.1.1　核磁矩的空间量子化

1.2　核磁共振现象

在没有外磁场时,自旋量子数相同的核,其角动量虽有不同的空间取向,但其能量是相同的,即能级是简并的。

加上外磁场 H_0 后,磁矩 $\boldsymbol{\mu}$ 与磁场相互作用,核能级发生塞曼分裂,相互作用势能为 E:

$$E = -\boldsymbol{\mu} \cdot \boldsymbol{H}_0 = -\mu_z H_0 \tag{1.2.1}$$

因为 $\mu_z = g\beta m = \gamma \hbar m$,所以

$$E = -g\beta m H_0 = -\gamma \hbar m H_0 \tag{1.2.2}$$

以质子为例,$I = 1/2$,$m = \pm 1/2$,在外磁场 H_0 作用下分裂成为两个能级:

$$E_\alpha = -\frac{g\beta H_0}{2} = -\frac{\gamma \hbar H_0}{2} = -\frac{\hbar \omega_0}{2} \quad (m = +1/2)$$

$$E_\beta = \frac{g\beta H_0}{2} = \frac{\gamma \hbar H_0}{2} = \frac{\hbar \omega_0}{2} \quad (m = -1/2)$$

其中 $\omega_0 = \gamma H_0$,为拉摩频率,$E_\beta > E_\alpha$,如图 1.2.1 所示。两能级间的能量差为 ΔE,

$$\Delta E = E_\beta - E_\alpha = \hbar \omega_0 \tag{1.2.3}$$

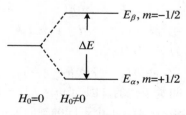

图 1.2.1　能级分裂

ΔE 的大小与 H_0 成正比,磁场强度越大,能量差 ΔE 越大。如果在上述均匀磁场 H_0(设在 z 方向)存在的同时,再加上一个方向与之垂直、强度远小于 H_0 的射频交变磁场 H_1(设在 x

方向),则只要满足下述频率条件:

$$h\nu = \hbar\omega = \Delta E = \hbar\omega_0 \tag{1.2.4}$$

上式中,ν、ω 分别为射频场的频率和角频率,$\omega = 2\pi\nu$($\hbar = h/2\pi$),原子核就吸收射频磁场的能量,在两塞曼能级之间跃迁,也称为共振。其共振频率为

$$\nu = \frac{\Delta E}{h} = \frac{\gamma H_0}{2\pi} = \frac{\omega_0}{2\pi} \tag{1.2.5}$$

即 $\omega = \omega_0$,这就是核磁共振实验中的共振频率。对于同种核来说,ν 与 H_0 成正比。

由(1.2.5)式得到的质子共振频率 ν_p(单位:MHz)与磁场强度 H_0(单位:T)之间的关系如下:

$$\nu_p = 42.57708 H_0 \tag{1.2.6}$$

例如,$H_0 = 1.41$ T,$\nu_p = 60$ MHz;$H_0 = 2.35$ T,$\nu_p = 100$ MHz;$H_0 = 11.75$ T,$\nu_p = 500$ MHz。由于核磁共振频率正比于旋磁比,因此在相同的磁场下,不同种类的核有不同的频率。显然有

$$\nu_N / \nu_p = \frac{\gamma_N}{\gamma_p} \tag{1.2.7}$$

对于 ^{13}C 而言,由于 $\gamma_N/\gamma_p \approx 1/4$,因此在上述三种不同的磁场作用下的共振频率分别为 15 MHz,25 MHz 和 100 MHz。其他核在不同磁场下的共振频率见表 1.2.1。

为了满足(1.2.5)式使共振发生,可以固定磁场 H_0,改变射频场的频率 ν(即扫频),也可以固定射频场的频率 ν,而改变磁场 H_0 的大小(即扫场),二者在本质上是一致的,但由于技术上的原因以前的连续波谱仪大都采用扫场法。

表 1.2.1 常用 NMR 研究核的物理常数

元素	自旋	自然丰度	相对灵敏度	绝对灵敏度	核磁共振频率 磁场 2.3488 T	磁矩 μ	电四极矩 Q
^{1}H	1/2	99.98%	1.00	1.00	100	2.7927	
^{2}D	1	0.015%	9.65×10^{-3}	1.45×10^{-6}	15.351	0.8574	2.77×10^{-3}
^{11}B	3/2	81.17%	1.65×10^{-1}	1.30×10^{-1}	32.084	2.6880	1.55×10^{-2}
^{13}C	1/2	1.11%	1.59×10^{-2}	1.76×10^{-4}	25.144	0.7022	
^{14}N	1	99.63%	1.01×10^{-3}	1.01×10^{-3}	7.244	0.4036	7.1×10^{-2}
^{15}N	1/2	0.37%	1.04×10^{-3}	3.85×10^{-6}	10.133	-0.2830	
^{17}O	5/2	0.04%	2.91×10^{-2}	1.08×10^{-5}	11.557	-1.8930	-4×10^{-2}
^{19}F	1/2	100%	8.33×10^{-1}	8.30×10^{-1}	94.077	2.6273	
^{23}Na	3/2	100%	9.25×10^{-2}	9.25×10^{-2}	26.451	2.2161	1×10^{-1}
^{25}Mg	5/2	10.05%	2.68×10^{-3}	2.71×10^{-4}	6.1195	-0.8547	
^{29}Si	1/2	4.70%	7.85×10^{-2}	3.69×10^{-4}	19.865	-0.5548	
^{31}P	1/2	100%	6.63×10^{-2}	6.63×10^{-2}	40.481	1.1305	
^{33}S	3/2	0.74%	2.26×10^{-3}	1.17×10^{-5}	7.670	0.6427	-6.4×10^{-2}
^{35}Cl	3/2	75.4%	4.70×10^{-3}	1.55×10^{-3}	9.798	0.8209	-7.9×10^{-2}

元素	自旋	自然丰度	相对灵敏度	绝对灵敏度	核磁共振频率磁场 2.3488 T	磁矩 μ	电四极矩 Q
^{37}Cl	3/2	24.6%	2.71×10^{-3}	6.63×10^{-4}	8.156	0.6833	-6.21×10^{-2}
^{39}K	3/2	93.08%	5.08×10^{-4}	4.73×10^{-4}	4.667	0.3909	1×10^{-1}
^{43}Ca	7/2	0.13%	6.40×10^{-3}	9.28×10^{-6}	6.728	-1.3153	
^{79}Br	3/2	50.57%	7.86×10^{-2}	3.97×10^{-2}	25.053	2.0990	1.3×10^{-1}
^{81}Br	3/2	49.43%	9.85×10^{-2}	4.87×10^{-2}	27.006	2.2626	2.8×10^{-1}
^{111}Cd	1/2	12.86%	9.54×10^{-3}	1.21×10^{-3}	21.305	-0.5922	
^{113}Cd	1/2	12.34%	1.09×10^{-2}	1.47×10^{-2}	22.182	-0.6195	
^{127}I	5/2	100%	9.34×10^{-2}	2.20×10^{-3}	20.007	2.7939	2.77×10^{-3}

以上我们讨论了核磁共振的共振条件,但是由辐射理论知,一对能级之间的跃迁可能有下列三种情况:

(1) 粒子在没有受到外界作用时,自发地由较高能量状态跃迁到较低能量状态,放出能量,这叫作自发辐射。

(2) 粒子在外界辐射作用下,由较高能量状态跃迁到较低能量状态,放出能量,这叫作受激辐射。

(3) 粒子在外界辐射作用下,由较低能量状态跃迁到较高能量状态,并吸收能量,这叫作受激吸收。

在射频范围内,自发辐射的概率≪受激辐射的概率,而受激辐射和受激吸收的概率是相等的,设它为 W。

假定一个宏观样品中有 N 个核,在恒定磁场中,有 N_α 个核处于低能态,N_β 个核处于高能态,能量吸收的速度 $\mathrm{d}E/\mathrm{d}t$ 应正比于单位时间由低能级跃迁到高能级的粒子数与由高能级跃迁到低能级的粒子数之差,即

$$\frac{\mathrm{d}E}{\mathrm{d}t} = N_\alpha W E_\alpha - N_\beta W E_\beta = h\nu W n \tag{1.2.8}$$

其中 W 是跃迁概率,n 是占据低能级和高能级的粒子布居数之差,$n = N_\alpha - N_\beta$,所以要观察到核磁共振吸收信号,n 必须不为零。

在热平衡状态下,上下能级粒子布居数之比符合玻尔兹曼分布,即

$$\frac{N_\beta^0}{N_\alpha^0} = \mathrm{e}^{-(E_\beta - E_\alpha)/kT} = \mathrm{e}^{-\hbar\omega_0/kT} \approx 1 - \frac{\hbar\omega_0}{kT} \tag{1.2.9}$$

其中 N_β^0、N_α^0 是热平衡状态下上、下两个能级上的粒子布居数,k 是玻尔兹曼常数,T 是绝对温度。(1.2.9)式的最后一步,用到了高温近似。这是因为在室温时,如 $T=300\,°\mathrm{K}$ 时,$kT = 4.14\times10^{-21}$ J,而对于 60 MHz 的谱仪,若观测质子,则 $\hbar\omega_0 = h\nu = 6.62\times10^{-34}\times60\times10^6 = 3.97\times10^{-26}$ J,因此 $\hbar\omega_0/kT\ll1$。

对质子来说($I=1/2$),当 $T=300\,°\mathrm{K}$,$H_0 = 1.4092$ T 时,

$$\frac{N_\beta^0}{N_\alpha^0} = \frac{1}{1.0000099} \tag{1.2.10}$$

由此可知,在热平衡状态下,相邻两能级上粒子数差是很小的,但是就是这样少的过剩粒子,

使得在射频场作用下,尽管一个核由低能级跃迁到高能级的概率和由高能级跃迁到低能级的概率相等,但是最终效果还是共振吸收能量,可以观察到吸收信号。由(1.2.8)式可知,由于 NMR 信号强度正比于 n^0($n^0 = N_\alpha^0 - N_\beta^0$),$n^0$ 很小意味着信号很弱,这就是与红外、紫外光谱相比,核磁共振灵敏度低,需要大量数据累加的原因。

1.3 自旋-晶格相互作用和自旋-自旋相互作用

由前面的讨论我们已看到,核自旋系统在外射频场作用下,受激吸收的概率等于受激辐射的概率,由于在宏观样品中,上下能级之间粒子的布居数符合玻尔兹曼分布,所以单位时间由低能级跃迁至高能级的粒子数稍稍多于由高能级跃迁至低能级的粒子数,总的结果是核自旋系统将吸收射频场的能量,但是这样又出现了一个问题:既然单位时间内向上跃迁的核数目多于向下跃迁的核数目,那么上下能级之间的核数目之差额会越来越小,最终趋向于零。

如图 1.3.1 所示,对于 $I = 1/2$ 的体系,假设有 N_α 个核处于低能级($m = 1/2$,α 态),有 N_β 个核处于高能级($m = -1/2$,β 态)。在交变磁场的作用下,粒子在不同的能级之间发生跃迁。设单位时间内一个核由 α 状态跃迁到 β 状态的概率为 $W_{\alpha\beta}$,单位时间内一个核由 β 状态跃迁到 α 状态的概率为 $W_{\beta\alpha}$,由含时微扰论知:

$$W_{\alpha\beta} = W_{\beta\alpha} = W \tag{1.3.1}$$

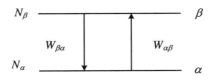

图 1.3.1 粒子在两能级间的跃迁

上下能级上核数目随时间的变化率分别为

$$\frac{\mathrm{d}N_\alpha}{\mathrm{d}t} = N_\beta W_{\beta\alpha} - N_\alpha W_{\alpha\beta} = W(N_\beta - N_\alpha)$$
$$\frac{\mathrm{d}N_\beta}{\mathrm{d}t} = N_\alpha W_{\alpha\beta} - N_\beta W_{\beta\alpha} = W(N_\alpha - N_\beta) \tag{1.3.2}$$

令上下能级上核数目之差为

$$n = N_\alpha - N_\beta$$

上下能级上核数目之和为

$$N = N_\alpha + N_\beta$$

则

$$N_\alpha = \frac{(N + n)}{2} \tag{1.3.3}$$

$$N_\beta = \frac{(N - n)}{2} \tag{1.3.4}$$

将(1.3.3)式和(1.3.4)式代入(1.3.2)式得

$$\frac{\mathrm{d}n}{\mathrm{d}t} = -2Wn \tag{1.3.5}$$

解此方程得

$$n = n(0)\mathrm{e}^{-2Wt} \tag{1.3.6}$$

(1.3.6)式说明在射频场作用下,上下两能级上的核数目之差将随时间按指数减少,最终趋于零。这意味着理论上吸收信号开始很强,后来减弱,以致最后消失。可是事实上并非如此,人们通常都可以看到持续的核磁共振信号。

另外,由共振吸收频率 $\omega = \gamma H_0$ 可知,吸收似乎应是单一频率的谱线,而实际上我们得到的却是具有一定宽度的吸收峰。

为了回答上述两个问题,有必要对核磁共振原理作进一步的讨论。

在上述讨论中,我们把各个核看成是孤立的核,没有考虑它们之间的相互作用。而实际上,不论是在固体还是在液体中,核自旋都不是孤立的,它们彼此之间以及它们和周围物质之间都有相互作用,不断进行着能量交换。在核磁共振理论中,这种能量的交换方式主要有两种:

(1) 核自旋系统与周围晶格交换能量(这里的晶格是广义的,是构成物质的质点系的统称,不限于晶体),称为自旋-晶格相互作用。

(2) 等同核自旋系统内部各核之间交换能量,称为自旋-自旋相互作用。

1.3.1 自旋-晶格相互作用

如果由于某种原因自旋系统的粒子数分布已经偏离平衡分布,那么在自旋-晶格相互作用下,核系统可以恢复到平衡态时的玻尔兹曼分布,在物理学中,常常把恢复平衡过程称为弛豫过程,这种由于自旋-晶格相互作用使系统恢复平衡的过程,称为自旋-晶格弛豫过程。

自旋-晶格弛豫过程的快慢,可以用自旋-晶格弛豫时间来描述。

以 $I = 1/2$ 的核为例,设热平衡时低能级的粒子数为 N_α^0,高能级的粒子数为 N_β^0;非平衡时低能级的粒子数为 N_α,高能级的粒子数为 N_β;热平衡时低、高能级的粒子数之差为 $n^0 = N_\alpha^0 - N_\beta^0$;非平衡时低、高能级的粒子数之差为 $n = N_\alpha - N_\beta$;核由低能级向高能级跃迁的概率为 $W_{\alpha\beta}$,核由高能级向低能级跃迁的概率为 $W_{\beta\alpha}$,参见图 1.3.1,因为

$$\frac{\mathrm{d}N_\alpha}{\mathrm{d}t} = N_\beta W_{\beta\alpha} - N_\alpha W_{\alpha\beta}$$
$$\frac{\mathrm{d}N_\beta}{\mathrm{d}t} = N_\alpha W_{\alpha\beta} - N_\beta W_{\beta\alpha} \tag{1.3.7}$$

所以

$$\frac{\mathrm{d}n}{\mathrm{d}t} = 2(N_\beta W_{\beta\alpha} - N_\alpha W_{\alpha\beta})$$

令 $N = N_\alpha + N_\beta$,因为 $n = N_\alpha - N_\beta$,所以 $N_\alpha = (N+n)/2, N_\beta = (N-n)/2$。于是

$$\frac{\mathrm{d}n}{\mathrm{d}t} = (N-n)W_{\beta\alpha} - (N+n)W_{\alpha\beta}$$
$$= N(W_{\beta\alpha} - W_{\alpha\beta}) - n(W_{\beta\alpha} + W_{\alpha\beta})$$

热平衡时,$\mathrm{d}n/\mathrm{d}t = 0$,所以有

$$N(W_{\beta\alpha} - W_{\alpha\beta}) = n^0(W_{\beta\alpha} + W_{\alpha\beta})$$

即

$$W_{\beta\alpha} - W_{\alpha\beta} = \frac{(W_{\beta\alpha} + W_{\alpha\beta})n^0}{N}$$

这样在非平衡态时就有

$$\frac{\mathrm{d}n}{\mathrm{d}t} = n^0(W_{\beta\alpha} + W_{\alpha\beta}) - n(W_{\beta\alpha} + W_{\alpha\beta})$$

$$= (n^0 - n)(W_{\beta\alpha} + W_{\alpha\beta})$$

$$= -2\overline{W}(n - n^0)$$

其中 $\overline{W} = (W_{\beta\alpha} + W_{\alpha\beta})/2$,为弛豫引起的跃迁的平均概率。令

$$T_1 = \frac{1}{2\overline{W}} \tag{1.3.8}$$

就有

$$\frac{\mathrm{d}n}{\mathrm{d}t} = -\frac{(n - n^0)}{T_1} \tag{1.3.9}$$

设 $\tau = 0$ 时, $n = 0$,于是由(1.3.9)式可得

$$n = n_0(1 - \mathrm{e}^{-t/T_1}) \tag{1.3.10}$$

根据(1.3.10)式,将 n 对 t 作图,如图 1.3.2 所示。这表示下、上能级粒子数之差恢复到平衡态时的变化过程,当 $t = \infty$ 时, $n = n_0$;当 $t = T_1$ 时, $n = n_0(\mathrm{e} - 1)/\mathrm{e} = 63\% n_0$。

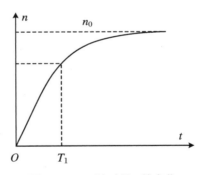

图 1.3.2　n 随时间 t 的变化

由此可知, T_1 是一个用来表征自旋-晶格弛豫过程快慢的时间常数,称为自旋-晶格弛豫时间,单位是秒,与周围环境有关。 $1/T_1$ 称为自旋-晶格弛豫速度。 T_1 越小,自旋-晶格弛豫相互作用越强,弛豫越快;反之, T_1 越长,自旋-晶格弛豫相互作用越弱,弛豫越慢。

综上所述,一方面,自旋系统在射频场的作用下,将发生受激辐射和受激吸收,使下一能级的粒子数不断减少,而上一能级粒子数不断增加,逐渐趋于一种粒子数分布均等的饱和状态;另一方面,核自旋系统在自旋-晶格相互作用下,向下跃迁的概率大于向上跃迁的概率,结果使核自旋系统不断趋于按玻尔兹曼分布的平衡状态。因此若同时考虑受激跃迁和弛豫作用,即将等式(1.3.5)和(1.3.8)结合,并将 $T_1 = 1/(2\overline{W})$ 代入,可得

$$\frac{\mathrm{d}n}{\mathrm{d}t} = -2Wn - \frac{n - n_0}{T_1} \tag{1.3.11}$$

稳态情况下, $\mathrm{d}n/\mathrm{d}t = 0$,于是

$$n = \frac{n_0}{1 + 2WT_1} \tag{1.3.12}$$

由(1.3.12)式可见,当射频场很强,跃迁概率很大,或自旋-晶格相互作用很弱（T_1 很长）,系统将发生饱和（$n \rightarrow 0$）。由此解释了为什么我们一般要控制条件 $H_1 \ll H_0$,使饱和不致发生。

1.3.2 自旋-自旋相互作用

除自旋-晶格相互作用外,等同核之间也存在着磁相互作用,称为自旋-自旋相互作用,自旋-自旋相互作用引起的弛豫过程称为自旋-自旋弛豫过程。

下面我们先讨论一对等同核 A、B 之间的磁相互作用:

在外磁场 H_0 中,A 核的磁矩绕 H_0 进动(见下面的 1.4 节),核 A 的磁矩 $\boldsymbol{\mu}_A$ 将在 B 处产生局部磁场,此局部磁场可分解为两个分量,一个与 H_0 平行,由 $\boldsymbol{\mu}_A$ 与 H_0 平行的分量 $\boldsymbol{\mu}_{A\parallel}$ 产生,我们用 $H_\parallel$ 表示;一个与 H_0 垂直,由 $\boldsymbol{\mu}_A$ 与 H_0 垂直的分量 $\boldsymbol{\mu}_{A\perp}$ 产生,我们用 $H_\perp$ 表示,如图 1.3.3 所示。

先讨论 $H_\parallel$ 的作用。$H_\parallel$ 的作用与恒定磁场 H_0 叠加,使邻近核 B 上的磁场大小改变,$H_\parallel$ 的大小与两核间的距离 r、与外磁场 H_0 方向的夹角 θ 及 $\boldsymbol{\mu}_A$ 的大小有关,

$$H_\parallel = \pm \frac{3}{2} \frac{\boldsymbol{\mu}_A (3\cos^2\theta - 1)}{r^3} \tag{1.3.13}$$

在实际样品中等同核都是远远不止两个的,在等同核系统内,每个核所受到的局部磁场应等于周围所有其他核所产生的局部场的叠加,因为各个核所处的环境不完全相同,所以各个核所处的局部磁场的大小也不完全相同,这就造成局部磁场的不均匀性。

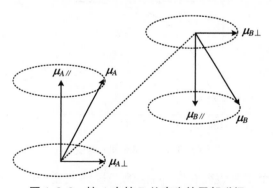

图 1.3.3 核 A 在核 B 处产生的局部磁场

当局部磁场和外磁场叠加时,等同核系统受到的有效场将有一定的范围,从而使能级具有一定的宽度,也就造成了谱线的增宽。因为每个核相当于一个磁偶极子,所以它们引起的增宽称为偶极增宽。在液体中,由于分子的快速翻滚使得偶极增宽平均为零。

再讨论 $H_\perp$ 的作用。由于磁矩 $\boldsymbol{\mu}_A$ 绕 H_0 进动,所以 $H_\perp$ 相当于一个随时间变化的交变场,它的变化频率与磁矩 $\boldsymbol{\mu}_A$ 的进动频率相等。因为 B 核和 A 核是等同核,所以在外磁场下 $\boldsymbol{\mu}_B$ 绕 H_0 的进动频率与 $\boldsymbol{\mu}_A$ 的相同,交变磁场 $H_\perp$ 将引起核 B 的受激跃迁,使核 B 由较低能量状态跃迁到较高能量状态,同时吸收一个能量子,与此同时,核 A 则由较高的能量状态跃迁到较低的能量状态,放出一个能量子,A、B 两核交换自旋状态。在这里能量虽然由核 A 传给核 B,但就整个系统而言,总能量并没有发生改变,也就是说处于高能级和低能级的核

的总能量并没有发生改变,并不影响粒子按能级的分布,但是交换自旋状态使核能级的平均寿命 $\bar{\tau}$ 缩短了,从而影响了谱线宽度。

综上所述,自旋-自旋相互作用主要影响谱线的宽度。

根据海森堡测不准关系,能级宽度与能级寿命之间存在如下关系:

$$\Delta E' n\tau \geqslant \hbar \tag{1.3.14}$$

其中 $\bar{\tau}$ 为能级平均寿命,$\Delta E'$ 为能级宽度(图 1.3.4),$\hbar$ 为普朗克常数 h 除以 2π,只要 $\bar{\tau}$ 不等于无穷大,能级就有一定的宽度,因而谱线也有一定的宽度,这就是所谓的"自然线宽"。

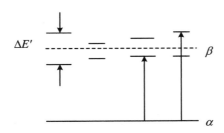

图 1.3.4　能级的不确定性

从这个关系出发,我们可以估计出线宽的大小。因为

$$\Delta\omega\,\hbar \sim \Delta E'$$

所以线宽为

$$\Delta\omega \sim \frac{\Delta E'}{\hbar} \sim \frac{1}{\tau} \tag{1.3.15}$$

设 W 是能级间发生跃迁的平均概率,即单位时间内可能发生跃迁的次数。由定义知:能级寿命 $\bar{\tau}$ 是粒子处于该能级的平均时间,也就是经过 $\bar{\tau}$ 时间,粒子可能发生一次跃迁,所以 $\bar{\tau}$ 与 W 互为倒数,

$$W = \frac{1}{\bar{\tau}}$$

那么线宽即为

$$\Delta\omega \sim \frac{1}{\bar{\tau}} \sim W \tag{1.3.16}$$

即用角频率表示的线宽近似为跃迁概率或近似为能级寿命 $\bar{\tau}$ 的倒数。

如上所述,自旋-自旋相互作用一方面引起局部磁场的不均匀性,造成谱线的偶极增宽;另一方面引起同类核之间交换自旋态,缩短了能级寿命。上述两种作用造成的线宽是同数量级的,习惯上常把这两种作用一起考虑。

用 $\Delta E_2'$ 表示这两种相互作用造成的能级增宽,W_2' 为与 $\Delta E_2'$ 相应的跃迁概率,T_2' 为与 W_2' 相应的能级寿命,即

$$W_2' = \frac{1}{T_2'}$$

至于自旋-晶格相互作用,由于引起了核自旋系统与晶格之间的能量交换,也会缩短能级寿命,故也造成一定的线宽。

由(1.3.8)式知,自旋-晶格相互作用造成的平均跃迁概率为

$$\overline{W}_1 = \frac{1}{2T_1}$$

因此核自旋系统由于物质内部相互作用引起的跃迁概率等于

$$W_2 = W_1 + W'_2 = \frac{1}{2T_1} + \frac{1}{T'_2} \tag{1.3.17}$$

用 T_2 代表与 W_2 相应的两种作用下的平均寿命,则有

$$\frac{1}{T_2} = \frac{1}{T'_2} + \frac{1}{2T_1} \tag{1.3.18}$$

所以线宽 $\Delta\omega \sim 1/T_2$。T_2 为自旋-自旋弛豫时间,它是核自旋处于激发态的能级寿命,单位是秒。$1/T_2$ 被称为自旋-自旋弛豫速度。

通常 $1/T_2$ 以谱线半高处的线宽 $\Delta\nu_{1/2}$(称为半高宽)表示,

$$T_2 = \frac{1}{\pi\Delta\nu_{1/2}} \tag{1.3.19}$$

如图 1.3.5 所示。

在实际问题中,还可能遇到其他原因造成的谱线增宽,例如样品范围内磁场的不均匀性,顺磁离子的存在,等等,所有这些都会使谱线进一步增宽。我们可仿效前面所讨论的方法,再用一个等效的寿命 T''_2 代表由于这种原因造成的谱线增宽,并把它叠加到总的线宽中去,于是

$$\frac{1}{T_2^*} = \frac{1}{T'_2} + \frac{1}{2T_1} + \frac{1}{T''_2} + \cdots \tag{1.3.20}$$

T_2^* 被称为表观自旋-自旋弛豫时间。

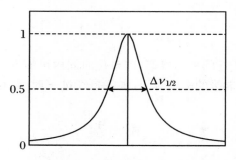

图 1.3.5 谱线半高宽与 T_2 的关系

1.4 Bloch 方 程

原子核系统是一个微观体系,运动规律符合量子力学规律,应该用量子力学来处理。但是由于经典力学比较简单和直观,便于说明许多核磁共振现象,所以有必要建立核磁共振的经典模型。在核磁共振的经典模型中,我们把每一个核磁矩看作一个刚性矢量,因而这种经典模型也叫矢量模型,然后研究它在恒定磁场和射频场的双重作用下的运动规律。

1.4.1 在外磁场中核磁矩的运动规律

在恒定磁场 H_0 的作用下,磁矩为 $\boldsymbol{\mu}$ 的核受到力矩 $\boldsymbol{T}$ 的作用:

$$T = \boldsymbol{\mu} \times \boldsymbol{H}_0 \tag{1.4.1}$$

按照经典力学,由于力矩 T 的作用将会引起角动量的改变,角动量随时间的变化率与力矩之间存在如下关系:

$$\frac{\mathrm{d}\boldsymbol{L}}{\mathrm{d}t} = \boldsymbol{T} \tag{1.4.2}$$

因为

$$T = \boldsymbol{\mu} \times \boldsymbol{H}_0, \quad \boldsymbol{L} = \frac{\boldsymbol{\mu}}{\gamma}$$

所以有

$$\frac{\mathrm{d}\boldsymbol{\mu}}{\mathrm{d}t} = \gamma(\boldsymbol{\mu} \times \boldsymbol{H}_0) \tag{1.4.3}$$

这就是在恒定磁场作用下核磁矩的运动方程,它的分量式为

$$\begin{aligned}
\dot{\mu}_x &= \gamma(\mu_y H_z - \mu_z H_y) \\
\dot{\mu}_y &= \gamma(\mu_z H_x - \mu_x H_z) \\
\dot{\mu}_z &= \gamma(\mu_x H_y - \mu_y H_x)
\end{aligned} \tag{1.4.4}$$

如果在样品上只作用有恒定磁场 H_0,并且我们取 H_0 的方向就是 z 轴的方向,即

$$H_x = 0, \quad H_y = 0, \quad H_z = H_0 \tag{1.4.5}$$

代入(1.4.4)式得

$$\begin{aligned}
\dot{\mu}_x &= \gamma \mu_y H_0 \\
\dot{\mu}_y &= -\gamma \mu_x H_0 \\
\dot{\mu}_z &= 0
\end{aligned} \tag{1.4.6}$$

解此方程得

$$\begin{aligned}
\mu_x &= \mu' \cos(\omega_0 t + \varphi) \\
\mu_y &= -\mu' \sin(\omega_0 t + \varphi) \\
\mu_z &= \text{const}
\end{aligned} \tag{1.4.7}$$

其中 $\omega_0 = \gamma H_0$,为拉摩进动频率,μ_x、μ_y 和 μ_z 分别是 $\boldsymbol{\mu}$ 在 x、y 和 z 轴上的分量,φ 是相位。方程(1.4.7)代表核磁矩 $\boldsymbol{\mu}$ 绕 $\boldsymbol{H}_0$ 以角频率 $\boldsymbol{\omega}_0 = -\gamma H_0$ 做进动,如图 1.4.1 所示。这种进动称为拉摩进动。

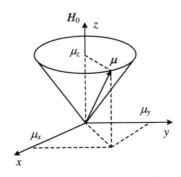

图 1.4.1　核磁矩在外磁场中的运动

现在,在 z 方向恒定磁场 H_0 存在的条件下,再在 x 方向加一个射频场。设射频场为

$$H' = i2H_1\cos \omega t$$
$$= H_1(i\cos \omega t + j\sin \omega t) + H_1(i\cos \omega t - j\sin \omega t)$$

因此线偏振的射频场 H' 被分解为两个幅度相同而偏振方向相反的圆偏振场的叠加。这两个圆偏振场分别是：

$$H_a = H_1(i\cos \omega t + j\sin \omega t) \tag{1.4.8}$$

$$H_b = H_1(i\cos \omega t - j\sin \omega t) \tag{1.4.9}$$

如图 1.4.2 所示。与(1.4.7)式对比可知，H_a 与 $\boldsymbol{\mu}$ 的进动方向相反，而 H_b 与 $\boldsymbol{\mu}$ 的进动方向相同。

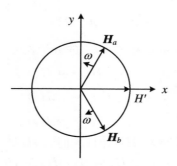

图 1.4.2 射频场的分解

先考虑在 H_0 和 H_b 的共同作用下核磁矩的运动，由(1.4.3)式可知，在 H_0 和 H_b 的共同作用下核磁矩的运动方程为

$$\frac{\mathrm{d}\boldsymbol{\mu}}{\mathrm{d}t} = \gamma\boldsymbol{\mu} \times (H_0 + H_b) = \gamma\boldsymbol{\mu} \times H^* \tag{1.4.10}$$

其中 $H^* = H_0 + H_b$，是主磁场 H_0 和圆偏振场 H_b 的和磁场。与(1.4.3)式对照可知，磁矩 $\boldsymbol{\mu}$ 应该是绕着总的磁场 H^* 进动的。

1.4.2 磁化矢量在外磁场中的运动 Bloch 方程

1. 在固定坐标系中磁化强度矢量的运动

前面已经说过，在核磁共振实验中，人们观察的不是个别核的行为而是大量磁性等同核的集合在磁场中的行为，大量核的磁性质要用磁化强度矢量 $\boldsymbol{M}$ 来描述。物质中任一点的磁化强度矢量 $\boldsymbol{M}$ 是指单位体积内磁矩的矢量和：

$$\boldsymbol{M}_0 = \sum \boldsymbol{\mu}_i \tag{1.4.11}$$

在恒定磁场 H_0 作用下，以 $I = 1/2$ 的核为例，核磁矩将全部分布在上下两个圆锥上进动，而且上圆锥的核磁矩数略多于下圆锥的核磁矩数。如果样品是各向同性的物质，由于大量核磁矩进动位相的均匀分布，在平衡时 $\boldsymbol{M}$ 的横向分量即 x 分量和 y 分量为零，

$$M_x = M_y = 0 \tag{1.4.12}$$

只有纵向分量 M_z：

$$\boldsymbol{M}_z = M_0\boldsymbol{k} = \sum \mu_i\boldsymbol{k} \tag{1.4.13}$$

如图 1.4.3 所示。

在恒定磁场 H_0 存在情况下，若再加入方向与之垂直的交变磁场 H'，它可以分解为两个

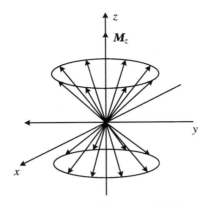

图 1.4.3　大量核的磁矩的进动

偏振场 H_a 和 H_b,这时总的磁化强度矢量不再与 H_0 平行,也就导致磁化强度矢量的横向分量不再为零。反映在同一进动圆锥上的各磁矩进动相位不再均匀分布,而是有某种程度的密集。在平衡状态,

$$M = M_x i + M_y j + M_z k = M_0 k \tag{1.4.14}$$

由等式(1.4.10)可知,在 H_0 和 H' 的共同作用下,磁化强度矢量的运动方程为

$$\frac{\mathrm{d}M}{\mathrm{d}t} = \gamma M \times H^* \tag{1.4.15}$$

其中

$$H^* = H_0 + H_b$$

由于 H_b 是一个圆偏振场,所以实际上这个运动是十分复杂的。为了简化问题,我们引入一个新的坐标系,即旋转坐标系。

2. 在旋转坐标系中磁化强度的运动

我们选取旋转坐标系 $O\text{-}x'y'z'$,令 z' 轴与 z 轴重合,x' 轴与旋转着的射频场矢量 H_b 重合,整个坐标系以射频场的频率 ω 绕 z 轴旋转,我们称坐标系 $O\text{-}x'y'z'$ 为旋转坐标系,而坐标系 $O\text{-}xyz$ 为固定坐标系或实验室坐标系,如图 1.4.4 所示。因为

$$\frac{\mathrm{d}M}{\mathrm{d}t} = \frac{\partial M_x}{\partial t}i + M_x\frac{\partial i}{\partial t} + \frac{\partial M_y}{\partial t}j + M_y\frac{\partial j}{\partial t} + \frac{\partial M_z}{\partial t}k + M_z\frac{\partial k}{\partial t}$$

$$= \frac{\partial M_x}{\partial t}i + \frac{\partial M_y}{\partial t}j + \frac{\partial M_z}{\partial t}k + M_x\frac{\partial i}{\partial t} + M_y\frac{\partial j}{\partial t} + M_z\frac{\partial k}{\partial t} \tag{1.4.16}$$

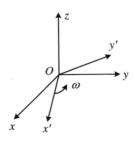

图 1.4.4　旋转坐标系相对固定坐标系的进动

上式可分解为两部分,其中一部分是:

$$\left(\frac{\partial \boldsymbol{M}}{\partial t}\right)_{\text{rot}} = \frac{\partial M_x}{\partial t}\boldsymbol{i} + \frac{\partial M_y}{\partial t}\boldsymbol{j} + \frac{\partial M_z}{\partial t}\boldsymbol{k} \tag{1.4.17}$$

这是在旋转坐标系中 $\boldsymbol{M}$ 随时间的变化率;另一部分中

$$\frac{\partial \boldsymbol{i}}{\partial t} = \boldsymbol{\omega} \times \boldsymbol{i}, \quad \frac{\partial \boldsymbol{j}}{\partial t} = \boldsymbol{\omega} \times \boldsymbol{j}, \quad \frac{\partial \boldsymbol{k}}{\partial t} = \boldsymbol{\omega} \times \boldsymbol{k}$$

所以这一部分为

$$M_x \frac{\partial \boldsymbol{i}}{\partial t} + M_y \frac{\partial \boldsymbol{j}}{\partial t} + M_z \frac{\partial \boldsymbol{k}}{\partial t} = M_x \omega \boldsymbol{k} \times \boldsymbol{i} + M_y \omega \boldsymbol{k} \times \boldsymbol{j} + M_z \omega \boldsymbol{k} \times \boldsymbol{k}$$

$$= \omega \boldsymbol{k} \times (M_x + M_y + M_z) = \omega \boldsymbol{k} \times \boldsymbol{M}$$

将(1.4.16)式、(1.4.17)式代入(1.4.15)式得

$$\frac{\mathrm{d}\boldsymbol{M}}{\mathrm{d}t} = \left(\frac{\partial \boldsymbol{M}}{\partial t}\right)_{\text{rot}} + \omega \boldsymbol{k} \times \boldsymbol{M} \tag{1.4.18}$$

令

$$\boldsymbol{H}_{\text{eff}} = \boldsymbol{H}^* + \frac{\omega \boldsymbol{k}}{\gamma} \tag{1.4.19}$$

则

$$\left(\frac{\partial \boldsymbol{M}}{\partial t}\right)_{\text{rot}} = \gamma \boldsymbol{M} \times \boldsymbol{H}_{\text{eff}} \tag{1.4.20}$$

这是磁化强度矢量在旋转坐标系里的运动方程。根据前面的讨论可以认为在磁场 $\boldsymbol{H}_0$ 和 $\boldsymbol{H}_b$ 的共同作用下,$\boldsymbol{M}$ 绕旋转坐标系中 $\boldsymbol{H}_{\text{eff}}$ 进动,如图 1.4.5 所示,进动的频率为

$$\boldsymbol{\omega}_{\text{eff}} = \gamma \boldsymbol{H}_{\text{eff}} \tag{1.4.21}$$

由于射频场 $\boldsymbol{H}_b$ 沿旋转坐标系的 x' 轴($\boldsymbol{i}'$ 方向),$\boldsymbol{H}_0$ 沿 z' 轴($\boldsymbol{k}'$ 方向),即 z 轴方向,于是在旋转坐标系里,

$$\boldsymbol{H}_{\text{eff}} = (\boldsymbol{H}_0 + \boldsymbol{H}_b) + \frac{\boldsymbol{\omega}}{\gamma} = \left(H_0 - \frac{\omega}{\gamma}\right)\boldsymbol{k} + H_1 \boldsymbol{i} \tag{1.4.22}$$

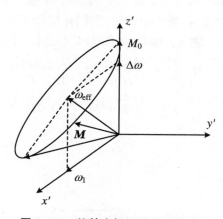

图 1.4.5 旋转坐标系里磁矩的进动

注意,由于 $\boldsymbol{H}_b$ 是按顺时针方向旋转的,我们让旋转坐标系也按顺时针方向旋转,于是其角速度矢量的方向向下,故有 $\boldsymbol{\omega} = -\omega\boldsymbol{k}$,这里的 ω 是绝对值,既是旋转坐标系的旋转角速度,也是射频场的变化频率,而在(1.4.18)~(1.4.22)式中的 ω 则是代数量,可正可负。

显然,在(1.4.18)~(1.4.22)式中的 ω 是负值。也可将(1.4.21)式写成如下形式:

$$\boldsymbol{\omega}_{\text{eff}} = \omega_1 \boldsymbol{i}' + \Delta\omega \boldsymbol{k}'$$

其中 $\omega_1 = \gamma H_1$,为射频场的幅度,这里用角频率表示。$\Delta\omega = \omega_0 - \omega$,是拉摩频率与射频场的频率或旋转坐标系的旋转频率之差。显然这类似于一种相对运动:在实验室坐标系里,核磁矩是以频率 ω_0 进动的,并且旋转方向符合左手定则,即左手拇指指向 z 轴,其余手指所指方向就是核磁矩进动的方向。那么在以频率 ω 且方向与核磁矩进动方向一致的旋转坐标系里,核磁矩的进动频率就变成了 $\Delta\omega$,而射频场却成了恒定磁场,其幅度为 H_1 或 ω_1。引进旋转坐标系之后,射频场在旋转坐标系里也变成了恒定场,问题的处理就变得简单多了。

共振时,也就是当射频场角频率等于在恒定磁场中核磁矩的拉摩进动频率,即

$$\omega = \omega_0 = \gamma H_0$$

时,(1.4.22)式中的第一项为零,于是

$$\boldsymbol{H}_{\text{eff}} = H_1 \boldsymbol{i}' \tag{1.4.23}$$

即共振时 $\boldsymbol{M}$ 在旋转坐标系中将绕 $\boldsymbol{H}_b$(也即 x' 轴)以角频率 ω_1 旋转,

$$\omega_1 = \gamma H_1 \tag{1.4.24}$$

其中 $\omega_1 \ll \omega_0$。这种偏离平衡位置的旋转被称为章动。

因此若将一个射频场 $\boldsymbol{H}_b$,在共振条件下加到核系统上,施加时间为 $t_p\text{s}$,则磁化强度矢量 $\boldsymbol{M}$ 将绕 x' 轴章动 θ 角度,则有

$$\theta = \omega_1 t_p = \gamma H_1 t_p \tag{1.4.25}$$

3. 纵向弛豫和横向弛豫

在上面的讨论中没有考虑弛豫的作用。事实上在平衡时,因为各原子核磁矩围绕 H_0 进动的相位是随机分布的,所以它们在 xy 平面上的投影是均匀的。因此平衡时:

$$M_{0x} = 0, \quad M_{0y} = 0, \quad M_{0z} = M_0 \tag{1.4.26}$$

加上射频场 $\boldsymbol{H}'$,并使它满足共振条件,即 $\omega = \omega_0 = \gamma H_0$,那么 $\boldsymbol{M}$ 将在旋转坐标系中绕 x' 轴章动,使得磁化强度矢量 $\boldsymbol{M}$ 偏离平衡位置,这时核磁矩在 $x'y'$ 平面上的投影不再均匀分布,

$$M_{0x} \neq 0, \quad M_{0y} \neq 0, \quad M_{0z} < M_0$$

脉冲过后,核自旋系统要通过弛豫过程恢复平衡。样品磁化强度矢量接近平衡态时的值 $\boldsymbol{M}_0$ 的速度与 $\boldsymbol{M}_0 - \boldsymbol{M}$ 成正比。在磁共振实验中,因为恒定磁场 H_0 加在 z 方向,所以可以预期磁化强度矢量在 z 方向和在 x 及 y 方向接近平衡位置的速率是不同的,即

$$\begin{cases} \dfrac{\mathrm{d}M_x}{\mathrm{d}t} = -\dfrac{1}{T_2}(M_x - M_{0x}) \\[2mm] \dfrac{\mathrm{d}M_y}{\mathrm{d}t} = -\dfrac{1}{T_2}(M_y - M_{0y}) \\[2mm] \dfrac{\mathrm{d}M_z}{\mathrm{d}t} = -\dfrac{1}{T_1}(M_z - M_{0z}) \end{cases} \tag{1.4.27}$$

其中 T_1 被称为纵向弛豫时间,T_2 被称为横向弛豫时间。因为平衡时有

$$M_{0x} = 0, \quad M_{0y} = 0, \quad M_{0z} = M_0$$

所以,

$$\begin{cases} \dfrac{\mathrm{d}M_x}{\mathrm{d}t} = -\dfrac{1}{T_2}M_x \\[2mm] \dfrac{\mathrm{d}M_y}{\mathrm{d}t} = -\dfrac{1}{T_2}M_y \\[2mm] \dfrac{\mathrm{d}M_z}{\mathrm{d}t} = -\dfrac{1}{T_1}(M_z - M_0) \end{cases} \tag{1.4.28}$$

由于横向弛豫过程使得 M_x、M_y 趋于零,这意味着核磁矩在 $x'y'$ 平面上要趋于均匀分布,即在 $x'y'$ 平面上呈扇形散开。由于纵向弛豫作用,$M_z \to M_0$,即磁化强度的 z 分量不断增长。

由等式(1.3.9),$\mathrm{d}n/\mathrm{d}t = -(n - n_0)/T_1$,两边同乘 μ_z 得,$\mu_z \mathrm{d}n/\mathrm{d}t = -(n\mu_z - n_0\mu_z)/T_1$,即

$$\frac{\mathrm{d}M_z}{\mathrm{d}t} = -\frac{(M_z - M_0)}{T_1} \tag{1.4.29}$$

对比(1.4.28)式及(1.4.27)式知,纵向弛豫时间即是自旋-晶格弛豫时间。

4. Bloch 方程

现将方程(1.4.18)与方程(1.4.26)、(1.4.27)和(1.4.28)结合考虑,得到一个描述磁化强度矢量运动规律的方程,称之为 Bloch 方程:

$$\begin{cases} \dfrac{\mathrm{d}M_x}{\mathrm{d}t} = \gamma(M_yH_z - M_zH_y) - \dfrac{1}{T_2}M_x \\[2mm] \dfrac{\mathrm{d}M_y}{\mathrm{d}t} = \gamma(M_zH_x - M_xH_z) - \dfrac{1}{T_2}M_y \\[2mm] \dfrac{\mathrm{d}M_z}{\mathrm{d}t} = \gamma(M_xH_y - M_yH_x) - \dfrac{1}{T_1}(M_z - M_0) \end{cases} \tag{1.4.30}$$

在上述方程中假设:在外磁场作用下,磁化强度矢量的运动与弛豫二者互不影响,可以线性叠加。虽然这是不太严格的,但近似程度很好,一般可以用来解释核磁共振现象。因而在恒定磁场和射频场的共同作用下,有如下关系:

$$H_x = H_1\cos\omega t, \quad H_y = -H_1\sin\omega t, \quad H_z = H_0 \tag{1.4.31}$$

Bloch 方程变为如下形式:

$$\begin{cases} \dfrac{\mathrm{d}M_x}{\mathrm{d}t} = \gamma M_yH_0 + \gamma M_zH_1\sin\omega t - \dfrac{1}{T_2}M_x \\[2mm] \dfrac{\mathrm{d}M_y}{\mathrm{d}t} = \gamma M_zH_1\cos\omega t - \gamma M_xH_0 - \dfrac{1}{T_2}M_y \\[2mm] \dfrac{\mathrm{d}M_z}{\mathrm{d}t} = -\gamma(M_xH_1\sin\omega t + M_yH_1\cos\omega t) - \dfrac{1}{T_1}(M_z - M_0) \end{cases} \tag{1.4.32}$$

1.4.3 Bloch 方程的稳态解

Bloch 方程普遍解形式复杂,运算麻烦,而实验总是在特定条件下进行的,所以我们只讨论 Bloch 方程的稳态解。实验发现,当射频场的幅度 ω_1、频率 ω_0、恒定磁场 H_0、样品种类及其他条件固定后,经过足够的时间达到平衡后,即可得到稳定的核磁共振信号。在上述条件下 Bloch 方程的解即为稳态解。

为了解 Bloch 方程,与前相仿引入旋转坐标系 $O\text{-}x'y'z'$,则磁化强度矢量在 x'、y'、z' 轴上的投影分别是 u、v、M_z,如图 1.4.6 所示。它们的关系如下:

$$u = M_x\cos\omega t - M_y\sin\omega t, \quad v = M_x\cos\omega t + M_y\sin\omega t \tag{1.4.33}$$

反过来有:

$$M_x = u\cos\omega t + v\sin\omega t, \quad M_y = u\cos\omega t - v\sin\omega t \tag{1.4.34}$$

将上式代入方程(1.4.32),并作适当运算得

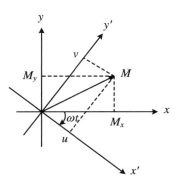

图 1.4.6　磁化矢量的分解

$$\begin{cases} \dot{u} + \dfrac{u}{T_2} - \Delta\omega v = 0 \\[2mm] \dot{v} + \dfrac{v}{T_2} + \Delta\omega u = \omega_1 M_z \\[2mm] \dot{M}_z + \dfrac{M_z}{T_1} + \omega_1 v = \dfrac{M_0}{T_1} \end{cases} \tag{1.4.35}$$

其中 $\Delta\omega = \omega_0 - \omega$，$\omega_1 = \gamma H_1$。上式即为旋转坐标系里的 Bloch 方程。

稳态条件下，核磁共振信号不随时间变化，即

$$\dot{u} = \dot{v} = \dot{M}_z = 0$$

于是(1.4.32)式变为一代数方程，解之得

$$\begin{cases} u = \dfrac{\gamma H_1 \Delta\omega T_2^2 M_0}{1 + (\Delta\omega)^2 T_2^2 + \gamma^2 H_1^2 T_1 T_2} \\[4mm] v = \dfrac{\gamma H_1 M_0 T_2}{1 + (\Delta\omega)^2 T_2^2 + \gamma^2 H_1^2 T_1 T_2} \\[4mm] M_z = \dfrac{1 + (\Delta\omega)^2 T_2^2}{1 + (\Delta\omega)^2 T_2^2 + \gamma^2 H_1^2 T_1 T_2} M_0 \end{cases} \tag{1.4.36}$$

上式即为 Bloch 方程的稳态解。将其代入(1.4.34)式得

$$\begin{cases} M_x = \chi_0 \omega_0 H_1 T_2 \dfrac{\Delta\omega T_2 \cos\omega t + \sin\omega t}{1 + (\Delta\omega)^2 T_2^2 + \gamma^2 H_1^2 T_1 T_2} \\[4mm] M_y = \chi_0 \omega_0 H_1 T_2 \dfrac{-\Delta\omega T_2 \sin\omega t + \cos\omega t}{1 + (\Delta\omega)^2 T_2^2 + \gamma^2 H_1^2 T_1 T_2} \end{cases} \tag{1.4.37}$$

由此可见，在稳态解中，u,v 与频率 ω 之间的关系类似于光学中的色散曲线与吸收曲线。所以，通常将稳态解中的 u 分量叫作色散信号，v 分量叫作吸收信号，如图 1.4.7 所示。

对于吸收信号来说，当 $\omega = \omega_0$ 时，有一峰值 v_p，谱线的形状左右对称。其中因子 $S = \gamma^2 H_1^2 T_1 T_2$ 被称为饱和因子，当 $S \ll 1$ 时，v_p 与射频场强度 H_1 成正比。当 $S \gg 1$ 时，$v_p \to 0$，此时称为饱和。当 $S = 1$ 时，v_p 有极大值，

$$(v_p)_{\max} = \frac{1}{2}\sqrt{\frac{T_2}{T_1}} M_0$$

吸收信号的峰值与 T_2 有关，但吸收曲线下所包围的面积在饱和因子 $S \ll 1$ 时却与 T_2 无关。因为谱线所覆盖的面积为

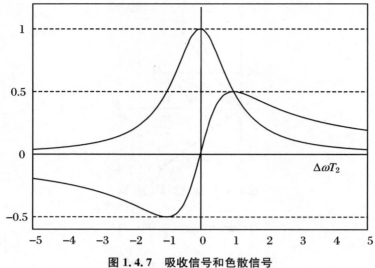

图 1.4.7 吸收信号和色散信号

$$A = \int_{-\infty}^{+\infty} v \, \mathrm{d}\omega = \frac{\pi \gamma H_1}{\sqrt{1 + \gamma^2 H_1^2 T_1 T_2}} M_0$$

当 $S \ll 1$ 时，

$$A \cong \pi \gamma H_1 M_0$$

因为

$$M_0 = \chi_0 H_0$$

其中 χ_0 是静态磁化率，由 Curie-Langevin-Debye 公式给出，

$$\chi_0 = \frac{\gamma^2 \hbar^2 I(I+1)N}{3kT}$$

所以有如下关系：

$$M_0 = \frac{\gamma^2 \hbar^2 I(I+1)N}{3kT} H_0$$

显然吸收峰积分曲线的高度与产生该吸收峰的基团的粒子数成正比。图 1.4.8 为乙醇的低分辨率[1]H 谱，其中 CH_3、CH_2、OH 峰的面积比为 3：2：1。

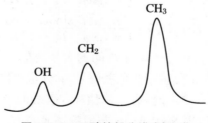

图 1.4.8 乙醇的低分辨率[1]H 谱

色散信号的形状呈反对称，$\Delta\omega = \sqrt{1 + \gamma^2 H_1^2 T_1 T_2}/T_2$ 处具有峰值：

$$u_{\mathrm{p}} = \frac{1}{2} \frac{\gamma H_0 T_2}{\sqrt{1 + \gamma^2 H_1^2 T_1 T_2}} M_0$$

当 $S \ll 1$ 时，

$$u_{\mathrm{p}} = \gamma H_1 T_2 M_0 / 2 = v_{\mathrm{p}} / 2$$

当 $S \gg 1$ 时，

$$(u_{\mathrm{p}})_{\max} = \frac{1}{2} \sqrt{\frac{T_2}{T_1}} M_0 = (v_{\mathrm{p}})_{\max}$$

Curie-Langevin-Debye 公式可利用热平衡态时粒子遵从玻尔兹曼规律而证明。这是因为

$$M_0 = \sum_{m=-I,I} N_m \gamma m \hbar$$

其中 m 为磁量子数，N_m 为处在 m 态的粒子布居数，

$$N_m = \frac{N \mathrm{e}^{-\gamma m \hbar H_0 / kT}}{\sum_{m=-I,I} \mathrm{e}^{-\gamma m \hbar H_0 / kT}} = \frac{N(1 - \gamma m \hbar H_0 / kT)}{2I + 1}$$

上式中利用到了高温近似，参见(1.2.9)式。将 N_m 代入，即可求得 M_0。

由(1.4.36)式及 M_0，可得核磁共振信号为

$$S \propto \gamma^3 N I (I + 1)$$

即信号强度正比于旋磁比 γ 的三次方、粒子数以及核自旋量子数 I 的 $I(I+1)$ 倍。对于 ^{13}C 来讲，由于其旋磁比约是 ^{1}H 的 $1/4$ 倍，而自然丰度又只有 1%，因此 ^{13}C 的信号强度约是 ^{1}H 的 1.7×10^{-4} 倍，参见表 1.2.1。

现将接收线圈固定在 y 轴，由于磁化矢量在空间的运动，将在接收线圈 R 中引起感应电动势，通过适当的电子学方法可以将吸收信号和色散信号分别检测出。

1.4.4　线型

当交变磁场 H_1 很小时，即 $\gamma^2 H_1^2 T_1 T_2 \ll 1$ 时，

$$v = \frac{\gamma H_1 T_2 M_0}{1 + (\Delta \omega)^2 T_2^2} = \frac{1}{2} H_1 M_0 g(v) \tag{1.4.38}$$

其中，

$$g(v) = \frac{2T_2}{1 + 4\pi^2 (\Delta v)^2 T_2^2} \tag{1.4.39}$$

被称为洛伦兹线型函数，其中 $\Delta v = v_0 - v$。当 $\Delta v = 0$ 时，$g(v)$ 有极大值 $g(v)_{\max} = 2T_2$，所以

$$T_2 = \frac{g(v)_{\max}}{2} \tag{1.4.40}$$

当 $g(v) = g(v)_{\max}/2$ 时，

$$T_2 = \frac{1}{2\pi \Delta v} = \frac{1}{\pi \Delta v_{1/2}} \tag{1.4.41}$$

其中 $\Delta v_{1/2}$ 为谱线半高宽，见图 1.3.5。

对于液体和稀溶液状态的大多数样品来说，谱线线型可用洛伦兹线型函数满意地表示。对于黏稠的溶液和固体样品，谱线常为高斯线型，高斯线型函数有下列形式：

$$g(v) = \frac{T_2}{\sqrt{2\pi}} \exp[-2\pi^2 T_2^2 (v_0 - v)^2] \tag{1.4.42}$$

可以证明横向弛豫时间 T_2 就是自旋-自旋弛豫时间。

1.5 脉冲傅里叶变换核磁共振基本原理

由本章 1.2 节可知，与红外、紫外及其他光谱技术相比，核磁共振的主要局限性是其固有的低灵敏度，这是由于在核磁共振实验中只涉及极少量的核自旋能级状态的变化造成的。增加磁场强度可以提高仪器的灵敏度，但是对于质子以外的一些核，如 ^{13}C，其天然丰度是 1%，相对灵敏度只是质子的 $1.7×10^{-4}$，用连续波的核磁共振谱仪探测其信号几乎是不可能的。为了解决这个问题，最简单的方法是用一个累加器将波谱储存，然后再累加。因为核磁共振信号是相干的，而噪声是随机的，所以波谱累加的结果将会使信噪比 S/N 增加 $\sqrt{n}$ 倍（例如累加 100 次可以使信噪比增加 10 倍），从而提高灵敏度。但是这样做将会遇到另一个问题：普通连续谱（CW）核磁共振谱议通过扫描得到一张波谱所消耗的时间，典型的是 $100\sim500$ s，如果累加 2000 次，就需要消耗五六十个小时，若要再增加次数，消耗时间将会更多。为了解决这个问题，Anderson 和 Ernst 于 1966 年首先采用了脉冲傅里叶变换核磁共振实验方法。

1.5.1 PFT-NMR 的数学基础

由于脉冲包含多个频率成分，因而射频脉冲激发相当于多频率激发。为了说明这个问题我们首先看图 1.5.1。一个方波脉冲，可分解为零次（即直流分量）、一次、三次、五次及更高次谐波分量。若将零次、一次、三次、五次谐波相加，则得出的波形接近于方波脉冲。当然，相加的谐波次数更高，近似程度更好。

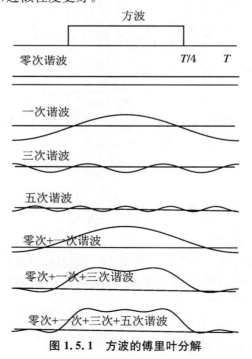

图 1.5.1 方波的傅里叶分解

按照傅里叶级数展开定理,在有限区间$[t_0, t_0 + T]$上的函数$f(t)$,在一定条件下可展开为傅里叶级数:

$$f(t) = \sum_{n=-\infty}^{\infty} F(f_n) e^{i2\pi nf_0 t} \tag{1.5.1}$$

其中$f_0 = 1/T$,且

$$F(f_n) = \frac{1}{T} \int_{t_0}^{t_0+T} f(t) e^{-i2\pi nf_0 t} dt \tag{1.5.2}$$

若$f(t)$是偶函数,则有

$$f(t) = \sum_{n=0}^{\infty} F(f_n) \cos(2\pi nf_0 t) \tag{1.5.3}$$

其中

$$F(f_n) = \frac{1}{T} \int_{t_0}^{t_0+T} f(t) \cos(2\pi nf_0 t) dt \tag{1.5.4}$$

对于矩形脉冲(图1.5.2(b))来说:

$$f(t) = \begin{cases} A, & |t| \leqslant t_p/2 \\ 0, & |t| \geqslant t_p/2 \end{cases} \tag{1.5.5}$$

于是

$$F(f_n) = \frac{2A}{T} \int_0^{t_p/2} \cos\left(\frac{2\pi nt}{T}\right) dt = \frac{At_p}{T} \sin c\left(\frac{n\pi t_p}{T}\right) \tag{1.5.6}$$

其中 sinc 函数的表达式为

$$\mathrm{sinc}(x) = \frac{\sin x}{x} \tag{1.5.7}$$

而原函数$f(t)$则可表示为

$$f(t) = \frac{At_p}{T} \sum_0^{\infty} \mathrm{sinc}\left(\frac{n\pi t_p}{T}\right) \cos\left(\frac{2\pi nt}{T}\right) \tag{1.5.8}$$

所以一个等距脉冲调制的余弦信号(图1.5.2),其傅里叶级数展开为

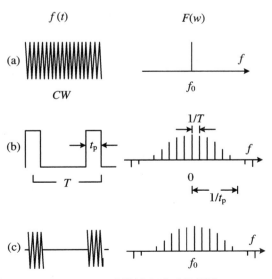

图 1.5.2　连续波和脉冲的频谱

$$f(t) = \frac{At_p}{T} \sum_0^\infty \text{sinc}\left(\frac{n\pi t_p}{T}\right) \cos\left(\frac{2\pi nt}{T}\right) \cos(2\pi f_0 t)$$

$$= \frac{At_p}{2T} \sum_0^\infty \text{sinc}\left(\frac{n\pi t_p}{T}\right) \left[\cos 2\pi\left(f_0 + \frac{n}{T}\right) + \cos 2\pi\left(f_0 - \frac{n}{T}\right)\right] \quad (1.5.9)$$

它在 $f_0 \pm n/T$ 范围内的频谱为

$$F(f_n) = \frac{At_p}{2T}\text{sinc}\left(\frac{n\pi t_p}{T}\right) \quad (1.5.10)$$

其中 t_p 为脉冲宽度，T 为脉冲的间距，A 为射频脉冲的幅度，两条相邻谱线的间距为 $1/T$，谱线包络以 $(\sin x)/x$ 形式变化。因此这样一个用等距脉冲调制的正弦信号相当于一个多道发射机，它可以使一个波谱范围内所有不同共振频率的核都同时得到激发，这就使波谱累加消耗时间的问题得到解决。

1.5.2　自由感应衰减 (Free Induction Decay, FID)

由于激发方式不同，核系统对射频场的响应也不同。在连续波的情况下，直接得到频谱，即前面所说的吸收信号和色散信号。而在脉冲的情况下得到的是不同共振频率自由感应衰减的相干图，必须对其进行傅里叶变换，才能得到正常的频谱。对此我们作如下说明：

在脉冲核磁共振实验中，用一个短而强的射频脉冲照射样品，按照(1.4.22)式，若射频脉冲宽度为 t_p，则磁化强度矢量将旋转 $\theta = \omega_1 t_p$ 弧度。在旋转坐标系中，磁化强度矢量的 y' 分量 $M_{y'}$ 将为

$$M_{y'} = M_0 \sin\theta \quad (1.5.11)$$

射频脉冲之后，由于横向弛豫作用，在理想的均匀磁场中 $M_{y'}$ 将按时间常数 T_2 以指数衰减为零，但实际上由于磁场的不均匀性，$M_{y'}$ 将按时间常数 T_2^* 衰减。

在共振条件下，在以射频场频率 ω 为角速度的转动坐标系中，$M_{y'}$ 始终与射频场 H_b 相差相位 $\pi/2$，因此在接收线圈中总可以接收到一个指数衰减的信号，如图 1.5.3 所示。

$$\nu = M_{yn}\text{e}^{-t/T_2} = M_0\sin\theta\text{e}^{-t/T_2} \quad (1.5.12)$$

若考虑到磁场的不均匀性，见下式：

$$\nu = M_{yn}\text{e}^{-t/T_2^*} = M_0\sin\theta\text{e}^{-t/T_2^*} \quad (1.5.13)$$

如果射频频率 ω 与核拉摩进动频率 ω_0 不等，略有偏离，则发生偏离共振，在以频率 ω 旋转的旋转坐标系中，磁化强度矢量的水平分量将以频率 $\Delta\omega = \omega_0 - \omega$ 进动(图 1.5.4)，同时又因为横向弛豫作用而作指数衰减，在接收线圈中可以得到如下的自由感应衰减(FID)：

$$S(t) = M_{yn}\text{e}^{-t/T_2}\cos(\Delta\omega t) \quad (1.5.14)$$

为了使得在谱宽 sw(Spectrum Width)的范围内所有的核都旋转同样角度 θ，射频脉冲必须足够强，

$$\omega_1 = \gamma H_1 \gg 2\pi \cdot sw \quad (1.5.15)$$

进而脉冲宽度必须短于弛豫时间：

$$t_p \ll T_1, T_2 \quad (1.5.16)$$

以保证在脉冲期间弛豫作用可以忽略。

按照(1.5.11)式和(1.5.14)式，FID 信号的大小是随脉冲宽度的变化而变化的。对 90° 脉冲（有时称 $\pi/2$ 脉冲），$\theta = \pi/2$，FID 信号最大；对 180° 脉冲（有时称 π 脉冲），$\theta = \pi$，FID

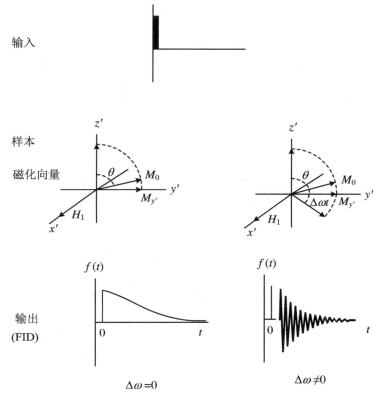

图 1.5.3　不同拉摩频率对应的 FID 信号

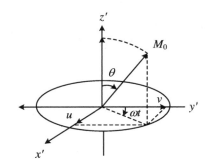

图 1.5.4　脉冲的作用产生横向磁化

信号为零。在实验中常通过调节 FID 信号,使其最大而得到 90°脉冲。

如果样品处于液体状态,并且只含有一种核,又不存在核与核之间的相互耦合的话,这时得到的 FID 信号将如图 1.5.3(其中 $\Delta\omega\neq0$ 的情形)所示。可是在实际样品中,由于自旋-自旋耦合的存在,核 A 与核 X 的相互耦合造成自旋裂分,FID 信号将受到耦合常数 J 频率的调制,图 1.5.5 是 d_6-二甲亚砜(d_6-DMSO),天然丰度^{13}C 核磁共振 FID 信号及其傅里叶变换波谱。

与之相似,如果样品中含有不同的核 A_1 和 A_2,存在两种不同的拉摩进动频率 ν_1 和 ν_2。在这种情况下 FID 信号将受到拉摩进动频率之差 $\Delta\nu=\nu_1-\nu_2$ 的调制。尽管连续波核磁共振波谱所含的结构参数如化学位移和耦合常数可以通过分析脉冲相干图谱直接得到,

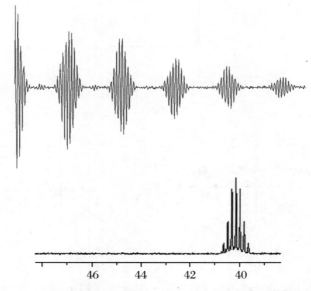

图 1.5.5 d_6-二甲亚砜,天然丰度[13]C 核磁共振 FID 信号及其傅里叶变换波谱

但对于大多数分子,由于含有两个以上非等同核,再加上自旋-自旋耦合的复杂性,使得相干图谱十分复杂,为了得到有关的结构参数,必须进行傅里叶变换。

1.5.3   傅里叶变换

用脉冲激发的方法得到的自由感应衰减是一个时间域内的函数,而用连续波的方法激发得到的核磁共振波谱则是频率域的函数。

在数学上时间函数 $f(t)$ 和其相对应的频率函数 $F(\omega)$ 之间可以通过傅里叶变换及其逆变换相互转换,即

$$F(\omega) = \int_{-\infty}^{\infty} f(t) \mathrm{e}^{-\mathrm{i}\omega t} \mathrm{d}t \tag{1.5.17}$$

以及

$$f(t) = \int_{-\infty}^{\infty} F(\omega) \mathrm{e}^{\mathrm{i}\omega t} \mathrm{d}\omega \tag{1.5.18}$$

将(1.5.14)式代表 FID 信号的时间函数进行如下傅里叶变换:

$$
\begin{aligned}
F(\omega) &= \int_{-\infty}^{\infty} v(t) \mathrm{e}^{-\mathrm{i}\omega t} \mathrm{d}t \\
&= \int_{-\infty}^{\infty} M_{y'} \mathrm{e}^{-t/T_2} \cos \Delta\omega t \, \mathrm{e}^{-\mathrm{i}\omega t} \mathrm{d}t
\end{aligned}
\tag{1.5.19}
$$

利用欧拉公式

$$\cos \Delta\omega t = \frac{1}{2}(\mathrm{e}^{\mathrm{i}\Delta\omega t} + \mathrm{e}^{-\mathrm{i}\Delta\omega t}) \tag{1.5.20}$$

并考虑到积分限在 $0 \to \infty$ 范围内,经过简单的运算,可得到下式:

$$F(\omega) = \frac{1}{2} M_y T_2 \left[\frac{1 + \mathrm{i}(\omega - \Delta\omega) T_2}{1 + (\omega - \Delta\omega)^2 T_2^2} + \frac{1 - \mathrm{i}(\omega + \Delta\omega) T_2}{1 + (\omega + \Delta\omega)^2 T_2^2} \right] \tag{1.5.21}$$

注意,这里的 ω 是频谱或谱图的横坐标,而 $\Delta\omega = \omega_0 - \omega$ 中的 ω 是射频场的频率,或旋转坐标系的旋转频率。$\Delta\omega$ 可认为就是化学位移。在单通道取数模式中,通常将射频脉冲的载频设置在波谱的一端,即让所有的化学位移 $\Delta\omega$ 皆为正或皆为负。例如,将载频设置在波谱的最高场端,那么所有的化学位移 $\Delta\omega$ 皆为正。这时,上式中只有第一项起作用,第二项几乎为零,即

$$F(\omega) = \frac{1}{2} M_y T_2 \frac{1 + \mathrm{i}(\omega - \Delta\omega)T_2}{1 + (\omega - \Delta\omega)^2 T_2^2}$$

显然,上式就是 Bloch 方程的稳态解,其实部对应于吸收信号,虚部对应于色散信号:

$$\mathrm{Rel}\ F(\omega) = \frac{1}{2} M_y T_2 \frac{1}{1 + (\omega - \Delta\omega)^2 T_2^2} \tag{1.5.22}$$

$$\mathrm{Im}\ F(\omega) = \frac{1}{2} M_y T_2 \frac{(\omega - \Delta\omega)T_2}{1 + (\omega - \Delta\omega)^2 T_2^2} \tag{1.5.23}$$

早在 1957 年 Lowe 和 Norberg 就提出 FID 信号与 CW-NMR 谱是一对傅里叶变换对,但因为计算涉及 N^2 次复数乘法运算,计算量太大,无法在仪器上得到实现,直到 1965 年 J. W. Cooley 和 J. W. Tukey 提出快速傅里叶变换的算法,将运算减为 $2N\log_2 N$ 次复数乘法,才使得上述想法得以成为现实。如 $N = 4k = 4096$,$N^2 = 1.678 \times 10^7$,而 $2N\log_2 N = 98304$,计算速度快了 170 倍。数据量越大,节省的时间越多,例如,$N = 32k = 32768$,可节省时间 1000 多倍。

第2章 化 学 位 移

2.1 化学位移的定义

2.1.1 化学位移的概念

核磁共振的共振条件是 $\omega = \gamma H_0$。按照这个公式,同一种原子核,由于旋磁比 γ 相同,因而在相同外磁场下应该只有一个共振频率。例如质子,当 $H_0 = 1.41$ T 时,$\nu_p = 60$ MHz。可是在实际的实验中发现:对同一种核来说,由于所处的分子不同,或在同一分子内又处于不同的化学基团中,共振频率则略有不同。例如图 2.1.1 是正戊醇 $C_5H_{11}OH$ 的 ^{13}C 质子去耦谱,5 个峰对应于 $C_5H_{11}OH$ 中的 5 个 C(有一个位于 44 附近的七重峰是溶剂 d_6-DMSO 产生的)。显然,处在不同化学环境的核都会处于不同的共振位置,即有不同的共振频率。

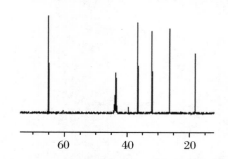

图 2.1.1　正戊醇 $C_5H_{11}OH$ 的 ^{13}C 质子去耦谱

我们把同一种核在分子中不同化学环境下共振频率的位移称为化学位移。

化学位移产生的原因是由于我们所研究的原子核处于分子内部,分子中运动的电子受到外磁场的作用,产生感生电流。这一感生电流在原子核上产生感生磁场,感生磁场与外磁场相互叠加,使得原子核上受到的有效磁场发生变化。我们把这一现象称为原子核受到了屏蔽。屏蔽作用的大小可用屏蔽因子 σ 来表示,因此原子核的有效磁场可以描述成:

$$H_{\text{total}} = H_0 - \sigma H_0 = (1 - \sigma)H_0 \qquad (2.1.1)$$

由于化学键造成电荷分布的不对称性,使化学位移具有各向异性,所以一般来说屏蔽因子 σ 是一个两阶张量,共有 9 个分量。但在液体中,由于分子的快速旋转,我们看到的只是其平均值,即各向同性值。

2.1.2　化学位移的表示方法

严格来说,化学位移的表示应该使用裸原子核的共振频率作为标准,但实际上要做到这一点很困难。所以在实际工作中测量的都是相对的化学位移,即以某一参考物的谱线为标准,其他谱线都与它比较。

因为化学位移的大小(以 Hz 为单位)与磁场强度成正比,即相同核在不同磁场强度下的化学位移是不同的。为了比较在不同谱仪操作条件下的化学位移,实际工作中常用一种与磁场强度无关的无量纲的值 δ,来表示化学位移的大小。

定义化学位移如下:

$$\delta = \frac{H_{ref} - H_{sam}}{H_{ref}} \times 10^6 \tag{2.1.2}$$

上式是对于扫场谱仪而言的,其中 H_{ref} 和 H_{sam} 分别是参考物和被测样品共振时的磁场强度。显然,随着 H_{sam} 的增加,化学位移 δ 减小,因此高场 H_{sam} 端的化学位移小,低场 H_{sam} 端的化学位移大。对于扫频谱仪或 PFT-NMR 谱仪,为了得到与上式一致的结论,化学位移定义为

$$\delta = \frac{\nu_{sam} - \nu_{ref}}{\nu_{ref}} \times 10^6 \tag{2.1.3}$$

其中 ν_{sam}、ν_{ref} 分别是样品和参考物的共振频率。显然,随着 ν_{sam} 的增加,化学位移也会增加。从(2.1.2)式和(2.1.3)式可见,有高场低频和低场高频这两种概念。其实这是对于两种不同的扫描方式而言的,实际应用中不要混淆。

化学位移 δ 的单位是 ppm(百万分之一,根据 δ 的新定义,此单位可略去,下文不再使用)。δ 的值只取决于样品状态(如种类、溶剂、温度等),而与谱仪实际工作频率无关。因此在不同谱仪工作频率下所测量的化学位移可直接加以比较。

例如在 100 MHz 谱议上两个谱峰间距离为 100 Hz,其化学位移 δ 相差 1,在 200 MHz 的谱议上,同样是这两个谱峰,其化学位移相差仍然为 1,但若用频率表示其距离则为 200 Hz。

2.1.3　参考物

核磁共振实验中常用的参考物有两类:内参考物和外参考物。我们分别加以讨论。

1. 内参考物

即将参考物与样品一起溶于溶剂中。其优点是在这种情况下,样品和参考物所处的环境完全相同,无需进行体积磁化率的校正;缺点是要求参考物相对样品完全惰性,对样品本身没有影响,否则参考物的存在会导致样品谱线发生位移,对后续的样品回收也有不利影响。

2. 外参考物

将参考物放在位于核磁共振样品管内的毛细管内或放在两个同心管构成的环形空间内。这样做的优点是参考物不会与样品相互作用,从而影响样品谱线。但是由于这时参考物与被测样品所处磁环境不完全相同,所以必须做适当校正。

对参考物的要求包括:化学上高度惰性,磁各向同性,易溶或易混于多种有机溶剂,信号

强,谱峰最好是单峰,以及远离样品的谱线区避免与样品谱峰重叠等。

对质子谱来说,最常用的参考物是四甲基硅$(CH_3)_4Si$,简称 TMS。它具有在化学上呈惰性、易挥发(沸点约 26 ℃)、易与有机溶剂混合的特点,且质子高度受屏蔽,在高场给出一条很强而窄的单峰。但因 TMS 不溶于水且沸点低,所以不适于在水溶液或高温下的测量。DSS、HMDSO、TSPSA、DSC 及 TSPA 等试剂适于在水溶液中作为参考物。HMDS 和 TTMS 可用于高温实验(表 2.1.1 和表 2.1.2)。

表 2.1.1　质子核磁共振常用参考物

化学分子式	缩写符号	分子量	沸点或熔点(℃)	δ/TMS
$(CH_3)_4Si$	TMS	88.2	沸点 = 26.3	0
$(CH_3)_3Si—Si(CH_3)_3$	HMDS	146.4	沸点 = 112.3	0.037
$(CH_3)_3Si—O—Si(CH_3)_3$	HMDSO	162.4	沸点 = 100	0.055
$(CH_3)_3Si—NH—Si(CH_3)_3$	HMDSA	161.4	沸点 = 125	0.042
$(CH_3)_3Si(CH_2)_3SO_3Na$	TSPSA,DSS	218.3	熔点 = 200	0.015
$(CH_3)_3Si(CH_2)_2COONa$	TSPA,DSC	168.2	熔点＞300	0.000
$(CH_3)_3Si(CD)_2COONa$	TSPAd_4	172.3	熔点＞300	0.000
$(CH_3)_2Si[O—Si(CH_3)_2]_3—O$	OCTS	296.8	沸点 = 175 熔点 = 16.8	0.085
$(CD_3)_2Si—CH_2—Si(CD_3)_2$ $CH_2—Si(CD_3)_2—CH_2$	CSd_18	216.6	沸点 = 208	−0.327
$[(CH_3)_3Si]_4C$	TTSM	304.8	熔点 = 307	0.236

表 2.1.2　其他核常用的参考化合物

核	参考化合物
^{13}C	$TMS, {}^{13}CS_2, {}^{13}CH_3—COOH, K_2{}^{13}CO_3$(水溶液)
^{19}F	$CCl_3F, CF_3COOH, F_2, CF_4, C_6F_6, C_4F_8$
^{31}P	$P_4O_6, H_3PO_4 85\%$(水溶液)
$^{14}N, ^{15}N$	$NH_3, NH_4^+, NO_3^-, CH_3NO_2, HNO_3, (CH_3)_4N^+Cl, (CH_3)_2NCHO$
^{17}O	H_2O
^{11}B	$B(OCH_3)_3, BF_3O(C_2H_5)_2, BCl_3$

对^{13}C谱来说,TMS 也是最广泛使用的参考物,此外还有 CS_2 的碳峰,也可作为碳化学位移的参考。

2.2 化学位移和分子结构

分子中电子对原子核的屏蔽作用是化学位移形成的原因。屏蔽的大小和外加磁场的大小、原子核的种类、原子核所处化学键的类型、原子核周围邻近的化学基团以及其他分子的相互作用都有关系。这种复杂的关系使得人们不可能用量子化学从头计算法来精确计算化学位移的大小,而只能用一些近似方法来了解化学位移的产生原因。

早期的理论是由 Lamb 发展的。他计算了球对称的 s 态电子对原子核的屏蔽作用。在此之后 Ramsey 用二级微扰理论计算了外磁场在分子中引起的感生电流,以及这个电流在核上产生的磁场。之后人们在这方面做了大量的理论工作。从 Lipscomb、Mushor 的文章和 Momery 的专著中可以找到计算化学位移的各种理论方法。不过这些计算目前还只能给出半定量的结果。这里我们定性地讨论屏蔽机制的一般图像。

一般来说,分子中一个核所受的屏蔽,至少有下列几个来源:

(1)局部逆磁作用:σ_d(局部)。

(2)局部顺磁作用:σ_p(局部)。

(3)邻近基团的磁各向异性:σ_a。

(4)范德华效应。

(5)溶剂作用。

(6)氢键效应。

(7)pH 的影响。

总的屏蔽为各种屏蔽之和。下面将对这些作用分别加以讨论。

2.2.1 局部逆磁作用

1. s 态电子对核的屏蔽

图 2.2.1 粗略地阐明了局部逆磁作用的成因。Lamb 首先计算了球对称的 s 态电子对核的屏蔽。在外磁场的作用下,诱导产生感生电流。这一感生电流产生一个与外磁场方向相反的诱导磁场,它使原子核上所受到的有效磁场减小,即使原子核受到了屏蔽,产生了高场位移。根据 Lamb 的计算,逆磁屏蔽因子 σ_d 为

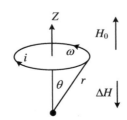

图 2.2.1 诱导电流产生的感生磁场

$$\sigma_{\text{d}} = \frac{4\pi e^2}{3m_e} \int_0^\infty \rho(r) r \mathrm{d}r \tag{2.2.1}$$

其中 e 为电子电荷，m_e 为电子质量，ρ_e 是电子的密度，r 是原子核到电子的距离。

由式(2.2.1)算出的 σ_{d} 是正值，而且与温度无关。若增加电子密度，σ_{d} 增加，屏蔽增加，引起高场位移；若减少电子密度，σ_{d} 减少，屏蔽减少，引起低场位移。

下面给出一些自由原子的逆磁屏蔽常数值(表2.2.1)。

表 2.2.1　部分自由原子的逆磁屏蔽常数值

原子	H	C	N	O	F	Si	P
σ_{d}	17.8	260.7	325.5	395.1	470.7	872.1	961.1

显然，原子序数增加，原子核外电子数目增加，逆磁屏蔽常数也增加。

2. 诱导效应

局部逆磁作用也可以反映在化学键相连原子或基团的电负性对核化学位移的影响，即所谓的诱导效应。如果我们所研究的质子附近有一个或几个吸电子基团存在，则它周围的电子云密度降低，屏蔽效应也降低，去屏蔽增加，化学位移向低场移动。相反，若有一个或几个推电子的基团存在，则它周围的电子云密度增加，屏蔽效应也增加，化学位移向高场移动。

例如在 CH_3X 中，CH_3 的化学位移 δ 值与取代基 X 的电负性 E_X 有显著的依赖关系，如表2.2.2所示。

表 2.2.2　化学位移与取代基的电负性关系

X	F	Cl	Br	I
E_X	3.92	3.32	3.15	2.94
δ	4.26	3.05	2.68	2.16

随着卤素 X 的电负性的增加，吸电子能力增加，因而 C 原子周围电子密度下降，由于 H 原子与 C 原子相邻，所以 H 核周围电子密度下降，导致磁屏蔽减少，δ 值增加，反之亦然。又如表2.2.3所示。

表 2.2.3　取代基电负性对磁屏蔽响应及化学位移的影响

XCH_3	OCH_3	NCH_3	CCH_3
E_X	3.52	3.09	2.50
δ	3.24～4.02	2.12～3.10	0.77～1.88

3. 共轭效应

在具有多重键或共轭多重键的分子体系中，由于 π 电子的转移，导致某基团周围电子密度和磁屏蔽的改变，此种效应称为共轭效应。共轭效应主要有两种类型：p-π 共轭和 π-π 共轭。值得注意的是，这两种效应电子转移的方向是相反的。

例如，图2.2.2中的三个分子分别是乙烯和不同的乙烯基取代物。在左边的乙烯基取代物中，O 原子具有孤对 p 电子，与乙烯双键构成 p-π 共轭，电子转移的结果，使 β 位的 C 和 H 的电子密度增加，磁屏蔽也增加(正屏蔽)，因而 δ 值减少(乙烯质子的 δ 值为5.28)。而右边的乙烯基取代物情形则属 π-π 共轭，电子转移的结果，使 β 位的 C 和 H 的电子密度和磁屏蔽减少(去屏蔽)，因而 δ 值增加。

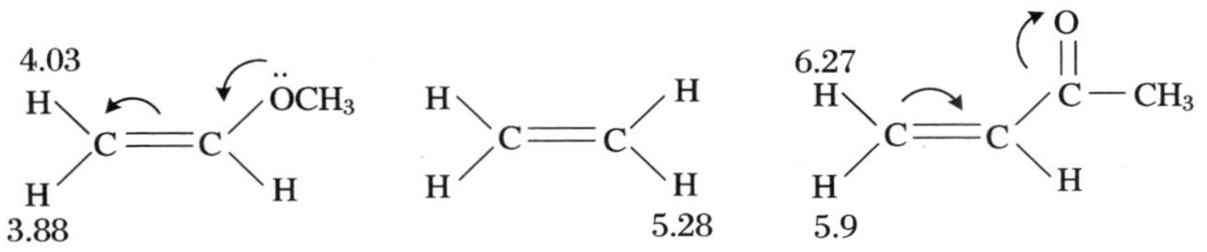

p-π共轭(推电子给邻位)　　π-π共轭(从邻位吸电子)

图 2.2.2　乙烯和不同的乙烯基取代物

图 2.2.3 中三个分子的情况类似,左边分子的情形为 p-π 共轭的结果,邻位 H 的电子密度增加(正屏蔽),因而 δ 减少(苯质子的 δ 值为 7.21)。而右边的情形正相反,π-π 共轭的结果,邻位 H 的电子密度减少(去屏蔽),δ 值增加。

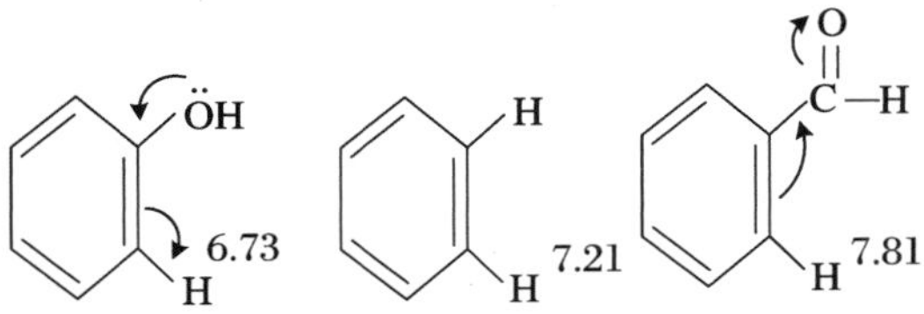

p-π共轭(推电子给邻位)　　π-π共轭(从邻位吸电子)

图 2.2.3　苯和不同的苯基取代物

下面比较三种化合物的 OH 基团的 δ 值范围(图 2.2.4):第一种情形,由于只存在 O 原子的拉电子效应(诱导效应),因而 OH 的 δ 值较小;在第二种情形,除了 O 原子的诱导效应外,还多了共轭效应,两种效应叠加的效果使 OH 基团中 H 原子的电子密度进一步减少,因而 δ 值有所增加;在第三种情形,两个 O 原子,一个推电子,一个拉电子,一推一拉的结果是共轭效应大为增加,因而 OH 基团中 H 原子的电子密度更进一步减少,δ 值也大大增加。

化合物	δ(OH)	效应
R—OH	1.4～5.3	诱导
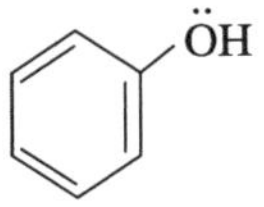	3.8～6.5	诱导+弱共轭
R—C(=O)—ÖH	9.3～12.4	诱导+强共轭

图 2.2.4　三种化合物的 OH 基团的 δ 值

2.2.2　局部顺磁效应

物质的磁性有两种:逆磁性和顺磁性。有必要对这两种磁性的物质加以区别。

磁化率为负($\chi<0$)的物质称为逆磁性物质。在具有电子闭合壳层结构的分子中,由于电子壳层都是充满的,所以电子轨道磁矩和自旋磁矩都为零,电子总磁矩为零,本身没有磁

性。当受外磁场作用后，分子中产生感应的电子环流，它所产生的磁矩与外磁场方向相反，因此宏观呈现逆磁性。所有的有机化合物都具有逆磁性，都属于逆磁性物质。

磁化率为正($\chi>0$)的物质称为顺磁性物质。组成顺磁性物质的原子或分子都具有一个永久磁矩，但由于热运动，各原子的永久磁矩的取向是混乱的，其宏观磁矩等于零，故不显磁性。当有外磁场存在时，各原子的磁矩趋向于按磁场方向排列，磁矩的矢量和不为零，在顺着磁场方向有宏观磁矩产生。含有不配对电子的离子称为顺磁离子。比如有机金属化合物中的金属是顺磁离子，顺磁性物质中质子的化学位移范围可增至200左右，其他核的化学位移范围更大。另外，逆磁效应实际也同样存在于顺磁性物质中，只是由于在顺磁性物质中顺磁效应比逆磁效应大得多，所以主要考虑顺磁效应。

这里提到的局部顺磁效应并不是顺磁性物质产生的，而是逆磁性物质产生的。局部顺磁效应不能用经典力学的方法加以说明。当分子中具有不对称的电子云分布时，根据量子力学计算，外加磁场引起激发态和基态波函数之间的混合，导致去屏蔽作用产生。s电子由于轨道的对称性，轨道角动量为零，局部顺磁屏蔽项为零。对质子而言，只有s电子没有p电子和d电子，所以没有局部顺磁屏蔽作用。对其他类型的原子，局部顺磁屏蔽因子的大小与基态到第一激发态之间的能级差成反比。局部顺磁屏蔽因子用σ_p表示。

表2.2.4是一些化合物对碳、氮和氧原子的屏蔽常数的贡献。从这里可以看出：① σ_d和σ_p的绝对值都很大，并且符号相反。② σ_d在不同分子中或在同一分子的不同化学环境中，数值比较接近，变化不大，而σ_p的数值变化就很大。由于我们讨论化学位移时，用到的只是屏蔽常数的差值，所以在讨论非氢原子的化学位移时，σ_p往往占主要地位。

表2.2.4　一些化合物对碳、氮和氧原子的屏蔽常数的贡献

分子	核	σ_d	σ_p
CO	C	259.36	−206.24
	O	395.39	−367.39
$H_2C=O$	C	257.77	−208.24
	O	397.80	−651.47
$HC\equiv N$	C	259.08	−157.53
	N	326.70	−301.30

2.2.3　邻近基团的磁各向异性

在测定下列化合物氢核的化学位移δ值时，发现用电负性大小的概念不能得到令人满意的解释。如表2.2.5所示。

表2.2.5　部分化合物氢核的化学位移

化合物	化学位移δ值	化合物	化学位移δ值
CH_3-CH_2-H	0.96	$CH_2=CH-H$	5.84
$CH\equiv C-H$	2.80	C_6H_5-H	7.26
$R-CO-H$	7.8~10.5		

乙炔基的电负性较乙烯基强,但其 δ 值为 2.8,不及乙烯和苯环氢核的大。这是由于分子中氢核与某一基团在空间的相互作用对氢核 δ 值的影响所造成的,这种效应叫磁各向异性效应。因为它是通过空间产生的影响,这种影响的大小与原子核和邻近基团的距离以及空间位置都有关。对于不同的化学键,基团对原子核的影响也不尽相同。下面分几种情况分别进行讨论。

1. 环电流效应

由于苯环 π 电子的离域性(Delocalizability)或流动性(Mobility),在外磁场 H_0 的作用下,当 H_0 的方向垂直于苯环平面时,π 电子便沿着苯环碳链流动,形成所谓环电流(Ring Current),电子流动的结果产生磁场。根据楞次定律,感应磁场的方向与 H_0 相反,因此苯环平面的上下方形成正屏蔽区,苯环的侧面形成去屏蔽区,如图 2.2.5 所示。在图中"+"表示屏蔽区,"-"表示去屏蔽区。由于苯环上的质子处于去屏蔽区,这就很容易理解为什么烯烃与芳烃同样都具有双键,芳烃质子的 δ 值(7.30)却比烯烃的 δ 值(5.25)大很多。某些具有共轭体系的大环化合物,环电流效应更为显著,环内质子和环外质子的 δ 值相差甚多。

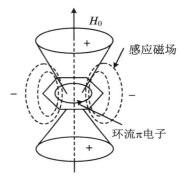

图 2.2.5 环电流效应

环电流仅当苯环平面垂直于外磁场时才产生。实际上,核磁共振所测定的样品是溶液,苯分子在溶液中是处于不断翻滚的状态,而苯环平面与 H_0 方向一致时,H_0 不产生诱导磁场,氢不受去屏蔽作用。因此,核磁共振所测化学位移是对苯环平面的各种取向进行平均的结果。在此情况下,氢受到的是去屏蔽作用。

不仅是苯,所有具有 $4n+2$ 个离域 π 电子的环状共轭体系都有强烈的环电流效应。如果氢核在该环的上下方,则受到强烈的屏蔽作用。这样的核的共振峰向高场方向移动,甚至其 δ 值可小于零。例如以下物质:

[18]-轮烯

$\delta_{H_a}=10.75$

$\delta_{H_b}=-4.22$

粪卟啉(M—CH_3, P—CH_2CH_2COOCH_3)

$\delta_{H_a}=11.22$ $\delta_{H_b}=9.92$

$\delta_{H_c}=-4.40$

环电流的存在与否可作为化合物有无芳香性的判据,因此可以通过核磁方法分析化合物是否具有芳香性。例如以下物质:

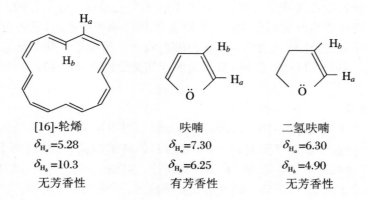

[16]-轮烯	呋喃	二氢呋喃
$\delta_{H_a}=5.28$	$\delta_{H_a}=7.30$	$\delta_{H_a}=6.30$
$\delta_{H_b}=10.3$	$\delta_{H_b}=6.25$	$\delta_{H_b}=4.90$
无芳香性	有芳香性	无芳香性

2．双键和羰基的屏蔽

双键连接的 C 原子是 sp^2 杂化的,在烯键平面的上下方,每个 C 原子提供一个 p_z 轨道成键,容易在乙烯平面上形成电子环流。由于这种诱导电流产生的感生磁场总是阻碍外磁场的,因此烯键平面的上下方都是屏蔽区,显然乙烯平面则处在去屏蔽区,如图 2.2.6 左图所示。对于乙烯的情形,烯质子位于去屏蔽区,因此其 δ 值比饱和烃的 CH_2 大 4 左右。但其去屏蔽作用不及芳烃,δ 值仍比芳烃小。双键的屏蔽作用可以下面两个异构体的区别为例表示出来,如图 2.2.7 所示。左边化合物的 H 由于位于双键的上方,因而被屏蔽,化学位移减小;而右边的由于偏离屏蔽区化学位移增加。

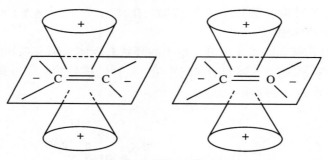

图 2.2.6　双键和羰基的屏蔽

羰基的作用与双键相似,如图 2.2.7 右图所示。由于醛基质子位于去屏蔽区,再加上由于羰基电负性引起的去屏蔽效应,因此其共振峰出现在低场位置($\delta = 9.2 \sim 10.5$)。

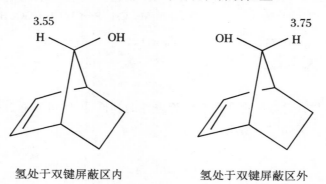

氢处于双键屏蔽区内	氢处于双键屏蔽区外

图 2.2.7

3. 三键的屏蔽

炔烃与烯烃的屏蔽不一样。在磁场 H_0 的作用下,π 电子绕 C≡C 键旋转,结果在三键的两端出现正屏蔽区,而两侧则是去屏蔽区,如图 2.2.8 所示。由于乙炔质子位于正屏蔽区,因此其共振峰出现在高场区($\delta = 1.8$)。

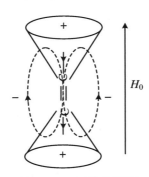

图 2.2.8 乙炔的屏蔽

2.2.4 范德华效应

当两个原子相互靠近时,由于受到范德华力的作用,电子云相互排斥,导致原子周围的电子密度降低,屏蔽减少,谱线向低场方向移动,这种效应称为范德华效应。

比较图 2.2.9 中两个化合物的质子化学位移数据可以看出,由于 H_b 受到邻近基团(H_a 或 OH)的空间位阻(范德华力)的作用,而 H_c 没有受到此作用,因此两个化合物的 H_b 的 δ 值都比 H_c 大。另外,化合物 A 的 H_a 受到空间位阻作用,而化合物 B 的 H_a 则没有,因此 A 中 H_a 的 δ 值比 B 中 H_a 的大。

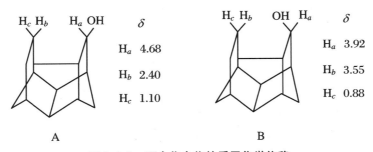

图 2.2.9 两个化合物的质子化学位移

2.2.5 溶剂效应

高分辨液体核磁共振实验往往离不开溶剂,对于固体样品,必须要用合适的溶剂溶解,配成特定的溶液方能用于实验(当然固体也可作固体核磁共振实验);对于液体样品,也必须用溶剂稀释成一定的浓度和体积,以减少溶质分子间的相互作用。但是由于溶剂与溶质分子间的相互作用,使得在不同溶剂下的溶质分子的化学位移不同。例如表 2.2.6 列出了在不同溶剂下的缬氨酸质子化学位移 δ 值,以 TMS 为参考。

表 2.2.6   不同溶剂下的缬氨酸质子化学位移 δ 值(以 TMS 为参考)

溶剂	NH_3^+	αCH	βCH	γCH_3
D_2O		3.59	2.27	0.98
TFA 或 d-TFA	7.33	2.22	2.60	1.25
d_6-DMSO	7.88	4.26	1.97	1.98

实践证明,$CDCl_3$ 和 CCl_4 等溶剂对化合物的 δ 值基本上没有影响。例如与碳相连的质子用 60 MHz 的谱仪测定,在 $CDCl_3$ 和 CCl_4 中仅差 ±6 Hz(即 0.1)。但若选用芳香性的溶剂,如 C_6H_6、C_6D_6 或 C_5H_5N,则变化较大(可达 0.5,约 30 Hz)。对于 OH、SH、NH_2 和 NH 等活泼氢而言,溶剂效应更为强烈。这是因为具有磁各向异性的芳香溶剂分子对样品分子的接近将发生不同的屏蔽和去屏蔽作用,于是 δ 值会发生变化,这对结构分析是有帮助的。

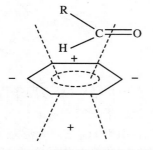

图 2.2.10   苯的溶剂效应对羰基化学位移影响

在酮类化合物中,羰基显出极性。在苯溶剂中,苯的 π 电子体系趋向于羰基的带正电一端,这使得和碳相连的质子或羰基上的质子处于苯的屏蔽区中,δ 减小,如图 2.2.10 所示。

各种溶剂对化学位移的影响(溶剂效应)大小不一,情况复杂,至今仍未发现明显的规律性。为此,必须采取有力措施,尽量减少溶剂效应:

(1) 尽可能使用一种溶剂。氘代氯仿($CDCl_3$)是核磁共振使用最普遍的溶剂,标准图谱如果没有特殊标明,一般均用此溶剂。

(2) 尽量使用浓度相同或相近的溶液。因浓度不同,溶剂效应也不一样;在测试灵敏度许可的前提下,尽量使用稀溶液,以减少溶质间的相互作用。

2.2.6 氢键效应

1. 乙醇中的氢键

图 2.2.11 是乙醇的 ^1H 核磁共振谱,图(a)中的样品是 10% 的乙醇,图(b)中的样品是 5% 的乙醇,图(c)中的样品则是 0.5% 的乙醇,溶剂皆为 CCl_4。比较(a)、(b)和(c)图谱就可发现:C_2H_5 谱峰位置基本不变,而 OH 基的位置变化很大。这究竟是什么原因导致的? 原来在纯的乙醇中,存在着分子间的缔合,缔合的分子存在着下列氢键:

氢键形成对质子化学位移的影响不能简单予以解释。当 H 和 Y 形成氢键 X—H…Y 时,一方面,Y 的存在使 X—H 键的电子云受到畸变,使质子去屏蔽,化学位移增加;另一方面,给体原子或基团的磁各向异性可能使质子受到屏蔽,化学位移减少。其中去屏蔽作用是主要的,所以观测到的是氢键形成低场位移。

当乙醇溶于 $CDCl_3$ 时,乙醇分子被 $CDCl_3$ 分子隔开,形成氢键的概率大为减少,因此 OH 峰移向高场位置。由于缔合程度易受各种因素(如溶剂、浓度、温度等)的影响,条件改变时,OH 峰的位置也会随之改变。

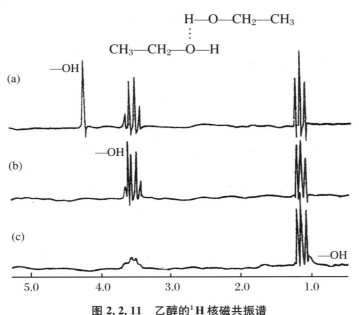

图 2.2.11 乙醇的 ^1H 核磁共振谱

(a) 10%的乙醇；(b) 5%的乙醇；(c) 0.5%的乙醇。

2. 水中的氢键

在常温下，水分子间就存在缔合：

$$\begin{array}{ccc} H & H & O \\ \diagdown & \diagup & \diagdown \\ & O\cdots H & H \end{array}$$

温度降低时缔合作用增强，水的谱线也向低场方向移动。实验中观测到的谱线位置是各种分子（未缔合的、双分子缔合的和多分子缔合的）OH 谱线位置的平均值。因为各种分子 OH 之间会发生交换作用，如果交换速度足够大，就只能观测到一条谱线。水的谱线位置容易受到各种因素（如 pH、温度等）的影响，因此不宜用作标准（参考）物质。

3. 分子内部的氢键

有些化合物存在着互变异构，如：

在烯醇型中存在着分子内部氢键，这种具有内部氢键的质子共振峰往往出现在低场位置上，其 δ 值可高达 15～19。

在生物大分子构象研究中，测定是否形成分子内氢键是十分重要的，因为氢键是一种非常重要的非键相互作用，分子内氢键的存在可以使构象更加稳定。它是对分子构象进行约束的重要因素之一。

研究氢键通常有下面几种方法：

（1）测定酰胺质子—NH 的 H—D 交换速率。

如果某个酰胺质子的 H—D 交换速率远远小于其他酰胺质子，这通常可以作为分子内氢键存在的证据，至少可以认为这个质子与溶剂的接触受到了某种屏蔽。这种研究并不是核磁共振所唯一采用的，在红外光谱中，也采用类似的方法研究分子内氢键。不过在许多情况下，特别是对于小肽，这种检测依据并不十分可靠。因为重氢交换的速率还受到许多其他因素，如 pH、少量金属离子或其他催化剂的影响。重氢交换速率小一般可以认为是存在分子内氢键的有关证据。但不存在小的重氢交换速率，并不意味着不存在分子内氢键。

（2）观察溶剂变化时化学位移所受到的影响。

假若—NH 质子化学位移随溶剂的改变而变化很小，则往往涉及分子内的氢键。

（3）跟踪酰胺质子化学位移随温度的变化。

2.2.7 pH 的影响

1. 氨基酸主链质子化学位移的 pH 滴定

当一个质子加到 $RCOO^-$、RNH_2、RS^- 上形成 $RCOOH$、RNH_3^+、RSH 时，R 基团上不易交换的质子共振峰将由于去屏蔽效应向低场位移。图 2.2.12 是丙氨酸在不同 pH 下在 D_2O 中的 100 MHz 质子核磁共振谱，其中图(a)中 pD=0.0，阳离子形成；图(b)中 pD=7.0，两性离子；图(c)中 pD=13.0，阴离子。

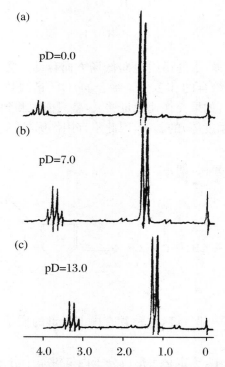

图 2.2.12　丙氨酸在不同 pH 下 D_2O 中的 100 MHz 质子核磁共振谱

图 2.2.13 是丙氨酸 α、β 质子化学位移随 pH 变化的滴定曲线。

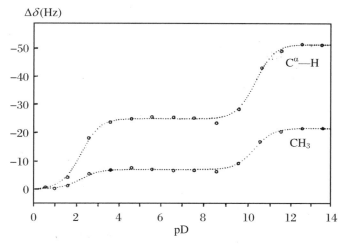

图 2.2.13　丙氨酸 α、β 质子化学位移随 pH 变化的滴定曲线

质子化学位移随 pH 变化的原因在于,对于氨基酸来说,在水溶液中存在下述解离平衡:

$$H_3^+N—CRH—COOH \underset{H^+}{\longleftrightarrow} H_3^+N—CRH—COO^- \underset{OH^-}{\longleftrightarrow} H_2N—CRH—COO^-$$

—NH$_3^+$ 和—COOH 上的质子由于和水的快速交换,一般观测不到其共振吸收峰。当 pH 升高时,羟基基团解离,产生负的电荷密度,从而使所有质子受到的屏蔽增加,化学位移减小;当 NH$_3^+$ 上的质子去掉时,屏蔽增加更大,化学位移更小。

下面是具有不可解离的脂肪酸侧链的氨基酸,在去质子化反应时化学位移的变化:

	$H_3^+N—CRH—COOH \longrightarrow H_3^+N—CRH—COO^-$	$H_3^+N—CRH—COO^- \longrightarrow H_2N—CRH—COO^-$
αCH	−0.4	−0.5
βCH	−0.1	−0.3
γCH	−0.5	−0.1
δCH	−0.02	−0.04

2. 氨基酸侧链质子化学位移的 pH 滴定

对于一些有可解离的侧链基团的氨基酸,如组氨酸,其侧链上的质子的化学位移也与 pH 有依赖关系。当 pH 变化时,咪唑环的离子状态发生变化,从而影响环上 C$_2$H 和 C$_4$H 质子的化学位移。

图 2.2.14 是组氨酸残基环上的 C$_2$H、C$_4$H 质子的化学位移的 pH 滴定曲线。除此以外,门冬天氨酸的羟基、赖氨酸的氨基也有类似情况。

3. 解离平衡常数的测定

由滴定曲线可以计算出质子解离平衡常数。考虑存在如下平衡:

$$XH \Longrightarrow X^- + H^+$$

其平衡常数为

$$K_A = [X^-][H^+]/[HX] \tag{2.2.2}$$

其中[X$^-$]、[H$^+$]和[HX]分别为 X$^-$、H$^+$ 和 HX 的浓度。假定在这两种情况下 X 的化学位移分别是 δ_{min}(当它以 X$^-$ 存在时)以及 $\Delta + \delta_{min}$(当它以 HX 形式存在时),实际观测到的化

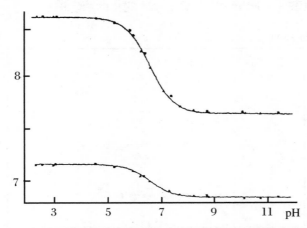

图 2.2.14　组氨酸残基环上的 C_2H、C_4H 质子的化学位移的 pH 滴定曲线

学位移是 δ。于是：

$$\delta = \frac{[HX]}{[HX] + [X^-]}(\Delta + \delta_{min}) + \frac{[X^-]}{[HX] + [X^-]}\delta_{min} \qquad (2.2.3)$$

即化学位移是这两种情形下的化学位移的加权平均。从方程(2.2.2)和方程(2.2.3)，我们可以得到

$$\delta = \delta_{min} + \frac{\Delta[H^+]/K_A}{1 + [H^+]/K_A}$$

可改写为

$$\delta = \delta_{min} + \frac{\Delta \times 10^{-(pH-pK_A)}}{1 + 10^{-(pH-pK_A)}}$$

δ、δ_{min}、Δ 及 pH 分别由实验测出，则 pK_A 可以计算出来。

图 2.2.15 是乙酰组氨酸 C_4H 质子在 60 MHz 下的化学位移 pH 滴定曲线。

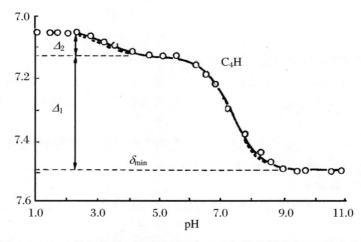

图 2.2.15　乙酰组氨酸 C_4H 质子在 60 MHz 下的化学位移 pH 滴定曲线

2.3 环流位移的计算

在上一节定性地讨论过环流对化学位移的影响,这里我们将定量地计算环流位移。由于是一个共轭体系,芳香族化合物及其他含共轭双键的环状化合物在外磁场下可形成分子内环流。以苯为例,苯分子中 6 个 π 电子形成一个共轭体系。在外磁场下形成环流,产生诱导磁矩。如图 2.3.1 所示。

A、B 处诱导磁场的方向与 H_0 相反,增加了对质子的屏蔽,而 C、D 处诱导磁场的方向与 H_0 相同,减少了对质子的屏蔽,所以环上的质子(位于 C、D 处)的共振峰与饱和脂环化合物的共振峰相比,出现在比较低的磁场区,如苯环上质子的化学位移为 7.25,这种现象叫环流位移。芳环周围的质子受芳环环流磁场的影响也会产生环流位移。其大小和该基团与芳环的距离及取向有关。

图 2.3.2 是快速翻滚的苯环的屏蔽区。该图给出了通过苯环中心且垂直于苯环面的一个平面上的屏蔽区的一个卦限。原点处于苯环平面的中心,z 轴垂直于苯环平面,z 和 ρ 的单位为 1.39 Å。图中的曲线为等屏蔽曲线,其上的数值表示由于环流而引起的

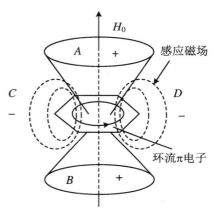

图 2.3.1 环电流效应

屏蔽常数的变化,"+"号表示屏蔽常数增加,化学位移减小,共振峰向高场位移;"-"号表示屏蔽常数减小,化学位移增加,共振峰向低场位移。二者的交界处屏蔽作用为零。

芳环环流位移的一般表达式如下:
$$\delta_R \times 10^{-6} = iBG(\rho, z, \phi) \tag{2.3.1}$$
其中 δ_R 是屏蔽常数;i 是环流强度因子,考虑到芳环特定电子结构对其环流的影响,对于不同的芳香族氨基酸、核酸碱基及血红素的 i 取不同的值;B 是比例常数,与苯环的分子磁化率有关;$G(\rho, z, \phi)$ 是空间项,它与一个质子相对于环平面和环中心的柱坐标 (ρ, z, ϕ) 有关。

如果不止一个环,质子环流位移将是单个环所计算出的 δ_R 值的加和。有三种不同的模型,即 Pople 的经典偶极子模型,Johnson 和 Bovey 的半经典的环流模型以及 Haigh 和 Mallion 的量子力学模型(图 2.3.3)。偶极子模型是将非定域的 π 电子等价于位于环中心的一个偶极子,

$$\delta_R \times 10^{-6} = \frac{\chi_L}{N_A \times 10^{-21}} \frac{3\cos^2\theta - 1}{3r^3} \tag{2.3.2}$$

其中 $\chi_L = -49.5 \times 10^{-6}$,表示环的逆磁磁化率的各向异性,$N_A$ 是阿伏伽德罗常数,θ 是所观测的质子到环中心的连线与环平面的法线之间的夹角,r 是质子与环中心之间的距离(单位:nm)。当 $\theta = 90°$ 时,质子在环平面上,由于环流的影响其屏蔽常数减小,即去屏蔽,因而

化学位移增加,共振峰向低场位移。

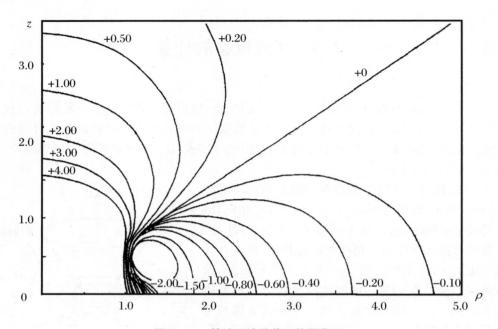

图 2.3.2　快速翻滚的苯环的屏蔽区

Johnson-Bovey 方程中局部磁场是由两个分别位于环平面之上和之下、距离为 q 的平行于环平面的环流计算得到的,这两个环流代表了芳环上的 6 个非定域的电子。Johnson-Bovey 方程有如下形式(esu 单位制):

$$\delta_{\mathrm{R}} \times 10^{-6} = \frac{-ne^2}{6\pi mc^2}\left\{\frac{1}{a\left[(1+\rho)^2 + z^2\right]^{1/2}}\left[K + \frac{1-\rho^2-z^2}{(1-\rho)^2+z^2}E\right]\right\} \qquad (2.3.3)$$

其中 n 是 π 电子数;a 是环半径;e、m、c 分别是电子电荷、电子质量和光速;ρ 和 z 是相对于环中心的质子的柱坐标,K 和 E 是第一类和第二类椭圆积分,它们是 ρ、z 的函数;q 是环平面和环流之间的距离,以 a 为单位,大括号内为空间项。

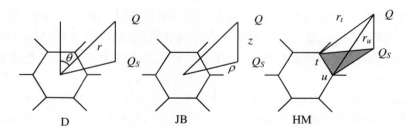

图 2.3.3　三种环流模型的比较

D:偶极子模型;JB:Johnson-Bovey 模型;HM:Haigh-Mallion 模型。
Q:所观察的质子的位置;Q_S:Q 在环平面上的投影。

Haigh-Mallion 方程是基于伦敦的逆磁环流理论提出的,并考虑到用一个检验偶极子去探测由环流产生的磁场。它具有如下形式:

$$\delta_R \times 10^{-6} = -1.56 \frac{H'}{H'_{benzene}} \qquad (2.3.4)$$

其中 $H'/H'_{benzene}$ 代表了由所研究的质子的环流产生的磁场与由苯所产生的磁场之比(单位: emu)。

$$H' = \frac{2\beta}{3}\left(\frac{2\pi e}{hc}\right)^2 \frac{S^2 H_0}{a^3}\left[-Kn(r)\right]$$

其中空间项为

$$K'(r) = \sum_{tu} S_{tuQ_S}\left(\frac{1}{r_t^3} + \frac{1}{r_u^3}\right)$$

β 是标准的 Huckel 共振积分,e、h 和 c 分别是电子电荷、普朗克常数和光速;S 是苯环的面积,a 是芳环 C—C 键长;H_0 是外加磁场;S_{tuQ_S} 是三角形 tuQ_S 在环平面上的投影的面积,并规定了一定的符号。Haigh-Mallion 方程用于生物学时因子 1.56 要增至 2.6 倍,变为 4.06。

距离环中心较远时,三个方程所得到的结果是一致的。表 2.3.1 给出了蛋白质中使用 Johnson-Bovey 方程的参数。

表 2.3.1　蛋白质中使用 Johnson-Bovey 方程的参数

	环电流强度因子			
	六　　元　　环		五　　元　　环	
	①	②	①	②
His			0.53	
Phe	1.00	1.00		
Tyr	0.94	0.94		
Trp	1.04	1.20	0.56	1.70
卟啉	大　　　　　　　　　　环			
	2.12	1.942	1.24	1.136

	环　　半　　径	
	六　　元　　环	五　　元　　环
非血红素	0.139	0.1182
卟啉环	大　　　　　　环	
	0.2874	0.1182

注:环流距芳环平面的距离:0.064 nm。

① Giessner-Prettre 和 Pullman(1969);

② Perkins 和 Wuhrieh(1979),Perkins 和 Dwek(1980),Porkins(1980)。

　　蛋白质中的环流位移不仅可由苯丙氨酸、酪氨酸、色氨酸、组氨酸等芳香族氨基酸的侧链产生,而且也可来自黄素及卟啉环等辅基。其中卟啉环具有 18 个电子(图 2.3.4),引起的环流位移远远大于其他芳环系统的环流位移。Shulman 等测量了卟啉和肽花青络合物的环流位移,根据测量的结果从经验上修改了 Johnson 和 Bovey 计算苯环环流位移的公式。得到如图 2.3.5 所示的等屏蔽图。

　　环流位移的一个重要性质是它与温度无关。这常常是把它们与其他类型的位移区分的重要方法。

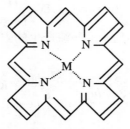

图 2.3.4 卟啉环

在蛋白质构象的研究中环流位移的计算占有重要的地位,假若蛋白质的晶体结构已知,根据已知的原子空间坐标,就可以利用环流位移来确定谱峰的归属。

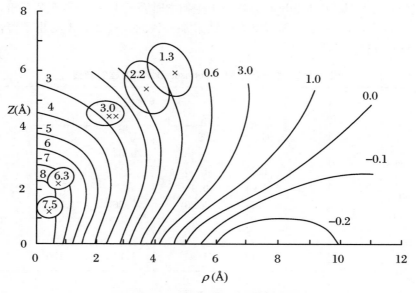

图 2.3.5 Shulman 等得出的等屏蔽图

第3章 自旋裂分

3.1 基 本 原 理

图 3.1.1 是乙醇 CH_3CH_2OH 的质子高分辨率波谱图。在此波谱图中,甲基 CH_3 质子的共振峰分裂成三重峰,其强度比约为 1∶2∶1,亚甲基 CH_2 质子共振峰分裂成四重峰,其强度比约为 1∶3∶3∶1。许多化合物的高分辨率核磁共振波谱都有这种精细结构。

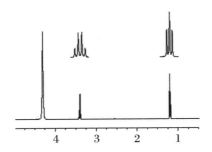

图 3.1.1 乙醇的高分辨率质子谱

这种精细结构来源于原子核与原子核之间的相互耦合作用。在乙醇分子中,亚甲基的 2 个质子($I=1/2$),它们的自旋有 4 种可能的组合,见表 3.1.1。其中(1/2, -1/2)和(-1/2, 1/2)等价,所以共有 3 种不同的自旋状态。亚甲基的这 3 种不同自旋状态对邻近甲基质子将产生影响,使—CH_3 质子受到 3 种不同的有效磁场,从而使—CH_3 质子的共振峰分裂为三重峰。由于亚甲基中两个质子自旋状态的 4 种组合概率完全相同,所以这三重峰的强度比为 1∶2∶1。与此相似,—CH_3 的 3 个质子的自旋状态有 8 种组合,其中(1/2, -1/2, -1/2),(-1/2, 1/2, -1/2),(-1/2, -1/2, 1/2)等价,(1/2, 1/2, -1/2),(1/2, -1/2, 1/2),(-1/2, 1/2, 1/2)等价。如表 3.1.2 所示,这 8 种组合的概率是相等的,故使得邻近的亚甲基峰分裂成四重峰,其强度比为 1∶3∶3∶1。这就解释了乙醇质子共振谱的精细结构。

表 3.1.1 CH_2 基团中质子的自旋组态

质子自旋态的组合	m	$\sum m$	强度比
↑ ↑	(1/2, 1/2)	1	1
↑ ↓ , ↓ ↑	(1/2, -1/2) (-1/2, 1/2)	0	2
↓ ↓	(-1/2, -1/2)	-1	1

表 3.1.2　CH₃ 基团中质子的自旋组态

质子自旋态的组合	m	$\sum m$	强度比
↑↑↑	$(1/2,1/2,1/2)$	3/2	1
↑↑↓,↑↓↑,↓↑↑	$(1/2,1/2,-1/2)$ $(1/2,-1/2,1/2)$ $(-1/2,1/2,1/2)$	1/2	3
↑↓↓,↓↑↓,↓↓↑	$(1/2,-1/2,-1/2)$ $(-1/2,1/2,-1/2)$ $(-1/2,-1/2,1/2)$	−1/2	3
↓↓↓	$(-1/2,-1/2,-1/2)$	−3/2	1

在核磁理论中核自旋之间的相互作用有两种:一种是偶极-偶极相互作用,具有各向异性性质;另一种是费米接触作用,是各向同性的。这两种相互作用类似于讨论顺磁位移时提到的接触位移和赝接触位移。只不过在那里讨论的是核与电子的相互作用,而这里讨论的是核与核之间的相互作用。

费米接触作用是核磁共振波谱具有精细结构的原因。这是一种原子核与原子核之间以价电子为媒介的间接相互作用。对此我们可作如下形象的解释:

设有 A、X 两核($I = 1/2$),考虑自旋耦合。大家知道价电子倾向于配对,核和电子也倾向于配对。若核 A 是 α 状态,则它附近的电子应是 β 状态,与它配对的 X 核附近的电子应是 α 态。这时核 X 若是 α 态,系统不够稳定,则能量有所增加;若为 β 态,则能量有所降低。反之,若核 A 是 β 态也是如此。如图 3.1.2 所示,此即为 Dirac 向量模型。

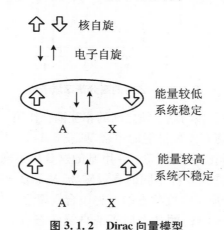

图 3.1.2　Dirac 向量模型

多重峰中相邻两峰的距离被称为自旋-自旋耦合常数,用符号 J 表示。J 代表的是两核之间耦合作用的大小,具有频率的量纲,单位是 Hz。对于 A、X 两核,耦合常数 J_{AX} 可以取正值,也可取负值。如图 3.1.3 所示,若 J_{AX} 为正,则自旋 A 和自旋 X 的自旋态反向平行时能量比二自旋同向平行时能量要低;若 J_{AX} 为负,则情况恰好相反。在简单谱中谱线的位置与 J_{AX} 的符号无关。在复杂的波谱中,耦合常数的符号会很大程度地影响谱线的相对位置。

在什么情况下耦合常数为正,在什么情况下耦合常数为负呢? 我们约定:对于两个自旋之间的耦合,如果两自旋方向相同,体系能级较高,自旋方向相反时,体系能级较低,那么它们的耦合常数为正;相反情况下则为负。在图 3.1.3 中,显然耦合常数为正,即两个通过单键耦合的核之间的耦合常数为正。对于通过双键耦合的两核,它们的耦合常数为负,而通过

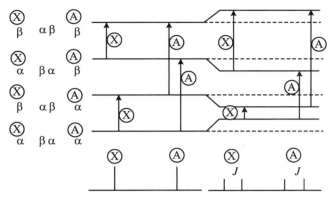

图 3.1.3　自旋耦合造成的能级和谱线分裂

三键耦合的两核，它们的耦合常数则又为正，如图 3.1.4、图 3.1.5 所示。注意对于耦合体系中间的核，如图 3.1.4 和图 3.1.5 中的 M、O 核，不一定要具有核自旋。而发生自旋耦合的核，如图中的 A、X 核，则一定要具有核自旋。

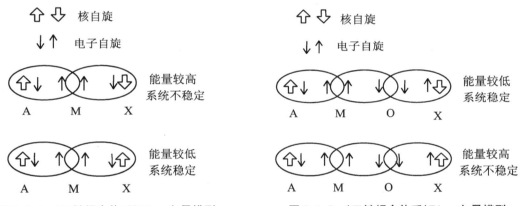

图 3.1.4　（二键耦合体系）Dirac 向量模型　　**图 3.1.5　（三键耦合体系）Dirac 向量模型**

通过 Dirac 向量模型的分析可知，^1J、^3J、^5J，即通过奇数个键耦合的核之间的耦合常数具有正号，而 ^2J、^4J、^6J，即通过偶数个键耦合的核之间的耦合常数具有负号。这个结论一般是符合实际情况的，例如：

$$CH_4 \text{ 的} ^1J_{CH} = +125 \text{ Hz}$$
$$PH_3 \text{ 的} ^1J_{PH} = +182 \text{ Hz}$$
$$CH_4 \text{ 的} ^2J_{HH} = -12.5 \text{ Hz}$$
$$CH_3Cl \text{ 的} ^2J_{HH} = -10.8 \text{ Hz}$$
$$\text{环己烷的} ^3J_{HH}(aa) = +13 \text{ Hz}, \quad ^3J_{HH}(cc) = +4 \text{ Hz}$$
$$\text{顺式 -2- 丁烯的} ^4J_{HH} = -1.79 \text{ Hz}, \quad ^5J_{HH} = +1.18 \text{ Hz}$$

但上述结论不一定符合所有的情况。例如 H_2 分子，$^1J_{HH}$ 的实测结果是 ± 276 Hz，符号不能确定，而 CF_4 的 $^1J_{CF} = -259$ Hz，就和预测的相反。

由于每插入一个键，就增加了自旋信息传递的困难程度。因此，Dirac 模型预言：随着化学键数目的增加，J 耦合常数迅速减弱，这也是符合实验事实的。

同一基团中的两个磁性等同核之间（亚甲基—CH_2 的两个质子之间）也有耦合存在，但在波谱上看不到这种耦合引起的谱线的分裂现象。另外,如果两核之间相隔4个或4个以上的单键,耦合常数就基本等于零。但也有例外情况,如在π电子共轭系统中（如丙烯体系和芳环）,因电子流动性大,故即使间隔超过3个键,仍可发生耦合,但作用较弱。远程耦合常数 $J_{远程} = 0 \sim 3$ Hz。表3.1.3给出了核与核间的耦合常数值。

表 3.1.3　标量耦合常数的典型范围

1. ^1H—^1H:		
同碳耦合	^1H—C—^1H	$-15 \sim -12$ Hz
邻碳耦合	^1H—C—C—^1H	$2 \sim 14$ Hz(自由旋转平均为7 Hz)
	^1H—C=C—^1H	10 Hz(顺式),　17 Hz(反式)
	^1H—C≡C—^1H	约 2 Hz
	^1H—N—C—^1H	$1 \sim 10$ Hz
远程耦合		$0.5 \sim 3$ Hz
2. ^1H—^{13}C:		
单键	^1H—$^{13}C(sp^3)$	$110 \sim 130$ Hz
远程	^1H—C—^{13}C	约 5 Hz
	^1H—C=^{13}C	约 2 Hz
3. ^1H—^{15}N:		
单键	^1H—^{15}N	-61 Hz(氨)
	^1H—^{15}N	$-95 \sim -89$ Hz(多肽)
远程	^1H—C—^{15}N	$15 \sim 23$ Hz(多肽)
4. ^1H—^{17}O:		
单键	^1H—^{17}O	70 Hz
远程	^1H—C—^{17}O	$8 \sim 10$ Hz
5. ^1H—^{31}P:		
单键	^1H—^{31}P	$170 \sim 230$ Hz(三价^{31}P)
		$700 \sim 900$ Hz(五价^{31}P)
远程	^1H—O—^{31}P	$15 \sim 25$ Hz
	^1H—C—O—^{31}P	$2 \sim 20$ Hz
6. ^{31}P—^{31}P:		
远程	^{31}P—O—^{31}P	$10 \sim 30$ Hz(五价^{31}P)
7. ^1H—^{19}F:		
远程	^1H—C—^{19}F	$40 \sim 50$ Hz
	^1H—C—C—^{19}F	$5 \sim 20$ Hz
8. ^1H—^2D:		
远程	^1H—C—^2D	约 -2 Hz
	^2D—C—^2D	约 0.3 Hz

影响耦合常数的因素大体上可分为两个部分:原子核的磁性和分子结构。原子核磁性的大小以及是否和磁性核通过化学键直接相连决定了耦合常数的大小和存在与否。一般来

说,原子核的磁性越大,耦合常数也越大,反之亦然。在第 1 章已经谈到,核旋磁比 γ 实际上是核的磁性大小的度量,因此耦合常数与旋磁比有直接的关系。分子结构对耦合常数的影响也可概括为两个基本因素:几何构型和电子结构。几何构型包括键长、键角两个因素;电子结构也包括核周围电子密度和化学键的电子云分布两个因素,而这两个因素又与原子或基团的电负性、成键电子的离域性等因素有关。上述诸因素彼此间的关系可概括如下:

$$
\text{耦合常数}\begin{cases}\text{原子核的磁性(旋磁比)}\\[1ex]\text{分子结构}\begin{cases}\text{几何构型}\begin{cases}\text{键长}\\\text{键角}\end{cases}\\[1.5ex]\text{电子结构}\begin{cases}\text{核周围电子密度}\\\text{化学键电子云分布}\end{cases}\end{cases}\end{cases}
$$

下面只介绍耦合常数与旋磁比的关系。A、B 两核之间的耦合常数与其旋磁比的乘积成正比:

$$J_{AB} = K\gamma_A\gamma_B \tag{3.1.1}$$

J_{AB} 与 γ_A、γ_B 的关系可用表 3.1.4 中的数据加以说明。

表 3.1.4 $\ ^1J_{AB}$ 与 γ_A、γ_B 的关系

分子	耦合核	$^1J_{AB}$(Hz)	$\gamma_A/2\pi$	$\gamma_B/2\pi$	$\gamma_A\gamma_B/4\pi^2$ (MHz/T)^2
H_2	$^1H-^1H$	280	42.6	42.6	1814.76
H_3P	$^1H-^{31}P$	182	42.6	17.2	732.82
CH_4	$^1H-^{13}C$	125	42.6	10.7	455.82
HD	$^1H-^2D$	43	42.6	6.54	278.60

从表 3.1.4 的数据可以看出:随着 $\gamma_A\gamma_B/4\pi^2$ 值的减小,$^1J_{AB}$ 值也逐渐减小,反之亦然。

由于化合物不同,分子结构也不同,与分子结构紧密相关的 K 值自然也不会相同。因此上述例子中除了 H_2 与 HD 的关系严格遵循(3.1.1)式外,其余化合物之间的比例关系只是近似的。由(3.1.1)式可以得到

$$\frac{J_{H-H}}{J_{H-D}} = \frac{\gamma_H}{\gamma_D} = \frac{42.477}{6.536} = 6.514 \tag{3.1.2}$$

(3.1.2)式的重要性在于:有些化合物,例如 H_2 或 CH_4,分子中的 H 原子是完全等价的(即所谓的磁全同),它们的 NMR 谱线不发生分裂,从谱线中得不到耦合常数,但是并不等于它们之间不存在耦合。那么,这些化合物的耦合常数是如何得到的呢?一般是先合成这个化合物部分氘代的衍生物,然后从其有分裂的 NMR 谱测出 J_{H-D} 值,再由(3.1.2)式进行换算获得耦合常数。

3.2 核磁共振波谱解析

核磁图谱的自旋裂分除了在一定条件下遵从 $n+1$ 规律外,大量的图谱表现为二级分裂。在讨论二级分裂图谱的解析之前,首先介绍一下有关术语和概念。

3.2.1 分子的对称性

1. 对称因素

（1）对称面 σ

假若有一个平面能把一个分子切成两部分，一部分正好是另一部分的镜像，这个平面就是这个分子的对称面，用 σ 表示。

（2）对称轴 C_n

如果分子沿某轴旋转 $2\pi/n$（或其倍数）能够复原，则此旋转轴叫作分子的 n 阶对称轴，用 C_n 表示。有时分子具有几个对称轴，阶次最高的轴叫作分子的主轴。

（3）对称中心 i

假若分子中有一点 P，从分子中任何一个原子 A，向 P 引一直线 AP，再延长出去，到对面，若延长线遇见分子中和 A 相同的原子 B，并且 $AP = PB$，则 P 点为该分子的对称中心，用 i 表示。

（4）更迭对称轴 S_n

如果一个分子在围绕着一个一定的轴旋转了 $2\pi/n$（或其倍数）以后，再用一面垂直于该轴的镜子将分子反映（Reflection），这时所得的镜像若能与原分子迭合，这个轴就叫该分子的 n 阶更迭对称轴，用 S_n 表示。

（5）等同 I

分子不运动时保持原状，称作分子具有等同这一对称因素，用 I 表示。显然任何分子都有等同这一对称因素。

2. 对称操作

绕对称轴 C_n 旋转，通过对称面 σ 反映，通过对称中心 i 反映，绕更迭对称轴 S_n 旋转，接着再用垂直于该轴的平面反映，所有这些动作都叫对称操作。

3.2.2 核的等价性质

1. 化学位移等价

在分子中，如果通过对称操作或快速机制，一些核可以互换，则这些核叫作化学位移等价的核。也就是说，在非手性条件下，这些核具有严格相同的化学位移。例如，在化合物(3.2.1)和(3.2.2)中，两个质子均可以通过 C_2 轴操作互换，所以它们是化学位移等价的。在化合物(3.2.3)中，分子也有一个 C_2 对称轴，分子绕对称轴旋转 $180°$ 以后，则质子 H_a 和 H_b、H_c 和 H_d 可以互换。也就是说，如果将化合物(3.2.3)中质子的标记去掉，则分不清是否进行了对称操作。所以 H_a 和 H_b 是化学位移等价的，H_c 和 H_d 也是化学位移等价的。

$$(3.2.1)$$

$$(3.2.2)$$

$$(3.2.3)$$

上述通过对称轴旋转而互换的质子叫作等位的质子,等位的质子在任何环境中(手性的或非手性的),都是化学位移等价的。没有对称轴,但与其他对称因素相关的质子叫作对映异位的质子。例如在化合物(3.2.4)中,两个质子是对映异位的,因为它们与通过 C、Br、Cl 的对称面相关。

$$(3.2.4)$$

这里"对映异位"的来源为:当用另外一个基团,例如 D,分别取代两个质子时,则产生分子(a)和(b),它们为不能重叠的镜像或对映异构体。用这种办法取代等位的质子,则产生两个相同的分子。因此,在化合物(3.2.5)中,两个烯属质子是等位的,但在化合物(3.2.6)中两个烯属质子是对映异位的。在非手性溶剂中,对映异位的质子具有相同的化学性质,也是化学位移等价的。但在光学活性溶剂或酶产生的手性环境中,对映异位的质子在化学上不再是全同的,它们可以在核磁图谱中显示出耦合,或者有不同的化学性质,如酸度。这种差别就是"等位的对映异位"的意义所在。

$$(3.2.5)$$

$$(3.2.6)$$

分子中不能通过对称操作进行互换的质子叫作非对映异位的质子。例如,在化合物(3.2.7)中,由于邻近不对称碳的存在,H_a 和 H_b 为非对映异位的质子。如果分别用 D 取代 H_a 和 H_b,则得到非对映异构体(a)和(b),所以 H_a 和 H_b 叫非对映异位的质子。一般来说,当分子中在别处有一手性中心时,亚甲基质子是非对映异位的。

$$(3.2.7)$$

但是,若亚甲基质子是非对映异位的,分子中并不一定必须包含一个手性中心。例如,在化合物(3.2.8)中,虽然分子中没有手性中心,但是 H_a 和 H_b 是非对映异位的,用 D 分别

取代 H_a 和 H_b 时所产生的两个化合物是非对映异构体。"非对映异位"不仅仅对原子而言，也适用于基团，如在化合物(3.2.9)中，异丙基上的两个甲基也称是非对映异位的。

(3.2.8)

(3.2.9)

　　如果非对应异构体被定义为不是对应异构体的任何立体异构体(包括几何异构体)，则"非对映异位"可推广到一个宽泛的情况。例如，化合物(3.2.10)中的两个质子是非对映异位的，因(a)和(b)是非对映异构体。同理，在环冻结的环己烷中，同碳上的直立氢和平展氢是非对映异位的。上述化合物(3.2.7)、(3.2.8)、(3.2.9)中包括的非对映异位的质子(或基团)是构型上非对映异位的，化合物(3.2.10)中的两个非对映异位的质子是几何上非对映异位的，环己烷同碳上的直立和平展质子是构象上非对映异位的。非对映异位的质子，在任何环境中都是化学位移不等价的，虽然它们偶尔有相同的化学位移，这也只是巧合而已。

(3.2.10)

(a)　　　　　　(b)

　　共振频率相同的核叫作等频核，共振频率不相同的核叫作异频核。化学位移等价的核必然是等频的。另外，化学环境有差异的核，可以偶然是等频的。例如在甲苯($CDCl_3$ 溶剂)中，邻、间、对位质子接近等频。又如，在一定温度下，甲醇的羟基和甲基质子是等频的。低于室温时，羟基峰在甲基峰的低场一侧；随着温度的升高，羟基氢键减弱，羟基峰向高场位移；高于 $100\ ℃$ 时，羟基峰在甲基峰高场一侧；在交叉温度，羟基峰和甲基峰重叠，即羟基质子和甲基质子等频。

2. 磁等价

　　化学位移等价的核，若它们和其他任何一个原子核都发生相同大小的耦合，则这些化学位移等价的核被称为彼此磁等价的核。例如在化合物(3.2.1)即 CH_2F_2 中，考虑 ^1H 和 ^{19}F 间的耦合，两个 ^1H 和两个 ^{19}F 中的任何一个的耦合都是相同的，所以两个 ^1H 是磁等价的核。同理，两个 ^{19}F 也是磁等价的核。在实际的问题中，往往碰到的是化学位移等价的核，不一定是磁等价的。例如，在化合物(3.2.2)中，两个 ^1H 和两个 ^{19}F 分别都是化学位移等价的，但由于 $J_{H_1F_1} \neq J_{H_2F_1}$，$J_{H_1F_2} \neq J_{H_2F_2}$，所以两个 ^1H 是磁不等价的核。同理，两个 ^{19}F 也是磁不等价的核。

3. 快速机制

　　在分析核的等价性时，分子的内部运动(即快速机制)必须考虑。如果分子的内部运动相对于核磁共振时间尺度是快的(约大于 $1000\ s^{-1}$),则分子中本来不是等价的核将表现为等价;如果这个过程是慢的(约小于 $1\ s^{-1}$),则不等价性就会表现出来。

例如,在 CH_3CH_2X 分子中,它有各种构象,其中之一构象的 Newman 投影式如图 3.2.1 所示。

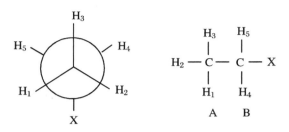

图 3.2.1 CH_3CH_2X 的 Newman 投影式

从图 3.2.1 中可以看到,在—CH_3 的三个 ^1H 中,H_1 和 H_2 化学位移等价,但磁不等价,H_3 与 H_1、H_2 化学位移不等价,当然磁也不等价。在—CH_2—的两个 ^1H 中,H_4 和 H_5 是化学位移等价的,但磁不等价。可是,在室温下,分子绕 C—C 键高速旋转,各个 ^1H 都处于一个平均的环境中,因此,—CH_3 中的 3 个 ^1H 和—CH_2—中的两个 ^1H 分别都是磁等价的。如果不考虑分子的内部运动,上述分子应有 3 种耦合常数,J_{AA}、J_{BB}、J_{AB}($J_{AA} = J_{H_1H_2}$,$J_{BB} = J_{H_4H_5}$,$J_{AB} = J_{H_2H_4}$,由于构象的关系,J_{AB} 可有很多)。但实际上在核磁图谱中只表现出 J_{AB} 一种耦合常数(各种构象的均化值),J_{AA} 和 J_{BB} 表现不出来,这是由于分子的内部运动造成磁等价的缘故。

又如,羟基酸中的羧酸质子和羟基质子,由于快速交换,只产生一个单峰,即化学位移等价;环几烷在室温下,由于环的快速反转,使得在低温时同碳上的构象为非对映异位的平展和直立质子,变成核磁图谱上的对映异位质子,即化学位移等价。

再如,在化合物(3.2.11)中,由于 C—N 键受阻旋转,H_a 和 H_b 表现为化学位移不等价,但在较高温度下做实验,旋转自由,则 H_a 和 H_b 表现为化学位移等价。

$$\text{(a)} \qquad\qquad \text{(b)} \tag{3.2.11}$$

3.2.3 化合物按自旋系统分类的定义和规定

(1) 分子中化学位移等价的核构成一个核组。

(2) 分子中相互作用(自旋耦合)的许多核组构成一个自旋系统。自旋系统内的核不与自旋系统以外的任何核相互作用,也就是说,自旋系统是孤立的。例如,在分子 CH_3CH_2—O—$CH(CH_3)_2$ 中,CH_3CH_2 构成一个自旋系统,$CH(CH_3)_2$ 构成另一个自旋系统。另外,在一个自旋系统内,并不要求某一核和自旋系统内的其他所有核都发生耦合。

(3) 在一个自旋系统内,若一些核组化学位移近似,即它们之间的化学位移差 $\Delta\nu$ 小于或近似于它们之间的耦合常数 J（$\Delta\nu/J<10$），则这些化学位移近似的核组分别以 A、B、C 表示。若核组中包含 n 个核，则在其字母右下角加附标 n。例如，$\varnothing CH_2CH_2$—CO—CH_3 中间的两个 CH_2 构成 A_2B_2 系统。

（4）在一个自旋系统内，若包含几种核组，每种核组内的核化学位移相近，但不同种核组之间的核，化学位移差 $\Delta\nu$ 远大于它们之间的耦合常数（$\Delta\nu/J>10$），则其中一种核组用 $A,B,C,\cdots$ 表示，另外一种核组用 $K,L,M,\cdots$ 表示，第三种核组用 $X,Y,Z,\cdots$ 表示。例如，在分子 CH_2F_2 中，两个质子和两个氟核构成 A_2X_2 系统；在分子 CH_3CH_2—PO—F_2 中，^1H、^{31}P 和 ^{19}F 构成 $A_3B_2MX_2$ 系统。

（5）在一个核组中，若这些核磁不等价，并用同一字母表示，则要分别在字母右上角加撇、双撇等。例如，在邻二氯苯中，四个质子构成 $AA'BB'$ 系统。

下面是一些化合物的自旋系统的表示方法：

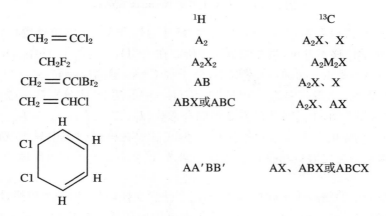

	^1H	^{13}C
CH_2＝CCl_2	A_2	A_2X、X
CH_2F_2	A_2X_2	A_2M_2X
CH_2＝$CClBr_2$	AB	A_2X、X
CH_2＝$CHCl$	ABX 或 ABC	A_2X、AX
	$AA'BB'$	AX、ABX 或 ABCX

其中 Cl、Br、I 等核的自旋量子数 $I>1/2$，由于其电四极弛豫非常快，最终表现类似于 $I=0$ 的核，但对于 ^2H 和 ^{14}N 核，由于其电四极相互作用较小，因而其电四极弛豫比 Cl、Br、I 等核的慢，表现出对质子或 ^{13}C 的耦合。例如氘代氯仿 $CDCl_3$、氘代二甲基亚砜 $(CD_3)_2SO$，对于 ^{13}C 而言，其自旋系统分别为 AX 和 A_3X。

在上面的自旋系统分类中，我们可以看出，分类基本上是根据 J 和 $\Delta\nu$ 的关系来划分的。$J\ll\Delta\nu$ 时，表示核之间相互干扰弱；$J\approx\Delta\nu$ 或 $J>\Delta\nu$ 时，表示核之间相互干扰强。干扰的强或弱没有绝对的界限。若干扰较弱，在数学上可以忽略一些项，因而较易处理，但会存在各种程度的误差。随着核磁共振仪磁场强度的增加，可以加大 $\Delta\nu$，使得干扰减弱，图谱也会得到精简，因而对谱图的数学处理也随之进一步简化，这是高磁场仪器的最主要优势之一。

3.2.4　一级分裂波谱

高分辨核磁共振波谱分析十分复杂，需要用量子力学加以计算。但是当化学位移 $\Delta\nu$ 远大于耦合常数 J 时（一般认为 $\Delta\nu/J>10$ 即可），即所谓的弱耦合情况，从实测波谱求化学位移和耦合常数都是很简单的，可以直接从谱图上测出 δ 值和 J 值。这种波谱称为一级分裂波谱。除此之外一律称为高级分裂谱。如果耦合核的自旋 $I=1/2$，那么一级分裂波谱具有如下特征（以乙醇的 ^1H-NMR 为例加以说明，如图 3.2.2 所示）：

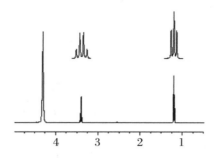

图 3.2.2 乙醇的 500 MHz ^{1}H-NMR 谱

(1) 各组峰的中心分别为各基团质子的化学位移值,一般以 TMS 峰为原点。

(2) 各组峰的面积比等于相应基团质子数之比,一般用积分值表示。例如乙醇的二组峰面积比为 $CH_3 : CH_2 = 3 : 2$。由于样品中含有水,OH 质子容易与 H_2O 中的质子交换,因此 4.27 处的峰为乙醇中的 OH 与 H_2O 中的质子共同产生的。对于高级谱,只要各组谱线分得清楚,这一性质仍然适用。

(3) 对于 A_nX 体系,X 核谱线的分裂服从 $(n+1)$ 规律,其中 n 为邻近基团的核子数(即 A 核的个数)。例如,CH_3 基团的质子谱线因受到 CH_2 基团的两个质子的耦合而分裂为三条(注意,CH_3 内部中的三个质子,由于是磁等性核,因而不产生分裂。CH_3 中的 3 个质子,对于它们自己而言,可以看成一个核,即 X,而邻近基团 CH_2 中的两个质子则可看成 A_2,因此 CH_2 基团中的质子对 CH_3 基团中的质子的耦合分裂,可看成是一个 A_2X 系统中的两个 A 核对 X 核的裂分),而 CH_2 的质子的谱线受 CH_3 的 3 个质子的耦合而分裂为 4 条(同样,CH_2 内部中的两个质子,由于是磁等性核,也不产生分裂。这里可看成 A_3X 体系)。由于在一般的乙醇中含有少量水或痕量酸碱,促使乙醇的 OH 与水的 OH 之间发生快速交换,从而影响 OH 与 CH_2 之间的耦合,因此 OH 与 CH_2 的耦合(谱线分裂)没有表现出来。

(4) 谱线的裂距等于耦合常数 J 值。例如乙醇的 $^3J_{CH_2-CH_3} \approx 7$ Hz。

(5) 谱线强度之比服从二项式系数规则(宝塔规则):

n	$n+1$ 重吸收峰的相对强度
0	1
1	1 1
2	1 2 1
3	1 3 3 1
4	1 4 6 4 1
5	1 5 10 10 5 1
6	1 6 15 20 15 6 1

例如 CH_3 的三重峰之强度比为 1:2:1,CH_2 的四重峰的强度比为 1:3:3:1。

(6) 对于 $A_{n1}XM_{n2}$ 体系,由于 X 核同时受到不同邻近基团核(A_{n1} 和 M_{n2})的耦合作用,谱线分裂数目等于各种耦合引起的谱线分裂数目的乘积,即 $(n_1+1)(n_2+1)$,n_1 和 n_2 分别为邻近基团 A_{n1} 和 M_{n2} 的核子数。由于 A_{n1} 对 X 核的耦合,使 X 核分裂为 (n_1+1) 条谱线,又由于 M_{n2} 对 X 核的耦合,使得原来的每条谱线再分裂成 (n_2+1) 条,因而总共有 $(n_1+1)(n_2+1)$ 条。例如当乙醇的纯度很高,不含水和痕量酸碱时,OH 与 CH_2 的耦合作用便表现出来,这时的耦合体系可看成 AXM_3,因而使 CH_2(CH_2 中的质子为磁性等同核,这里可看成 X)分裂为 $(1+1)(3+1)=8$ 重峰,如图 3.2.3 所示。

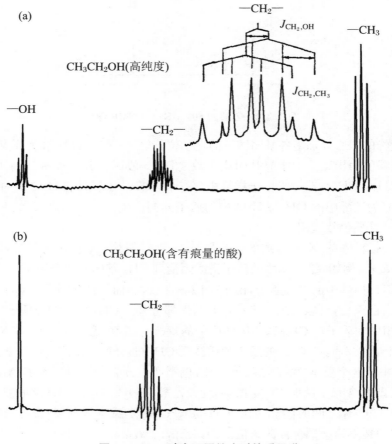

图 3.2.3　乙醇在不同纯度时的质子谱

(7) 如果不同邻近基团的核与所研究的核之间有着相同的耦合常数,这时谱线分裂数目不再是 $(n_1+1)(n_2+1)$,而是 (n_1+n_2+1)。也就是说,在考虑此种耦合时,可以把邻近基团的核子数简单相加,而且分裂谱线的强度服从宝塔规则。

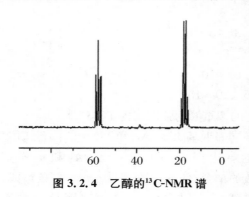

图 3.2.4　乙醇的 ^{13}C-NMR 谱

上面考虑的是质子对质子的耦合引起的分裂,同样质子对 ^{13}C 也产生自旋分裂,如图 3.2.4 所示。由于 ^{13}C 的自然丰度只有 1.1%,两个相邻 ^{13}C—^{13}C 出现的概率只有万分之一,因此我们不需考虑 ^{13}C—^{13}C 的自旋分裂,只要考虑质子对 ^{13}C 产生的自旋裂分。于是对于 CH_3 基团,由于 3 个质子对 ^{13}C 的耦合,使得 ^{13}C 的共振分裂为四重峰。CH_2 基团由于两个质子的耦合,而分裂为三重峰。

对于质子谱,同样 ^{13}C 也会对质子产生耦合。C 核具有两种同位素:^{13}C 和 ^{12}C。^{13}C 的自旋 $I=1/2$,自然丰度为 1.1%,而 ^{12}C 的核自旋 $I=0$,

自然丰度为 98.9%。因此样品中的 C—H 对可分成两种,即 ^{13}C—^{1}H 对和 ^{12}C—^{1}H,对它们出现的概率分别为 1.1% 和 98.9%。由于 ^{13}C 对质子的耦合使得质子分裂为二重峰（卫星峰）,因此其强度只有 1.1% 的一半,即大约 0.5%;而 ^{12}C 由于其核自旋为零,不会对 ^{1}H 产生分裂,因此 ^{12}C—^{1}H 对只产生单峰（主峰）,显然其强度为 98.9%。这样质子的主峰大约是其卫星峰的 200 倍,如图 3.2.5 所示。因此通常不必考虑 C 核对质子的耦合。

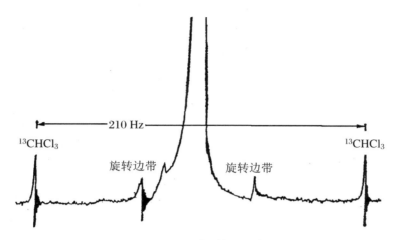

图 3.2.5　质子的卫星峰

对于 A_nX 体系,如果 A 核的核自旋 I 不等于 1/2,那么 X 核共振峰的分裂服从 $(2nI+1)$ 规则,即将 X 核共振峰分裂为 $(2nI+1)$ 条谱线。如果 $I=1$,其强度服从下述宝塔规则:

n	2n+1 重吸收峰的相对强度
0	1
1	1　1　1
2	1　2　3　2　1
3	1　3　6　7　6　3　1

如氘代氯仿（CDCl$_3$）的 ^{13}C 共振谱,由于一个 D($I=1$) 对 ^{13}C 的耦合而分裂为三重峰,其强度比为 1:1:1,如图 3.2.6 所示。如氘代 DMSO[(CD$_3$)$_2$SO] 的 ^{13}C 共振谱,由于 3 个 D($I=1$) 对 ^{13}C 的耦合而分裂为七重峰,其强度比为 1:3:6:7:6:3:1,如图 3.2.7 所示。

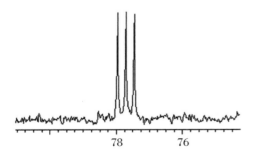

图 3.2.6　氘代 CDCl$_3$ 的 ^{13}C 共振谱

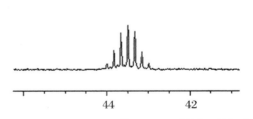

图 3.2.7　氘代 DMSO[(CD$_3$)$_2$SO] 的 ^{13}C 共振谱

3.2.5 高级分裂波谱

当 $\Delta\nu/J<10$ 时核与核之间的耦合较强,同样对于 $I=1/2$ 的核,峰的数目不符合 $n+1$ 规律,谱峰的强度也不再符合二项式系数分布,化学位移和耦合常数不能够从核磁谱图上直接测得,需要经过计算得到。

下面以 AB 自旋系统为例,来阐述波谱解析的一般方法。根据量子力学的计算,AB 系统的跃迁能量和谱线强度如表 3.2.1 所示。

表 3.2.1　AB 谱的跃迁能量和谱线强度

跃迁	能量	相对强度
1	$(\nu_A + \nu_B)/2 + J/2 + C$	$1 - \sin\theta$
2	$(\nu_A + \nu_B)/2 - J/2 + C$	$1 + \sin\theta$
3	$(\nu_A + \nu_B)/2 + J/2 - C$	$1 + \sin\theta$
4	$(\nu_A + \nu_B)/2 - J/2 - C$	$1 - \sin\theta$

其中:

$$\begin{cases} C\cos\theta = \dfrac{\Delta\delta}{2} = \dfrac{\nu_A - \nu_B}{2} \\ C\sin\theta = \dfrac{J}{2} \end{cases}$$

AB 系统谱型是完全对称的四重峰。根据表 3.2.1,对于不同的 J 和 δ 值计算出的波谱如图 3.2.8 所示。

由图可见,波谱的形状取决于 $J/\Delta\delta$ 的比值。当 $J/\Delta\delta \leqslant 0.1$ 时,系统近似为 AX 体系,由四条强度相等的谱线组成。两条属于 A,两条属于 X。而当 $J/\Delta\delta \to \infty$ 时,两边两条线趋向于零,中间两条谱线合并为一条线,系统变为 A_2 系统。

若 J 为负号,则谱形不变,但谱线标号改为 2,1,4,3(由左到右)。现在规定 J 为正值,由表 3.2.1 知:

$$J = \nu_1 - \nu_2 = \nu_3 - \nu_4$$

$$\Delta\delta = \sqrt{4C^2 - J} = \sqrt{(\nu_1 - \nu_4)(\nu_2 - \nu_3)}$$

以及

$$\begin{cases} \nu_A - \nu_B = \Delta\delta \\ \nu_A + \nu_B = \nu_2 + \nu_3 = \nu_1 + \nu_4 \end{cases}$$

由以上两式就可求得 ν_A 和 ν_B。由表 3.2.1,可得出谱线的相对强度与谱线共振频率差的比之间的关系为

$$\frac{I_2}{I_1} = \frac{I_3}{I_4} = \frac{\nu_1 - \nu_4}{\nu_2 - \nu_3}$$

由此可检测出该四个共振峰是否属于 AB 自旋系统。

图 3.2.9 为 Abel 酮在 $CDCl_3$ 溶液中的 60 MHz 质子核磁共振波谱(跃迁频率相对于 TMS,单位:Hz)。

在 $\delta=3.8$ 附近有一个四重峰是由分子中 CH_2 基团产生的,这是一个简单的 AB 系统。

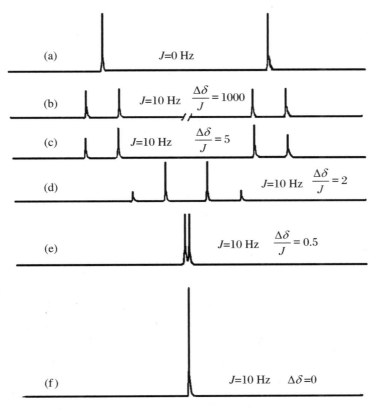

图 3.2.8　不同的 J 和 $\Delta\delta$ 值对 AB 谱的影响

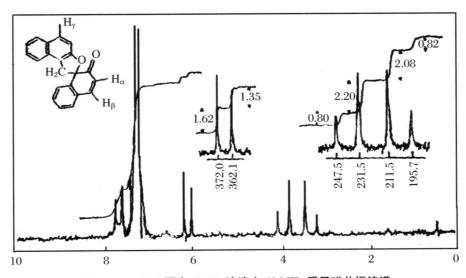

图 3.2.9　Abel 酮在 $CDCl_3$ 溶液中 60 MHz 质子磁共振波谱

分析如下：

$$J = \begin{cases} \nu_1 - \nu_2 = 16.0 \\ \nu_3 - \nu_4 = 15.8 \end{cases} 15.9(\pm 0.1)\,Hz$$

$$\Delta\delta = \sqrt{(\nu_1 - \nu_4)(\nu_2 - \nu_3)} = 32.2\,\text{Hz}$$

由此得

$$\nu_A = 237.6\,\text{Hz}, \quad \nu_B = 205.4\,\text{Hz}$$

为了进一步验证,实测 $I_2/I_1 = 2.75$,$I_3/I_4 = 2.53$,与计算值$(\nu_1 - \nu_4)/(\nu_2 - \nu_3) = 2.59$ 基本一致。

3.2.6　小分子波谱解析步骤

1. 核磁共振氢谱解析的一般步骤

对全未知有机化合物,应首先测定分子量、元素组成,得到分子式,计算不饱和度。

(1) 检查整个核磁共振图谱的外形。

包括:① 是否已测定了待测样品的信号,特别是当样品可能含有羧基和醛基时,应有足够的谱宽。② 区分出杂质峰、溶剂峰、旋转边带(Spinning Side Bands)、^{13}C 卫星峰(^{13}C Satellites)等。杂质峰面积总是比样品峰面积小,且样品和杂质的峰面积之间没有简单的整数比关系。据此可将杂质峰区别出来。氘代试剂总是不可能达到 100% 的同位素(大部分试剂的氘代率为 99%~99.8%),其中未氘代的微量氢会有相应的峰,如最常用的溶剂 CDCl$_3$ 中的微量 CHCl$_3$ 在约 $\delta = 7.25$ 处出峰。为提高样品所处磁场的均匀性,以提高谱线的分辨率,作图时样品管快速旋转,当仪器调节未达良好工作状态时,会出现旋转边带,它的特点是以强谱线为中心,左右对称的等间距处出现一对较弱的峰。当以周/秒为单位时,边带到中央强峰的距离为样品管的旋转速度。改变样品管旋转速度时,边带相对中心峰的距离也改变。由此可进一步确认边带。^{13}C 具有磁矩,它可与氢耦合而使氢峰裂分,这就是 ^{13}C 卫星峰,但 ^{13}C 的天然丰度很低(只有 1.1%),因此一般情况下卫星峰不会对样品图谱造成干扰,它只有在图谱放大的情况下才能被观察到。③ 确定 TMS 的信号的化学位移是否为零,若有偏移,对全部信号进行重新定标校正。

(2) 看峰的位置,即对每个峰(组)的 δ 值进行分析。

根据每个峰(组)的 δ 值,可利用有关化学位移数值表来推断该峰(组)归属什么基团上的氢,并估计其相邻基团。如果在 $\delta = 6.5\sim8.0$ 范围内有信号,则暗示有芳香质子存在。对于化学位移范围较宽的—OH、—NH 和—SH 基团信号,必要时可通过改变温度、添加重水(D$_2$O)和变换溶剂等操作改变其化学位移来确定。这一步需要用到化学位移的相关知识。

(3) 看峰的大小,以确定图中各峰(组)所对应的氢原子的数目,对氢原子进行分配。

根据氢谱的积分曲线,可求出各种(官能团的)氢的数目的比例关系。其做法是从积分曲线的各相邻水平台阶的高度求出它们之间的简单整数比,这即是各种氢的数目之比。当知道元素组成式,即知道该化合物总共有多少个氢原子时,根据积分曲线便可确定图谱中各峰(组)所对应的氢原子的数目。如果不知道元素组成式,但谱图中若有能判断氢原子数目的峰(组)(如—CH$_3$,—C$_6$H$_5$ 等),以此为基准也可以找到化合物中各种含氢官能团的氢原子数目。

(4) 看峰的形状,包括峰的数目、J 的大小的分析,以确定基团和基团之间的相互关系。

当分子具有对称性时,会使谱图出现的峰组数减少。例如,当峰组相应的氢原子数目为 2(CH×2),4(CH$_2$×2),6(CH$_3$×2,CH$_2$×3),9(CH$_3$×3)时,应考虑到若干化学等价基团存在的可能性,即因分子存在对称性,某些基团在同一处出峰(峰的强度则是相应增加的)。

对每个峰组的峰形应进行仔细分析。分析时最关键之处为寻找峰组中的等间距和峰组间的等间距。每一种间距相应于一个耦合常数,通过对峰组的分析可以找出不同的 J,并找出相互的耦合关系。通过此途径可找出邻碳上氢原子的数目。

当从裂分间距计算 J 值时,应注意谱图是多大频率的仪器作出的,有了仪器的工作频率才能从化学位移之差 $\Delta\delta$ 算出 $\Delta\nu$(Hz)。当谱图显示烷基链${}^3J$ 耦合裂分时,其间距(相应 $6\sim7$ Hz)也可以作为计算其他裂分间距所对应的频率的基准。

一级谱具有下列三个特点:① 峰的数目可用 $n+1$ 规律描述,但要注意相邻的几个氢应是磁等价的,即只有一个耦合常数。② 峰组内各峰的相对强度可用二项式展开系数近似地表示。③ 从图可直接读出 δ 和 J,峰组中心位置为 δ,相邻两峰之间距离(以 Hz 计)为 J。

二级谱具有较复杂的裂分峰,解析时可采用大磁场强度的仪器、双照射去耦、位移试剂等辅助方法。

(5) 根据对各峰组化学位移和耦合关系的分析,推出若干结构单元,最后组合为几个可能的结构式,推出可能的假设结构式。

(6) 对推出的可能结构式进行"指认"(Assignment),以确定其正确性。

每个官能团应在谱图上找到相应的峰组,峰组的 δ 值及耦合裂分(峰形和 J 值大小)都应该和结构式相符,如存在较大矛盾,则说明所设结构式是不合理的,应予以去除。通过指认校对所有可能的结构式,进而找出最合理的结构式。

2. 核磁共振碳谱解析步骤

(1) 鉴别谱图中的真实谱峰。

① 溶剂峰:氘代试剂中的碳原子均有相应的峰,这和氢谱中的溶剂峰是不一样的(氢谱中的溶剂峰仅因氘代不完全引起),因此应熟悉氘代试剂峰组的形状和位置。氘代试剂都是小分子,τ_c 小,T_1 长,虽然它的用量大,但其谱峰强度并不太高。

② 杂质峰:可参照氢谱解析时杂质峰的判别。

③ 当脉冲倾倒角较大而脉冲间隔又不够长时往往季碳不出峰。当扫描谱宽不够大时,扫描宽度以外的谱线会"折叠"到谱图中来,造成解析的困难。因此要注意作图条件的选择。

(2) 计算不饱和度。

由化合物分子式 $C_m H_n O_q N_r X_s$(X = 卤素) 计算化合物的不饱和度:

$$F = [2m + 2 - (n - r + s)]/2$$

$$F = \sum(双键数 + 环数)$$

(3) 碳原子数的推断。

质子宽带去耦图谱中,由于信号强度比有时不与碳原子数目成正比,因此,不一定能得到总的碳原子数。若是采用反门控去耦法测定图谱,则可认为信号强度比就是碳原子数之比,从而可推断出全部碳原子数。这里若谱线数目等于元素组成式中的碳原子数目,说明分子无对称性;若谱线数目小于元素组成式中的碳原子数目,说明分子有一定对称性;若谱线数目大于元素组成式中的碳原子数目,则分子可能有异构体或有 ${}^{19}F$、${}^{31}P$、${}^2D$、${}^{15}N$ 等杂核存在,或有溶剂峰、杂质峰。如果都不是,则是元素组成式的碳原子数目有误。这在推测结构时应予以注意。

(4) 碳原子级数的确定。

由偏共振去耦谱等可确定碳原子的级数。由此可计算化合物中与碳原子相连的氢原子数。若此数目小于分子式中氢原子数,二者之差值为化合物中活泼氢原子的数目。

（5）根据碳原子 δ_C 的分类确定可能的局部结构。

碳谱大致可分为 3 个区：

① 饱和脂碳（sp^3）原子区：一般 δ_C：0～50；若与 O、N、F 等杂质相连时，则—C—N—的 δ_C：50～60；—C—O—的 δ_C：60～80；—C—X 的 δ_C：7～84（I→F）。

② 不饱和碳原子区：一般烯、芳环等碳（sp^2）的 δ_C：100～150；—C≡N 的碳原子也在这个区域出峰。炔碳原子（sp）的 δ_C：70～100。

③ 羰基、叠烯区：δ_C：150～220，一般 $\delta > 165$。分子中如存在叠烯基团，叠烯两端的碳原子应在双键区也有峰，两种峰的同时存在才说明有叠烯的存在。$\delta > 200$ 的信号，只能属于醛、酮类化合物，靠近 160～170 的信号则肯定属于酸、酯、酸酐等化合物。

由②、③两类碳原子可计算相应的不饱和度，此不饱和度与分子的不饱和度之差表示分子中的环的数目。

（6）结合上述几项推出结构单元，并进一步组成若干可能的结构式。

（7）进行对碳谱的指认。

通过对碳谱的指认，从上述步骤推出的几个可能的结构式中间找出最合理的结构式，此即正确的结构式。

3.3　耦合常数和生物大分子构象

3.3.1　耦合常数的分类

在高分辨核磁共振波谱中除化学位移外，耦合常数也提供了很重要的结构信息。耦合常数的大小和符号取决于相互作用的核的种类、所通过的化学键的大小、键的类型以及核在空间的取向。按照相互耦合的核相同还是相异，耦合常数有同核耦合常数和异核耦合常数之分，如 $J_{H-C_\alpha-C_\beta-H}$，耦合是在 C_α 质子和 C_β 质子间发生，所以是同核耦合常数，而 $J_{C_\gamma-C_\beta-C_\alpha-H}$，耦合在 C_γ 和 C_α 质子间发生，所以是异核耦合常数。按照相互耦合的核所通过的化学键的数目，又有单键耦合常数 ^1J、同碳耦合常数 ^2J、邻位耦合常数 ^3J、远程耦合常数之分。^1J、^2J 和 ^3J 统称为近程耦合常数，^4J 和 ^5J 统称为远程耦合常数。

单键耦合常数有：$^3J_{^{13}CH}$，$^3J_{^{13}C^{13}C}$；

同碳耦合常数有：$^2J_{HH} \to ^2J_{H-C-H}$，$^2J_{CH} \to ^2J_{^{13}C-C-H}$，$^2J_{CC} \to ^2J_{^{13}C-C-^{13}C}$；

邻碳耦合常数有：$^3J_{HH} \to ^3J_{H-C-C-H}$，$^3J_{CH} \to ^3J_{^{13}C-C-C-H}$，$^3J_{CC} \to ^3J_{^{13}C-C-C-^{13}C}$

在自旋耦合的传递过程中，两端的核一定要具有核自旋，但中间的核却不一定，这可从上面 J 耦合的表示中看出，即中间的 C 可以是 ^{12}C，也可以是 ^{13}C。由 Dirac 向量模型知，通常有 ^1J，^3J，$^{2n+1}J > 0$；^2J，^4J，$^{2n}J < 0$。当然也有违反上述规则的。表 3.3.1 是一些典型的质子-质子耦合常数。

表 3.3.1　一些典型的质子-质子耦合常数

体系	耦合常数范围	体系	耦合常数范围
开链			
$>$C$<^{\text{H}}_{\text{H}}$	$-10\sim-18$ $8\sim-16$	$>$CH—SH	$6\sim8$
—NH=C$<^{\text{H}}_{\text{H}}$		$>$CH—OH	
$>$CH—CH$<$	$5\sim10$	$>$CH—NH—	$4\sim8$
$>$CH—CH=C$<$		$>$CH—C—CH$<$	$0\sim1$
CH$_3$CH$_2$—	$7\sim8$	$>$CH—C=CH—	$0\sim-2$
$^{\text{H}}_{\text{H}}>$C=C$<^{\text{H}}_{\text{H}}$	$J_{同}=-3\sim7$ $J_{顺}=3\sim18$ $J_{反}=12\sim24$	$>$CH—C=CH	$-2\sim-3$
$>$CH—CHO	$1\sim3$	$>$CH—C=C—CH$<$	$0\sim2$
$>$C=CH—CHO	$7\sim9$	$>$CH—C=C—CH$<$	$2\sim3$

环			
芳烃和烯烃	邻位 5~9	间位 2~3	对位 0~1

苯衍生物			
	J_{23}	J_{34}	J_{24}	J_{25}
呋喃	1.8	3.5	0.8	1.6
	2.6	3.4	1.4	2.1
	3.2	3.6	1.3	2.7
环戊二烯	3.1	1.9	1.1	1.9

饱和:	$J_{同}$	$J_{顺}$	$J_{反}$
环丙烷	-4.5	9.2	3.3
环氧乙烷	5.5	4.5	3.2
氮杂环丙烷	2.0	6.3	3.8
硫杂环丙烷	0	7.1	5.6
环丁烷衍生物	$-11\sim-15$	$6\sim11$	$3\sim9$
环戊烷衍生物	$-11\sim-17$	$7\sim11$	$2\sim8$
环己烷衍生物	$-12\sim-15$	$J_{ae}:2\sim5$	$J_{aa}:8\sim13$　$J_{ee}:1\sim4$

3.3.2　多肽构象

多肽是由多个氨基酸组成的。氨基酸的分子式为

$$H_2N—C_\alpha HR—COOH$$

由于 α 碳原子上的 4 个取代基都不相同,所以 α 碳原子 C_α 为不对称碳原子。因而氨基酸有两种构型:L-型氨基酸和 D-型氨基酸,它们互为镜像(图 3.3.1)。

$$\begin{array}{c}
\text{COOH} \\
| \\
\text{H}_2\text{N} - \text{C}_\alpha - \text{H} \\
| \\
\text{R}
\end{array}$$

L-型氨基酸

$$\begin{array}{c}
\text{COOH} \\
| \\
\text{H} - \text{C}_\alpha - \text{NH}_2 \\
| \\
\text{R}
\end{array}$$

D-型氨基酸

图 3.3.1 氨基酸的两种构型

一个氨基酸的羧基和另一个氨基酸的氨基结合而形成酰胺键(图 3.3.2)。通常 C—C 键长(如 C—C＝O)为 1.51 Å,双键 C＝N 长为 1.27 Å。而在肽链中的肽键(O＝C—N—H)C—N 的键长为 1.32 Å,因此它比单键短,比双键长,所以肽键具有部分双键性质。

$$\begin{array}{c}
\text{O} \\
| \| | \\
- \text{C}_\alpha - \text{C} - \text{N} - \text{C}_\alpha - \\
 | \\
 \text{H}
\end{array}$$

图 3.3.2 酰胺键

正因如此,肽键不能自由旋转,于是 O＝C—N—H 构成一个相对刚性的酰胺平面,即上面六个原子处在同一平面,且 C＝O 和 N—H 呈反式排布。归纳起来,酰胺键具有如下性质:① 肽键具有部分双键性质,不能自由旋转。② 肽单位是刚性平面结构。③ 在肽单位上,C＝O 与 N—H 或两个 C_α 呈反式排布。

耦合常数主要用于生物大分子的构象分析。下面以多肽构象分析为例说明如何用耦合常数来决定相互作用核的空间取向。

多肽构象可由 ϕ、ψ、ω、χ_1、χ_2 等二面角决定(图 3.3.3),而这些二面角都按国际纯粹和应用化学联合会-国际生物化学协会的命名原则命名。ϕ 由 $\text{C}_1' - \text{N}_2 - \text{C}_2^\alpha - \text{C}_2'$ 确定,ψ 由 $\text{N}_2 - \text{C}_2^\alpha - \text{C}_2' - \text{N}_3$ 确定,ω 由 $\text{C}_2^\alpha - \text{C}_2' - \text{N}_3 - \text{C}_3^\alpha$ 确定。$-180° \leqslant \phi、\psi \leqslant 180°$,而总 ω 为 $180°$。ϕ、ψ 的符号是这样定义的:从 α 碳原子看,单键 $\text{C}_2^\alpha - \text{C}_2'$ 或 $\text{C}_2^\alpha - \text{N}_2$ 沿顺时针方向旋转的角度为正,沿逆时针方向为负,如图 3.3.4 所示。在伸展的构象下:$\phi = \psi = \omega = 180°$。

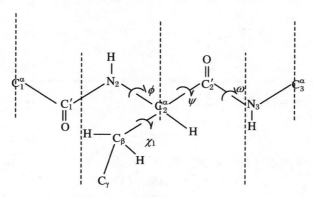

图 3.3.3 多肽主链的二面角

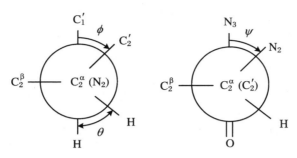

图 3.3.4　Newman 投影式

通过测定耦合常数可以得到有关这些二面角的信息。其中邻位耦合常数起了最关键的作用。

对于附在两个 sp^3 碳原子上的两个质子间的邻位耦合常数 J 和二面角 θ（图 3.3.5），Karplus 推出下述关系：

$$^3J = 8.5\cos^2\theta - 0.28, \quad 0° \leqslant \theta \leqslant 90°$$
$$^3J = 9.5\cos^2\theta - 0.28, \quad 90° \leqslant \theta \leqslant 180° \tag{3.3.1}$$

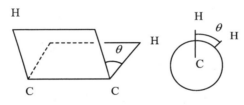

图 3.3.5　$^3J_{\text{H—C—C—H}}$ 与其二面角

这个关系如图 3.3.6 所示。当 $\theta = 60°$ 时，$^3J \approx 1.8$ Hz；当 $\theta = 180°$ 时，$^3J \approx 9.2$ Hz。

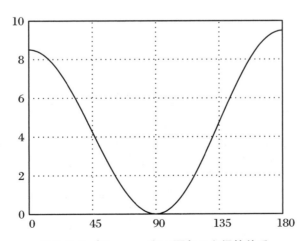

图 3.3.6　$^3J_{\text{H—C—C—H}}$ 和二面角 θ 之间的关系

实验和理论研究表明 Karplus 关系式是一个普遍的关系式。在多肽中，二面角 ϕ、ψ、ω、χ_1、χ_2 都通过某种类似于 Karplus 关系式的关系与耦合常数相联系。表 3.3.2 是多肽中一些同核和异核耦合常数，以及与之对应的二面角。其中最主要的是 $^3J_{\text{H—C}_\alpha\text{—N—H}}$ 与 ϕ 的关系以及 $^3J_{\text{H—C}_\alpha\text{—C}_\beta\text{—H}}$ 与 χ_1 的关系。此外在 ^{15}N 标记的多肽中，$^3J_{\text{N—Co—C}_\beta\text{—H}}$ 也可以提供有关 ϕ 的信息。

表 3.3.2 耦合常数和与之对应的二面角

耦合常数	二面角	耦合常数	二面角
$^3J_{HH}$：H—C_α—C_β—H	χ_1	$^3J_{NH}$：N—C_α—C_β—H	χ_1
H—C_α—N—H	ϕ	N—C_β—C_α—H	ψ
J_{CH}：C_α—C_O—N—H	ω	$^3J_{CC}$：C_γ—C_β—C_α—C_O	χ_1
C_β—C_α—N—H	ϕ	C_β—C_α—N—C_O	ϕ
C_γ—C_β—C_α—H	χ_1	C_α—C_O—N—C_α	ω
C_O—C_α—C_β—H	χ_1	C_O—N—C_α—C_O	ϕ
C_O—C_α—C_β—H	ϕ	$^3J_{NC}$：N—C_α—C_β—C_γ	χ_1
C_O—C_α—N—H	ϕ	N—C_O—C_α—C_β	ψ

对于耦合常数$^3J_{H-C_\alpha-N-H}$存在下述类似于 Karplus 关系的关系式：

$$^3J_{H-C_\alpha-N-H} = A\cos^2\theta + B\cos\theta + C\sin^2\theta \qquad (3.3.2)$$

其中 A、B、C 是经验常数，θ 是二面角，如图 3.3.7 所示，θ 和 ϕ 的关系见表 3.3.3。

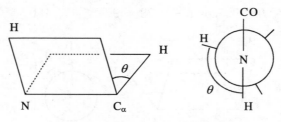

图 3.3.7 $^3J_{H-C-N-H}$与其二面角

表 3.3.3 多肽中 ϕ 和 θ 的关系

构型	θ	0	30	60	90	120	150	180
L-型氨基酸	ϕ	60	90	120	150	180	−150	−120
		30	0	−30	60	−90		
D-型氨基酸	ϕ	−60	−30	0	30	60	90	120
		−90	−120	−150	−180	150		

利用(3.3.2)式研究多肽构象有下列局限性：

（1）系数 A、B、C 是根据研究模型酰胺化合物提出来的，具有经验性质，不同的研究者使用不同的模型化合物做实验，得出的系数 A、B、C 略有不同，见表 3.3.4。

表 3.3.4 NH—C_αH 耦合的 Karplus 关系式的系数

A	B	C	研究者
9.3	−0.5	0.9	Bystrov 等
9.8	−1.1	0.4	Ramachandran 等
8.6	−1.7	1.5	Cung 等
9.7	−0.4	0.1	Donzel 等
9.3	−3.5	0.3	De Marco 等

另外,在—NH—CHR$_1$R$_2$ 中,取代基 R$_1$、R$_2$ 的电负性会按照(3.3.3)式影响耦合常数的大小。

$$^3J_{H-N-C_\alpha-H} = {}^3J_{H-N-C_\alpha-H}^{obs}\left(1 - \alpha \sum_i \Delta E_i\right)^{-1} \tag{3.3.3}$$

其中$^3J_{H-N-C_\alpha-H}$是(3.3.2)式中所用的耦合常数,$^3J_{H-N-C_\alpha-H}^{obs}$是实验测量到的耦合常数,$\alpha$ 是一个比例因子,大小为 $0.05 \sim 0.1$,ΔE_i是氢原子和第 i 个 C$_\alpha$ 取代基 R_i 的电负性之差。

最后理论研究还表明$^3J_{H-N-C_\alpha-H}$除取决于 θ 外,还受到少许 ψ 角的影响,另外 ω 角偏离 180° 也会影响$^3J_{H-N-C_\alpha-H}$。所以$^3J_{H-N-C_\alpha-H}$与 θ 的关系实际上是存在一定的范围,如图 3.3.8 所示。

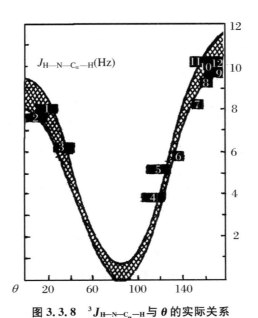

图 3.3.8　$^3J_{H-N-C_\alpha-H}$ 与 θ 的实际关系

1~12 为不同氨基酸残基的 NH—C$_\alpha$H 耦合常数与其二面角的实验点。

(2) 由于在溶液中多肽构象的动态性质,所以观察到的耦合常数是在一定 θ 角范围内的平均值。

(3) (3.3.2)式的应用还受到仪器分辨率的限制,随着肽链的增长,谱峰重叠,耦合常数的测量越来越困难。

(3.3.2)式中的 θ 角和 ϕ 角之间存在下述关系:

$$\theta = |\phi - 60^\circ| \quad \text{(对 L-型氨基酸)} \tag{3.3.4}$$

$$\theta = |\phi + 60^\circ| \quad \text{(对 D-氨基酸)} \tag{3.3.5}$$

$$^3J_{HN} = A\cos^2\theta + B\cos\theta + C\sin^2\theta$$

上述关系很容易由 Newman 投影图证明。对 L-型氨基酸,如图 3.3.9 所示。

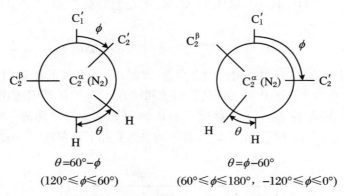

图 3.3.9　L-型氨基酸的 Newman 投影图

将上述两种情况合并起来,有 $\theta=|\phi-60°|$。对于 D-型氨基酸,则如图 3.3.10 所示。

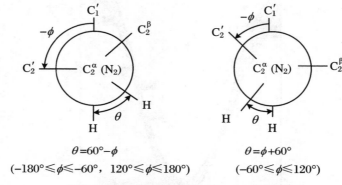

图 3.3.10　D-型氨基酸的 Newman 投影图

将上述两种情况合并起来,有 $\theta=|\phi+60°|$。

具体数值见表 3.3.3。因此每一个 θ 角对应于 2 个 ϕ 角,而对于大多数 $^3J_{H-N-C_\alpha-H}$,每一个耦合常数 $^3J_{H-N-C_\alpha-H}$ 又对应于 2 个 θ 值,因此有 4 个可能的 ϕ 角对应于观察到的 $^3J_{H-N-C_\alpha-H}$ 值。

为了消除这种不确定性,常需要结合其他异核邻位耦合常数才能确定它们的对应关系。图 3.3.11 是邻位质子-质子 H—N—C_α—H 和 ^{13}C—^{1}H 耦合常数与 ϕ 角之间的关系。

Karplus-Bystov 关系式和构象能的计算相结合,或简单地和构象能图相结合可以帮助正确选择可能的二面角。

对 L-型氨基酸来说:

右手 α 螺旋　　$^3J_{H-N-C_\alpha-H}\approx 3.9$ Hz　　($\phi=-57°$)

3_{10} 螺旋　　$^3J_{H-N-C_\alpha-H}\approx 4.2$ Hz　　($\phi=-60°$)

反平行 β 折叠　$^3J_{H-N-C_\alpha-H}\approx 8.9$ Hz　　($\phi=-139°$)

平行 β 折叠　　$^3J_{H-N-C_\alpha-H}\approx 9.7$ Hz　　($\phi=-119°$)

多肽链中氨基酸残基侧链的构象主要与耦合常数 $^3J_{H-C_\alpha-C_\beta-H}$ 有关,因为围绕着 C_α—C_β 键的旋转通常是非常快的,所以在 NMR 的时间范围内($\leqslant10^{-5}$s),波谱中所测到的耦合常数是各种旋转状态的平均值。图 3.3.12 是具有一个 β 质子的 L-型氨基酸侧链围绕 C_α—C_β 键旋转的三种能量上稳定的构象的 Newman 投影图。

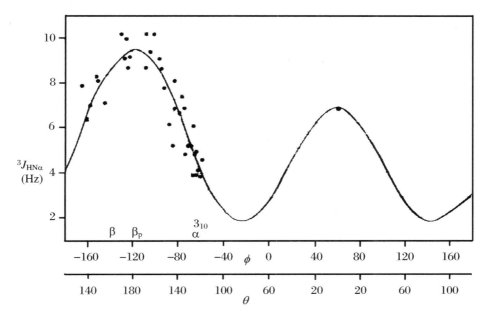

图 3.3.11   H—N—C_α—H 和 ^{13}C—^{1}H 耦合常数与 ϕ 角之间的关系

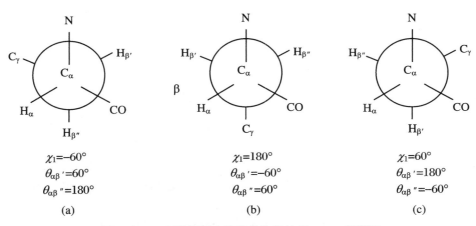

$\chi_1=-60°$ $\chi_1=180°$ $\chi_1=60°$

$\theta_{\alpha\beta'}=60°$ $\theta_{\alpha\beta'}=-60°$ $\theta_{\alpha\beta'}=180°$

$\theta_{\alpha\beta''}=180°$ $\theta_{\alpha\beta''}=60°$ $\theta_{\alpha\beta''}=-60°$

(a)   (b)   (c)

图 3.3.12   三种能量上稳定的构象的 Newman 投影图

  如果氨基酸侧链的 C_β 有两个磁性不相等的 β 质子 $H_{\beta'}$ 和 $H_{\beta''}$,那么实验测出的 $^3J_{\alpha\beta'}$ 和 $^3J_{\alpha\beta''}$ 就是三种稳定构象状态下质子耦合常数的平均值。

$$\begin{cases} ^3J_{\alpha\beta'} = aJ'_{g(a)} + bJ'_{t(b)} + cJ'_{g(c)} \\ ^3J_{\alpha\beta''} = aJ''_{g(a)} + bJ''_{t(b)} + cJ''_{g(c)} \\ a + b + c = 1 \end{cases} \tag{3.3.6}$$

其中 a,b,c 分别是处于(a),(b),(c)三种稳定旋转构象状态下的百分数,而 $J'_{g(a)}$, $J'_{t(b)}$, $J'_{g(c)}$, $J''_{g(a)}$, $J''_{t(b)}$, $J''_{g(c)}$ 是 L-型氨基酸中 N(OC$'$)—C_αH—C_βH—C_γ 片段的三种旋转体的 H—C_α—C_β—H 邻位质子耦合常数(图 3.3.13)。

  假设

$$J'_{g(a)} = J''_{g(b)} = J'_{g(c)} = J''_{g(c)} = J_g \tag{3.3.7}$$

$$J'_{t(b)} = J''_{t(a)} = J_t \tag{3.3.8}$$

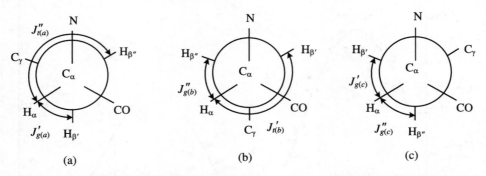

图 3.3.13　L-型氨基酸片段的三种旋转体的 H—C_α—C_β—H 邻位质子耦合常数与构型

则有

$$
\begin{cases}
a = \dfrac{J_{\alpha\beta'} - J_g}{J_t - J_g} \\[2ex]
b = \dfrac{J_{\alpha\beta''} - J_g}{J_t - J_g} \\[2ex]
c = 1 - \dfrac{J_{\alpha\beta'} + J_{\alpha\beta''} - 2J_g}{J_t - J_g}
\end{cases}
\tag{3.3.9}
$$

Pachler 提出 $J_t = 13.6\,\text{Hz}$, $J_g = 2.6\,\text{Hz}$。

　　但是(3.3.9)式忽略了取代基电负性方向效应,若考虑这一效应,则

$$
\begin{cases}
J_{t(a)} = J_{t(b)} = 12.7\,\text{Hz}, \quad J'_{g(a)} = 3.0\,\text{Hz}, \quad J'_{g(c)} = 3.2\,\text{Hz} \\[1ex]
J''_{g(b)} = 3.9\,\text{Hz}, \quad J''_{g(c)} = 2.2\,\text{Hz}
\end{cases}
\tag{3.3.10}
$$

将(3.3.10)式代入(3.3.6)式,可以解出相应的 a、b、c。

　　在对氨基酸侧链的构象分析中主要的困难在于正确地确定 β 质子信号归属于 $H_{\beta'}$ 还是 $H_{\beta''}$。没有这种区分,$^3J_{\alpha\beta 1}$ 和 $^3J_{\alpha\beta 2}$ 就可以交换,从而得到不同的计算结果。

　　解决这个问题的办法是立体选择性用地氘取代一个 β 质子,这是比较困难的;或者和异核耦合常数的测定相结合,$^3J_{^{13}CO—C_\alpha—C_\beta—H}$ 和 $^3J_{^{15}N—C_\alpha—C_\beta—H}$ 也可提供有关 χ_1 的信息。

　　以上所说的是耦合常数在多肽构象测定中的应用。核酸、糖类、分子构象和耦合常数之间也存在类似关系。有关 NMR 方法研究核酸及糖类分子构象的应用有大量评论性文章和专业书籍可供参考,如 Ivano Bertini 的《NMR of Biomolecules》等专著。

第4章 弛　　豫

4.1　分子运动和相关时间

  Bloch 方程告诉我们核磁共振现象中存在两种弛豫作用：自旋-晶格弛豫作用和自旋-自旋弛豫作用。这两种弛豫作用都是由随机涨落的局部磁场或电场引起的，这种局部磁场主要是由样品内部电子的轨道磁矩和自旋磁矩，核磁矩 $I>1$ 的核的电四极矩综合产生的。对一个逆磁性分子，核磁矩是局部磁场的主要来源，随着分子热运动这一局部磁场进行无规涨落。在液体中分子运动是一种布朗运动，局部磁场具有随机涨落的性质，在数学上可用一个随机函数 $H_{loc}(t)$ 来表示。下面我们对 $H_{loc}(t)$ 的统计平均性质进行讨论。

  （1）局部磁场振幅对时间的平均值等于零：

$$\langle H_{loc}(t) \rangle = \lim_{T \to \infty} \int_{T_0}^{T_0+T} \frac{H_{loc}(t)\mathrm{d}t}{T} = 0 \qquad (4.1.1)$$

其中符号〈〉是指对时间求平均。局部磁场随时间的变化如图 4.1.1 所示。

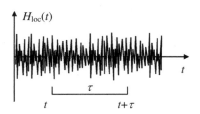

图 4.1.1　局部磁场随时间的变化

  （2）局部磁场振幅的平方的平均值不为零，即

$$\langle H_{loc}^2(t) \rangle \neq 0 \qquad (4.1.2)$$

  （3）如果 τ 足够长，则在时刻 $t+\tau$ 时的局部磁场 $H_{loc}(t+\tau)$ 和时刻 t 时的局部磁场 $H_{loc}(t)$ 无关。如果 τ 比较长，有下面的关系：

$$\langle H_{loc}(t)H_{loc}(t+\tau) \rangle = \lim_{T \to \infty} \int_{T_0}^{T_0+T} \frac{H_{loc}(t)H_{loc}(t+\tau)\mathrm{d}t}{T} = 0 \qquad (4.1.3)$$

如果 τ 比较短，$\langle H_{loc}(t)H_{loc}(t+\tau) \rangle_t \neq 0$。定义 $H_{loc}(t)$ 的自相关函数为 $G(\tau)$，则有

$$G(\tau) = \langle H_{loc}(t)H_{loc}(t+\tau) \rangle_t \qquad (4.1.4)$$

（4.1.4）式是在时刻 t 对系综求平均。对一个平稳随机函数来说，对系综求平均和对时间求平均所得的结果在形式上是一致的。（4.1.4）式说明在某一时刻 t，局部磁场的值 $H_{loc}(t)$ 是

如何与后一时刻 $t+\tau$ 的值 $H_{loc}(t+\tau)$ 有关的。对不同分子,在不同时刻,$H_{loc}(t)H_{loc}(t+\tau)$ 是不同的,但平均值 $G(\tau)$ 对所有分子都是相同的,所以自相关函数反映了随机涨落的磁场的统计平均性质。$G(\tau)$ 与时刻 t 的选取无关,我们可以取 $t=0$,于是有

$$G(\tau) = \langle H_{loc}(0)H_{loc}(\tau)\rangle_0 \tag{4.1.5}$$

由于分子的布朗运动,局部磁场的自相关函数不可能保持恒定,而是因为有分子热运动而衰减。当 τ 小时,$G(\tau)$ 比较大;而当 τ 增加时,$G(\tau)$ 逐渐衰减为零。也就是说,某一时刻局部磁场的大小和 τ 时刻之后局部磁场的大小之间的相关性,将随着 τ 的增加而逐渐减小,这种关系如图 4.1.2 所示。在液体中 $G(\tau)$ 往往以一个时间常数 τ_c 按指数衰减,

$$G(\tau) = \langle H_{loc}^2(0)\rangle e^{-|\tau|/\tau_c} \tag{4.1.6}$$

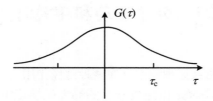

图 4.1.2 相关函数随时间的变化

其中 τ_c 被称为相关时间。分子运动越慢,τ_c 越长;运动越快,τ_c 越短。

将 $G(\tau)$ 进行傅里叶变换。得到光谱密度函数 $J(\omega)$,

$$J(\omega) = \int_{-\infty}^{\infty} G(\tau)e^{i\omega\tau}d\tau \tag{4.1.7}$$

根据傅里叶变换原理,一个平稳随机函数的自相关函数的傅里叶变换等于该函数的功率谱,所以光谱密度函数 $J(\omega)$ 就是局部磁场的功率谱。它表示在一定频率范围内可利用的功率与频率的关系。在液体中假设 H_{loc} 的各个分量相互无关。即 $\langle H_{loc}(x)H_{loc}(y)\rangle=0$,但彼此之间有共同的相关时间 τ_c。将(4.1.6)式代入(4.1.7)式,积分得:

$$J(\omega) = \langle H_{loc}^2(0)\rangle_0 \frac{2\tau_c}{1+\omega^2\tau_c^2} \tag{4.1.8}$$

在各种不同的 τ_c 下,$J(\omega)$ 与频率 ω 之间的关系如图 4.1.3 所示。当 $\omega=0$ 时,$J(\omega)$ 最大。并在一定的频率范围内保持为常数。因为

$$\int_0^{\infty} J(\omega)d\omega = \frac{\pi}{2}$$

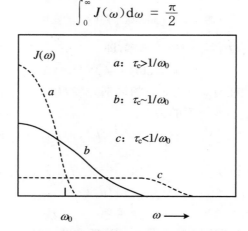

图 4.1.3 谱密度函数随频率的变化

与 τ_c 无关,所以总的光谱密度是恒定的,τ_c 的变化仅仅影响光谱密度函数的频谱分布。当 $\omega_0\tau_c$ 约为 1 时,$J(\omega_0)$ 最大。功率谱中 $\omega=\omega_0$ 的分量的大小,反映自旋晶格相互作用的强弱。

按照 Debyo-Stokes 理论,分子旋转相关时间 τ_R 与旋转扩散系数 D_R 之间有下述关系:

$$\tau_R = \frac{1}{6\,D_R} \qquad (4.1.9)$$

对于一个半径为 a 的硬的球状分子,如果处于一个黏度为 η 的连续介质中,则旋转相关时间 τ_R 为

$$\tau_R = \frac{1}{6\,D_R} = \frac{4\pi\,a^3\,\eta}{3kT} \qquad (4.1.10)$$

其中 k 是玻尔兹曼常数,T 是绝对温度,这个公式称为 Debyo-Stokes-Einstein 方程。

由(4.1.10)式可以看出,对于大分子,若是黏稠的液体,且在低温情况下,则旋转相关时间 τ_R 较大;对于小分子,以水 H_2O 为例,τ_R 约 10^{-12} s;而对大分子,例如分子量为 81000 的肌酸激酶,τ_R 为 $10^{-6}\sim10^{-4}$ s。在这里,可以把 τ_R 看作是分子旋转一弧度($360°/2\pi$)所需的时间。

对于大分子来说,关系式(4.1.10)一般能符合。$1/T_1$ 和 T/η 之间呈直线关系。但对于小分子来说,按 Debyo-Stokes-Einstein 方程计算出的相关时间一般过于偏大。其原因之一是这里使用的是宏观平均黏度。而实际上一个旋转的微观黏度可能更有意义。为此将一个微观黏度校正系数 f_r 引入 Debyo-Stokes-Einstein 方程:

$$f_r = 6(a_s/a) + [1+(a_s/a)^{-3}]^{-1} \qquad (4.1.11)$$

其中 a_s 是溶剂分子的有效半径,a 是溶质分子的有效半径。于是有:

$$\tau_R = \frac{4\pi a^3 f_r \eta}{3kTa^3} \qquad (4.1.12)$$

对于一个像肌红蛋白那样小的蛋白质(分子量 18000),$f_r=0.77$。如果分子量再增加的话,$f_r\to1$。

4.2 弛 豫 机 制

一般来说,任何引起局部磁场涨落的机制都可以引起弛豫,自旋晶格弛豫时间 T_1 的大小不仅依赖于 $J(\omega_0)$ 的大小,而且也取决于自旋系统和晶格之间耦合的强度。人们发现若干物理作用在核与晶格的耦合中起了重要作用。通过这些作用,两系统之间的能量可以交换。这些作用分别是:

(1)磁偶极-偶极相互作用,记为 DD。
(2)标量耦合相互作用,记为 SC。
(3)自旋转动相互作用,记为 SR。
(4)化学位移各向异性相互作用,记为 CSA。
(5)电四极矩相互作用,记为 Q。
总的弛豫速率为各部分之和,

$$\frac{1}{T_1} = \frac{1}{T_1^{\mathrm{DD}}} + \frac{1}{T_1^{\mathrm{SC}}} + \frac{1}{T_1^{\mathrm{SR}}} + \frac{1}{T_1^{\mathrm{CS}}} + \frac{1}{T_1^{\mathrm{Q}}} \tag{4.2.1}$$

下面我们对偶极-偶极相互作用弛豫机制加以讨论。

对于在液体中的自旋为 1/2 的核来说（除 $^{19}\mathrm{F}$ 之外），偶极-偶极弛豫机制通常是最主要的。核偶极弛豫的理论是由 Solomon 建立的。考虑两个自旋等于 1/2 的核 I 和 S，设热平衡时，$\langle I_z \rangle = I_0$，$\langle S_z \rangle = S_0$，则弛豫方程为

$$\begin{cases} \dfrac{\mathrm{d}\langle I_z \rangle}{\mathrm{d}t} = -(2W_1^{\mathrm{I}} + W_0 + W_2)(\langle I_z \rangle - I_0) - (W_2 - W_0)(\langle S_z \rangle - S_0) \\[3mm] \dfrac{\mathrm{d}\langle S_z \rangle}{\mathrm{d}t} = -(2W_1^{\mathrm{S}} + W_0 + W_2)(\langle S_z \rangle - S_0) - (W_2 - W_0)(\langle I_z \rangle - I_0) \end{cases} \tag{4.2.2}$$

其中 W_0，W_2，W_1^{S}，W_1^{I} 为弛豫引起的在不同自旋能级间的跃迁概率。令

$$\begin{aligned} \rho_{\mathrm{I}} &= 2W_1^{\mathrm{I}} + W_0 + W_2 \\ \rho_{\mathrm{S}} &= 2W_1^{\mathrm{S}} + W_0 + W_2 \\ \sigma_{\mathrm{IS}} &= \sigma_{\mathrm{SI}} = W_2 - W_0 \end{aligned} \tag{4.2.3}$$

其中 ρ 代表自旋-晶格弛豫率，而 σ 代表交叉弛豫率，这样 (4.2.2) 式可以写成：

$$\begin{cases} \dfrac{\mathrm{d}\langle I_z \rangle}{\mathrm{d}t} = -\rho_{\mathrm{I}}(\langle I_z \rangle - I_0) - \sigma_{\mathrm{IS}}(\langle S_z \rangle - S_0) \\[3mm] \dfrac{\mathrm{d}\langle S_z \rangle}{\mathrm{d}t} = -\rho_{\mathrm{S}}(\langle S_z \rangle - I_0) - \sigma_{\mathrm{IS}}(\langle I_z \rangle - I_0) \end{cases} \tag{4.2.4}$$

通过量子力学理论可以推导出跃迁概率为

$$\begin{aligned} W_0 &= \frac{1}{20} K^2 J(\omega_{\mathrm{S}} - \omega_{\mathrm{I}}) \\[2mm] W_1^{\mathrm{I}} &= \frac{3}{40} K^2 J(\omega_{\mathrm{I}}) \\[2mm] W_1^{\mathrm{S}} &= \frac{3}{40} K^2 J(\omega_{\mathrm{S}}) \\[2mm] W_2 &= \frac{3}{10} K^2 J(\omega_{\mathrm{S}} + \omega_{\mathrm{I}}) \end{aligned} \tag{4.2.5}$$

这里 $K = \hbar \gamma_{\mathrm{I}} \gamma_{\mathrm{S}}$。

如果分子在溶液中的转动是各向同性的，可以用一个单一的旋转相关时间 τ_{R} 来说明。分子运动的自相关函数 $G(\tau_{\mathrm{R}})$ 以时间常数 τ_{R} 作指数衰减。在这种情况下，

$$J(\omega) = \frac{2\tau_{\mathrm{R}}}{[r^6(1 + \omega^2 \tau_{\mathrm{R}}^2)]} \tag{4.2.6}$$

如果分子运动足够快。极窄的限制（Extreme Narrowing Limit）可以得到满足关系：

$$\omega^2 \tau_{\mathrm{R}}^2 \ll 1 \tag{4.2.7}$$

则有

$$J(\omega) = \frac{2\tau_{\mathrm{R}}}{r^6} \tag{4.2.8}$$

下面我们计算弛豫时间。

4.2.1　$^1\mathrm{H}$ 弛豫时间

如果 I 和 S 是相同的核，假定都是质子，这时在实验中，只有 $\langle I_z \rangle + \langle S_z \rangle$ 可以被观察到。

将(4.2.4)式的两个方程相加,并且设在这种情况下:

$$\rho_I = \rho_S = \rho, \quad \sigma_{IS} = \sigma_{SI} = \sigma$$

则可得:

$$\frac{d(\langle I_z \rangle + \langle S_z \rangle)}{dt} = -(\rho + \sigma)(\langle I_z \rangle + \langle S_z \rangle - I_0 - S_0) \tag{4.2.9}$$

根据 Bloch 方程,

$$\frac{1}{T_1^{DD}} = \rho + \sigma = 2W_1^I + 2W_2 \tag{4.2.10}$$

在极窄的条件下,$\omega^2 \tau_R^2 \ll 1$,

$$\frac{1}{T_1^{DD}} = \frac{1}{T_2^{DD}} = \frac{3}{2}\gamma^4 \hbar^2 r^{-6} \tau_R \tag{4.2.11}$$

因为在上述关系中,ω 随磁场的大小而不同。在不满足极窄的情况下,$1/T_1^{DD}$ 和 $1/T_2^{DD}$ 与 τ_R 的关系随磁场的不同而异。图 4.2.1 是在 270 MHz 和 90 MHz 磁场下 T_1^{DD} 与 T_2^{DD} 随 τ_R 的变化关系图。其中有

$$f_1(\tau_c) = \frac{\tau_c}{1 + \omega^2 \tau_c^2} + \frac{4\tau_c}{1 + 4\omega^2 \tau_c^2}, \quad f_2(\tau_c) = 3\tau_c + \frac{5\tau_c}{1 + \omega^2 \tau_c^2} + \frac{2\tau_c}{1 + 4\omega^2 \tau_c^2}$$

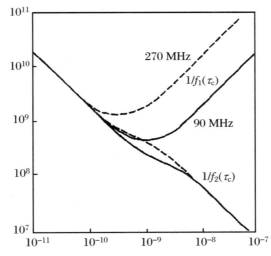

图 4.2.1　在 270 MHz 和 90 MHz 磁场下 T_1^{DD} 与 T_2^{DD} 随 τ_R 的变化关系图
T_1^{DD} 正比于 $1/f_1(\tau_c)$,T_2^{DD} 正比于 $1/f_2(\tau_c)$。

4.2.2　^{13}C 弛豫时间

我们现在讨论在质子去耦的 ^{13}C-NMR 谱中的偶极弛豫。

用 I 表示质子自旋,S 表示 ^{13}C 自旋。在质子去耦情况下,将一个强的射频脉冲加到 ^{1}H 上,使质子上下能级粒子数相等,因而有

$$\langle I_z \rangle = 0$$

因为

$$I_0 = \frac{\gamma_I}{\gamma_S} S_0$$

其中 γ_I、γ_S 分别是质子和 ^{13}C 的旋磁率比。等式(4.2.2)变为

$$\frac{d\langle S_z \rangle}{dt} = -(2W_1^S + W_0 + W_2)[\langle S_z \rangle - S_0(1 + \eta)] \qquad (4.2.12)$$

其中

$$\eta = \frac{W_2 - W_0}{2W_1^S + W_0 + W_2} \frac{\gamma_I}{\gamma_S} \qquad (4.2.13)$$

由(4.2.12)式可知 $\langle S_z \rangle$ 将按时间常数 T_1 作指数衰减,

$$\frac{1}{T_1} = 2W_1^S + W_0 + W_2 \qquad (4.2.14)$$

在极窄的条件下,$(\omega_C + \omega_H)\tau_R \ll 1$,

$$\frac{1}{T_1^{DD}} = \frac{1}{T_2^{DD}} = \gamma_C^2 \gamma_H^2 \hbar^2 r^{-6} \tau_R \qquad (4.2.15)$$

(4.2.15)式是与 ^{13}C 核相连的一个质子对 ^{13}C 核产生的弛豫,可将(4.2.15)式推广到 N 个不同的质子对 ^{13}C 核产生的弛豫情况。这时,

$$\frac{1}{T_1^{DD}} = \sum_{i=1}^{N} \gamma_C^2 \gamma_H^2 \hbar^2 r^{-6} \tau_R^{eff}$$

其中 τ_R^{eff} 为有效的旋转相关时间。因为 C—H 键一般比非键的 C—H 之间的距离短。所以在大多数情况下非键质子对 ^{13}C 的弛豫可以忽略。这时有

$$\frac{1}{T_1^{DD}} = \frac{N_H \gamma_C^2 \gamma_H^2 \hbar^2}{r_{C-H}^6} \tau_R^{eff} \qquad (4.2.16)$$

其中 r_{C-H} 是 C—H 键长,N_H 是与 C 成键的质子数。

由(4.2.16)式知,对于一个有刚性的骨架的分子来说(这意味着分子内各部分的运动可用一个有效相关时间 τ_R^{eff} 表示),

$$1/T_1^{DD} \propto N_H$$

于是有

$$2T_1(CH_2) \approx T_1(CH)$$

即 CH 基团中的 ^{13}C 的自旋-晶格弛豫时间是 CH_2 基团中的 ^{13}C 的自旋-晶格弛豫时间的 2 倍。这是因为 CH_2 基团中的质子对 ^{13}C 的偶极相互作用约为 CH 基团中的 2 倍,因而 CH_2 基团中的 ^{13}C 的自旋-晶格弛豫时间是 CH 基团中的 ^{13}C 的 1/2。

如果分子运动不是各向同性的,则光谱密度函数包含不止一个相关时间,在此情况下,T_1、T_2 与分子相关时间的关系要复杂得多,这部分内容不在本书讨论的范围之内。

4.3 核欧沃豪斯效应

当一个强的射频脉冲加到一组核上使其中一个或多个核跃迁被饱和时,另一组共振信号的积分强度会因此而改变,这一现象被称为核欧沃豪斯效应(Nuclear Overhauser Effect, NOE)。这一效应最早是由欧沃豪斯(Overhauser)发现的。

4.3.1 NOE 现象及其定性解释

在宽带去耦的情况下,碳信号的多重 J 耦合分裂谱线合并为一条单一谱线,其强度似乎应当是这些多重线的强度的总和,但实际测到的强度要比预期的强度还要强得多,其原因就是这里还有 NOE 的贡献。

图 4.3.1 所示的是 $CHCl_3$ 的 ^{13}C 谱。其中图(a)是未去耦的 ^{13}C 谱,由于和质子耦合分裂为双线;图(b)是采用一种特殊去耦方法(反门控去耦)得到的 ^{13}C 谱,这时双线合并为单线,但没有 NOE 效应;图(c)是正常去耦谱,可以看出它的强度是图(b)谱的 2.98 倍,这就是 NOE 增强所致。NOE 效应主要与弛豫有关,与有无 J 耦合没有关系。

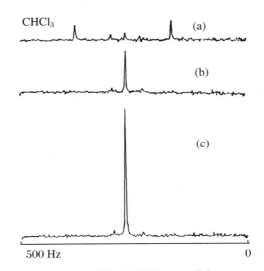

图 4.3.1 $CHCl_3$ 的 ^{13}C 信号的 NOE 效应
(a) 未去耦的 ^{13}C 谱;(b) 反门控去耦的 ^{13}C 谱;
(c) 正常去耦谱,它具有 NOE 效应。

我们先定性地了解 NOE 产生的过程。若整个核自旋数为 N,在同核情况下,可以大致认为 $\alpha\beta$ 和 $\beta\alpha$ 态的粒子数各为 $N/4$,$\alpha\alpha$ 态的粒子数为 $N/4 + \Delta$,$\beta\beta$ 态的粒子数为 $N/4 - \Delta$。两个跃迁 W_1^S 的强度正比于两自旋态间的粒子数的差值 Δ。但是一旦自旋体系受到扰动,它将通过各种弛豫机理恢复到平衡态(图 4.3.2)。需要指出,弛豫跃迁和射频作用是不同的,后者只有 $\Delta m = 1$ 跃迁是允许的跃迁,其他是禁止的。但弛豫作用引起的跃迁除 W_1^S、W_1^I 外,还可以有 W_2 和 W_0,并且最有效的弛豫途径是从 $\beta\beta$ 态直接返回 $\alpha\alpha$ 态的 W_2 过程(下标 2 表示它是 $\Delta m = 2$ 跃迁)。由于这种跃迁是一种非辐射跃迁,它不涉及射频场和自旋体系的作用,因此它并不违反量子力学中的选择定则。弛豫过程可以通过 I 和 S 核间的偶极-偶极弛豫作用或其他作用予以实现。

图 4.3.2 是 NOE 的有关定性描述,先讨论同核的情况:图(a)是热平衡态时的粒子分布(这里取 $N/4$ 为粒子数的零点),即 $\alpha\beta$ 和 $\beta\alpha$ 态的粒子数可看成相同 $N/4$,而 $\alpha\alpha$ 态的粒子数为 $N/4 + \Delta$,$\beta\beta$ 态的粒子数为 $N/4 - \Delta$。图(b)是用强射频场 ν_2 照射 I 核,此时发生自旋抽运,使被照射的 I 核:两能级粒子数趋于相等。然而,正如上面所述,W_2 的弛豫途径是十分

有效的弛豫途径。如果这种弛豫过程占主导地位,则 $\alpha\alpha$ 和 $\beta\beta$ 间会恢复到热平衡态的情况,即 $\alpha\alpha$ 仍为 $N/4+\Delta$,$\beta\beta$ 仍为 $N/4-\Delta$,而 $\alpha\beta$ 和 $\beta\alpha$ 保持不变,此即图(c)的情况。从图(a)可知,S 跃迁的强度为 Δ,而经过自旋抽运的作用后,从图(b)可知,S 跃迁的强度仍为 $\Delta/2-(-\Delta/2)=\Delta$,所以在图(b)中没有得到 NOE 的贡献,但在图(c)中,由于 W_2 的作用,跃迁 S 的强度变成 $\Delta-(-\Delta/2)=3\Delta/2$,这就得到了 $\Delta/2$ 的 NOE 增强。图(d)表示由于 W_0 弛豫过程的存在,使 $\alpha\beta$ 和 $\beta\alpha$ 恢复到平衡分布,此时 S 跃迁强度又恢复到 Δ,即 NOE 消失。由此可知,NOE 的增强是由于 W_2 弛豫过程引起的。对于同核的情况,最大的 NOE 增强为 50%,而 W_0 的弛豫过程(它是一种上跃-下落过程)起着 NOE "泄漏"的作用。如果 W_2 过程比 W_0 过程强烈,则能得到 NOE 增强。反之,如果 W_2 和 W_0 所起的作用相同,则得不到 NOE 增强。所以同核情况的 NOE 增强因子介于 0~0.5 范围。

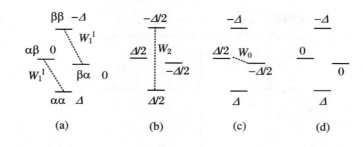

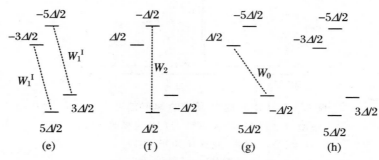

图 4.3.2 NOE 的定性原理图

对于 ^{13}C—^1H 的异核情形,如图(e)~(h)所示,由于 $\gamma(^1H)\approx4\gamma(^{13}C)$,从图(g)可知,NOE 增强后的强度为 3Δ,而原来的强度为 Δ,即增强了两倍。当存在 W_0 泄漏过程时,NOE 增强介于 0~2 范围。

4.3.2 稳态欧沃豪斯效应原理

由 4.2 节(4.2.4)式知:若有一强射频场以核 I 的拉摩频率加到 I 核上,则有

$$\langle I_z \rangle = 0 \tag{4.3.1}$$

在稳态条件下,

$$\frac{\mathrm{d}\langle S_z \rangle}{\mathrm{d}t} = 0 \tag{4.3.2}$$

所以,

$$- \rho_S [\langle S_z \rangle - S_0] - \sigma_{IS} I_0 = 0 \tag{4.3.3}$$

令

$$\eta = \frac{\langle S_z \rangle - S_0}{S_0} \tag{4.3.4}$$

η 被称为 NOE 增强因子。于是由(4.3.3)式有

$$\eta = \frac{\sigma_{IS}}{\rho_S} \frac{I_0}{S_0} \tag{4.3.5}$$

因为

$$\frac{I_0}{S_0} = \frac{I(I+1)}{S(S+1)} \frac{\gamma_I}{\gamma_S} \tag{4.3.6}$$

对于 $I = S = 1/2$ 的核,

$$\eta = \frac{\sigma_{IS}}{\rho_S} \frac{\gamma_I}{\gamma_S} = \frac{W_2 - W_0}{2W_1^S + W_0 + W_2} \frac{\gamma_I}{\gamma_S} \tag{4.3.7}$$

于是信号增强因子则为

$$\frac{\langle S_z \rangle}{S_0} = 1 + \eta \tag{4.3.8}$$

因为 $\langle S_z \rangle$ 反映跃迁两能级上粒子数的差值,它正比于所观察的信号强度,所以 $\langle S_z \rangle / S_0$ 就是由于欧沃豪斯效应而使信号增加的倍数。

1. 低分子量的化合物

对于小分子而言,τ_R 的数量级是 $10^{-12} \sim 10^{-10}$ s,而目前可预见的 NMR 谱仪的磁场范围是在 $3.6 \times 10^3 \sim 7.2 \times 10^9$ 弧度/秒之间。因此极窄的条件 $(\omega_I + \omega_S)\tau_R \ll 1$ 可以得到满足,等式(4.2.6)中谱密度函数 $J(\omega)$ 中的 $(\omega_S \tau_R)^2$ 项可忽略。因此有如下关系:

$$W_0 = \frac{K^2}{20 r^6} 2 \tau_R \tag{4.3.9}$$

$$W_1^I = \frac{K^2}{20 r^6} 3 \tau_R \tag{4.3.10}$$

$$W_1^S = \frac{K^2}{20 r^6} 3 \tau_R \tag{4.3.11}$$

$$W_2 = \frac{K^2}{20 r^6} 12 \tau_R \tag{4.3.12}$$

将(4.3.9)~(4.3.12)式代入(4.3.7)式得

$$\eta = \frac{1}{2} \frac{\gamma_I}{\gamma_S} \tag{4.3.13}$$

因此对于同核欧沃豪斯效应增强因子为

$$\eta = 1/2$$

对于异核欧沃豪斯效应,η 和旋磁比有关,照射质子观察到 ^{13}C 的欧沃豪斯效应,其增强因子为

$$\eta = 1.988$$

由(4.3.13)式知,对于异核欧沃豪斯效应,如果两核旋磁比符号相同(如 ^{13}C 和 ^{1}H),则 η 为正;反之,若两核旋磁比符号相反(如 ^{15}N 和 ^{1}H),则 η 为负。

由(4.3.13)式看来,在极窄的条件下,η 不包含任何两核之间距离的信息,并且对于同核来说,$\eta = 1/2$。但是通常在实验中测量质子之间的欧沃豪斯增强因子小于50%。这是由

于存在其他过程使其中一核受到弛豫,其中有一种可能是溶剂中的核产生波动磁场,影响跃迁概率 W_1^S。我们把这种作用对跃迁概率的影响记为 W_S^*,则有

$$\eta = \frac{W_2 - W_0}{2W_1^S + W_0 + W_2 + W_S^*} \tag{4.3.14}$$

将(4.3.9)~(4.3.12)式代入(4.3.14)式,有

$$\eta = \frac{1}{1 + cr^6} \tag{4.3.15}$$

其中 $c = 2W_S^* / \gamma^4 \hbar^2 \tau_R$,$r$ 代表核之间的距离。这个关系是由 Bell 和 Sacunder 提出的,基于这个关系式他们发展了一种测定质子之间距离的方法。

图 4.3.3 是 η 和质子之间距离的关系,$c = 2$,Leach 等提出可用这个方法决定多肽主链和侧链构象,Khaled 和 Urrg 使用这个方法区分多肽构象中的第一类 β 转折和第二类 β 转折。

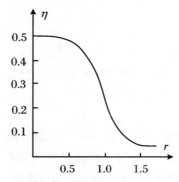

图 4.3.3　NOE 与距离 r 的关系

2. 生物大分子

随着溶质分子量增加或溶剂黏度增加,τ_R 变长,极窄的条件不再得到满足。在同核情况下,$\omega_I = \omega_S = \omega$,于是有

$$\eta = \frac{5 + \omega^2 \tau_R^2 - 4\omega^4 \tau_R^4}{10 + 23\omega^2 \tau_R^2 + 4\omega^4 \tau_R^4} \tag{4.3.16}$$

图 4.3.4 是质子间欧沃豪斯效应增强因子与 $\log(\omega\tau_R)$ 的关系。由图可见,当 $\omega\tau_R < 0.1$ 时,$\eta = 0.5$;随着 $\omega\tau_R$ 的增长,η 减小,当 $\omega\tau_R \geqslant 10$ 时,$\eta \approx -1$,信号全消失;当 $\omega\tau_R = 1.118$ 时,$\eta = 0$。上述讨论限于两自旋的情况。对于多个自旋的体系,方程(4.2.2)应作进一步推广。

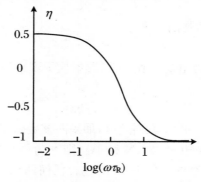

图 4.3.4　NOE 与 $\log(\omega\tau_R)$ 的关系

4.3.3 瞬态核欧沃豪斯效应原理

在大分子的情况下,若使用高磁场,则会出现自旋扩散现象,即由于多核体系中核之间的相互耦合,使得一个体系中各个核的弛豫速度趋于相等,从而使得稳态的核欧沃豪斯效应失去专一性。因此不能用稳态的核欧沃豪斯效应正确地得到同种核与核之间的信息。

幸运的是,理论上证明,欧沃豪斯效应的初始增加速度是与观察核与照射核之间距离的六次方成反比的,即使存在上述自旋扩散效应仍然成立。

对于由两个核组成的自旋系统,在瞬态条件下,

$$\frac{\mathrm{d}\langle I_z \rangle}{\mathrm{d}t} \neq 0$$

弛豫由微分方程(4.2.4)式确定,在上述条件下求解(4.2.4)式,可得瞬态 NOE 增强因子为

$$\eta = \frac{\langle S_z(t) \rangle - S_0}{S_0} = \frac{\sigma_{IS}}{\rho_S}\frac{I_0}{S_0}(1 - e^{-\rho_s t}) = \eta_0(1 - e^{-\rho_s t}) \qquad (4.3.17)$$

其中

$$\eta_0 = \frac{\sigma_{IS}}{\rho_S}\frac{I_0}{S_0}$$

为稳态 NOE 增强因子。

由(4.3.17)式知,核欧沃豪斯效应的初始增加速度常数为 ρ_s,它与 S 核及 I 核之间的距离 r 的负 6 次方,即 r^{-6},成正比。

4.3.4 NOE 差谱

NOE 效应即由于照射一个核而引起另一个邻近核的 NMR 信号强度的变化,因而是研究分子结构的一个有力工具。然而,由于自旋扩散,使得 NOE 失去其专一性。假设有三个核 A、B、C,A 与 B 相距较近,B 与 C 也相距较近,但 A 与 C 相距较远。因此 A 与 B 之间,或 B 与 C 之间有 NOE 效应,其 NOE 强度将与它们之间的距离的六次方(r_{AB}^6 或 r_{BC}^6)成反比。然而,由于自旋扩散,由 A 核转移给 B 核的磁化会进一步转移给 C 核。显然这样的 NOE 强度应与 $r_{AB}^6 r_{BC}^6$ 成反比。更为严重的是,这种磁化会进一步转移给第四个核或第五个核。也就是说,磁化不仅仅在距离较小的邻近核之间传递,而且由于扩散会在距离较远的核之间传递,这样就失去了通过 NOE 距离关系进行谱线识别的可能性。

图 4.3.5 是马心亚铁细胞色素 c(浓度 8 mmol·L^{-1},pD 6.8,$T = 49$ ℃)的 360 MHz 氢谱及稳态 NOE 差谱(S. L. Gordon, K. Wüthrich, J. Am. Chem. Soc.,1978,100(22):7094),其中最上面一个是普通的氢谱,已标记的有蛋氨酸的 β、β'、γ、γ' 和 ε质子的共振峰。中间的谱是照射 -1.8(γ-H 共振峰)和 -5 的差谱。最下面的谱是照射 -3.7(γ'-H 共振峰)和 -5 的差谱。显然图 4.3.5 中的两个差谱除了所照射的共振峰外,其他没什么变化。由于自旋扩散 NOE 不仅发生在与照射核邻近(距离<5 Å)的核上,而且也发生在别的核上,这样就不能从稳态 NOE 差谱得到确定的距离信息。

图 4.3.6 给出的是瞬态 NOE 差谱实验的脉冲序列,先用一选择性的 180°脉冲使某一共振反转,在混合期 τ_m 由于交叉弛豫的作用,被照射核的磁化部分地转移给其邻近核,并且

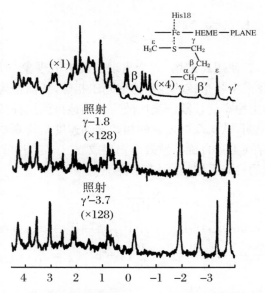

图 4.3.5　马心亚铁细胞色素 c 的 360 MHz 氢谱及稳态 NOE 差谱

只要 τ_m 比较短，这个转移的磁化强度是与两核的距离的 6 次方成反比的。这样邻近核磁化的变化值就能给出两核的距离信息。为了获得磁化的变化值，必须用差谱的方法，即用两个实验：在第一个实验里，选择性照射反转某一个核的磁化，别的核将由于 NOE 效应，信号获得增强；在另外一个实验中，将选择性脉冲的频率设置在远离共振区的地方，如 -5，这个实验中没有 NOE 增强效应。将两个实验获得的谱相减，就可得净的 NOE 增强信号。NOE 差谱实验对仪器的稳定性要求较高。为了尽可能地消除仪器的不稳定因素，每一实验的累加次数 NS 不宜过大，通常取 $NS=8$。两个实验重复 L 次，以便提高信噪比，这样每一实验实际的累加次数为 $NS \times L$。如果图 4.3.6 中的 $\tau_m = 0$，且前面的连续照射不是 $180°$ 脉冲，而是延续较长的时间（如 2 s），获得的就是稳态 NOE 差谱。

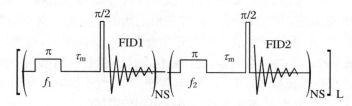

图 4.3.6　瞬态 NOE 差谱实验的脉冲序列

f_1 设在某一共振上（如 -1.8），f_2 远离谱范围（如 -5）。由两个 FID 得
到的谱相减而得 NOE 差谱，选择性 $180°$ 脉冲宽度为 15 ms。

　　图 4.3.7、图 4.3.8 分别给出了反转蛋氨酸 γ 和 γ' 质子所得到的 NOE 差谱。随着混合时间 τ_m 的增加，一些共振峰的强度逐渐增强。对于被照射峰，由于它的质子的磁化转移给邻近质子，从而使邻近质子的强度也随着 τ_m 的增加而增加，被照射质子的共振峰的强度则逐渐减弱。图 4.3.7、图 4.3.8 中出现的峰都属于蛋氨酸。从图 4.3.7、图 4.3.8 我们可得到如下信息：$\tau_m = 50$ ms 时（图 4.3.7），β 质子信号比 β' 质子信号强，说明 β' 质子距 γ 质子近；在 3.1 处的共振峰（图 4.3.7、图 4.3.8）是蛋氨酸 α 质子的，当 $\tau_m = 25$ ms 时，α 质子峰已出

现在图 4.3.8 中，说明 α 质子距 γ' 质子近；若反转 γ 质子共振，则 γ' 质子共振强度增加最快（图 4.3.7），说明 γ' 距 γ 最近；若反转 γ' 质子，则 γ 质子共振增加最快（图 4.3.8），也说明 γ' 距 γ 最近。在另外两个差谱里，分别反转 β、β' 两个质子，也发现有类似的结论。从共振峰的增长速率我们可清晰地看到 β'、γ' 质子距 α 质子较 β、γ 质子近。另外，β、β' 或 γ、γ' 有不同位置的共振，这说明蛋氨酸绕单键的旋转受到了限制。

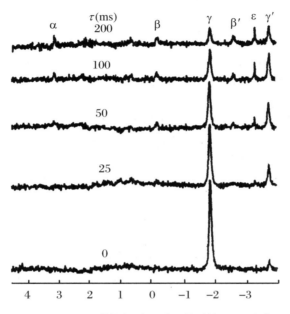

图 4.3.7　反转蛋氨酸 γ 质子得到的 NOE 差谱

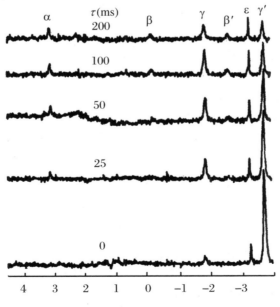

图 4.3.8　反转蛋氨酸 γ' 质子得到的 NOE 差谱

· 83 ·

从图 4.3.7 和图 4.3.8 可见,即使在具有较强的自旋扩散的情形下,通过瞬态 NOE 差谱也能获取许多有用的结构信息。

4.4 弛豫时间和分子运动

^{13}C 的 T_1 值跨越很大的范围,而且在 ^{13}C{^{1}H}(表示观察 ^{13}C 核,同时对 ^{1}H 进行去耦)的条件下,^{13}C 谱都是由一些单线组成,每条谱线的 T_1 值均不相同,这就提供了许多重要的化学信息,本节就介绍一些这方面的内容。对于高分子和分子量较高的分子,如生物大分子,由于 τ_c 很长,T_1 可以很短($10^{-3} \sim 1$ s)。对于典型的分子量低于 1000 的有机分子,τ_c 小,T_1 就长(在 $0.1 \sim 300$ s 范围)。由于在一般有机分子中,DD(偶极-偶极相互作用)总是占主导的弛豫机制,因此对于连有质子的碳原子,由于 ^{1}H 核对 ^{13}C 提供强烈的 DD 作用,导致碳原子 T_1 相对较短,一般在 $0.1 \sim 10$ s。而对于季碳,由于没有 ^{1}H 核和它直接相连,T_1 较长。对于高度对称的小分子中的碳原子,由于 τ_c 小,T_1 也长,它们一般为 $10 \sim 300$ s。表 4.4.1 是一些化合物的 ^{13}C 谱的 T_1 值。

表 4.4.1 一些化合物的 ^{13}C 的 T_1 值

化合物	T_1(s)	化合物	T_1(s)
H—CN	18	*CH$_3$COOH	10.5
CH$_3$—OH	13	CH$_3$*COOH	35
CH$_3$I	13	(CH$_3$)$_2$*CO	36
CH$_3$Br	8.8	Ph.*COCH$_3$	34
CHBr$_3$	1.6	苯	28
CHCl$_3$	32.4	环己烷	20(18)

4.4.1 确定 ^{13}C 谱归属的辅助信息

用 T_1 数值可以给 ^{13}C 谱的归属提供一定的辅助信息。在刚性分子内,所有碳原子的相关时间 τ_c 基本上可以认为是相同的,有机分子的 C—H 键键长约为 1.09 Å(乙炔的 $r_{CH} \approx 1.06$ Å),也可粗略地认为相同。因此,如果 ^{13}C 谱的弛豫主要是 DD 机制引起的,并且满足极端变窄的条件,则 ^{13}C 的 T_1 就取决于连接在碳原子上氢原子的数目 N,有

$$T_1(\mathrm{DD}) = (\hbar^2 \gamma_C^2 \gamma_H^2 r_{CH}^{-6} N \tau_c)^{-1} = \frac{\mathrm{const}}{N} \tag{4.4.1}$$

季碳原子由于没有氢和它直接相连,只有远距离的质子才会提供微弱的 DD,一般来说,T_1 很长。CH$_3$ 基团由于有内旋转运动,τ_c 不同,而且有自旋转动相互作用(SR)贡献,所以也不能用(4.4.1)式讨论,只有对于分子的刚性骨架部分,(4.4.1)式才可适用。从(4.4.1)式可知,

$$T_1(\mathrm{CH}) \approx 2T_1(\mathrm{CH}_2)$$

事实正是这样。金刚烷的 $T_1(CH_2)=11.4\,s$，$T_1(CH)=20.5\,s$，两者比值为 1.80。如果考虑到直接相连和远距离质子的 DD 弛豫，理论值为 1.82，两者相符。

图 4.4.1 是邻甲基苯异酮的 PND（质子噪声去耦）^{13}C 谱。可以看出，苯环上四个带质子的碳 C_3、C_4、C_5、C_6 由于 T_1 短，信号都很强，季碳 C_1、C_2、C_7 由于 T_1 长，信号很弱。此外，两个甲基 C_8、C_9 也由于 T_1 长，信号很弱。其原因是：它们有内旋转，τ_c 减少，DD 弛豫变弱，虽然它有一些 SR 弛豫贡献，但得不偿失，不足以弥补 DD 的减弱，所以 $T_1(CH_3)$ 也很长。

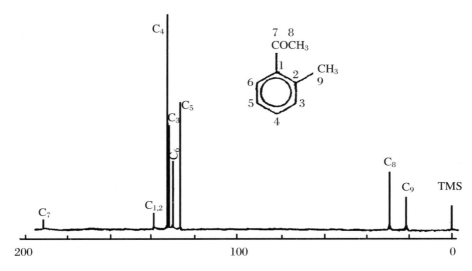

图 4.4.1　25.2 MHz 邻甲基苯乙酮的 $^{13}C\{^1H\}$ 谱

对于含有大量碳原子的分子，采用偏共振去耦往往会产生多重线的严重重叠，研究其归属就非常困难，这时 T_1 值可以帮助判定归属是否正确。例如腺苷-5-单磷酸盐，如果分子是刚性骨架且 DD 占主导，则 $T_1(CH)\approx 2T_1(CH_2)$。从图 4.4.2 中可以看出，$CH_2$ 的 T_1 值为 0.11 s，糖环上 $T_1(CH)$ 分别为 0.19 s、0.22 s、0.23 s，确实约为 $T_1(CH_2)$ 的 2 倍，嘌呤上的 CH 的 T_1 值分别为 0.15 s 和 0.16 s，两个季碳的 T_1 值则为 2.4 s 和 6.3 s，其中连接 NH_2 的季碳，由于氨基上有两个质子，它对该季碳有小的 DD 贡献，所以该季碳上的 T_1 要小一些，利用 T_1 值的差别可以区别归属这两个季碳原子。

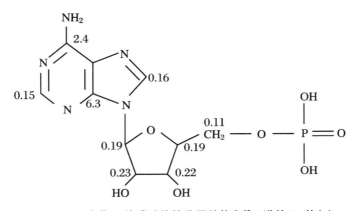

图 4.4.2　腺苷-5-单磷酸盐的分子结构和 ^{13}C 谱的 T_1 值(s)

4.4.2　分子大小和 T_1 值的关系

当有机分子中 ^{13}C 核带有质子（CH、CH_2、CH_3）时，DD 机制往往是主导的弛豫机制，因此 NOE 因子为

$$\eta_C = \frac{1}{2}\frac{\gamma_H}{\gamma_C} = 1.988$$

如果 $\eta_C < 1.988$，这就表明它有其他的弛豫机制参与在自旋-晶格弛豫中，此时 DD 机制的贡献可以从实测的 NOE 因子中估计出：

$$\%DD = \frac{\eta_C}{1.988}\times 100$$

或者

$$T_1(DD) = T_1(\exp)\frac{1.988}{\eta_C}$$

$T_1(\exp)$ 表示实验测量值。

弛豫速率 $1/T_1$ 具有加和性，而对于有些分子，例如苯，它没有电四极核，因此没有电四极弛豫。实验又证明，它的 T_1 值几乎和磁场无关，所以 CSA 机制也几乎没有参与，它的贡献主要是来自 DD 和 SR。这样，我们可以从实测的 η_C 和 T_1 值来估算 $T_1(DD)$ 和 $T_1(SR)$。其方法如下：根据实测的 $T_1 = 29.3\,s$，实测 NOE 因子 $\eta_C = 1.6$，因此，$\%DD$ 为 80%。

$$T_1(DD) = T_1(\exp)\frac{1.988}{\eta_C} = 29.3\times\frac{1.988}{1.6} = 36.4\,s$$

SR 的贡献为

$$\frac{1}{T_1(SR)} = \frac{1}{T_1} - \frac{1}{T_1(SR)} = \frac{1}{29.3} - \frac{1}{36.4} = 6.66\times 10^{-3}$$

$T_1(SR) = 150\,s$。

表 4.4.2 是环烷烃的 T_1 和 η_C 值。假设它的弛豫是由 DD 和 SR 引起的，则可按上法求出 $T_1(DD)$ 和 $T_1(SR)$，其值也列于表 4.4.2 中。

表 4.4.2　环烷烃的 T_1 和 η_C 值

碳原子数目	$T_1(s)$	η_C	DD	$T_1(DD)(s)$	$T_1(SR)(s)$
3	36.7	1.0	50.2%	72.2	74.6
4	35.7	1.4	70.5%	50.7	121
5	29.2	1.52	76.5%	38.2	124
6	19.6	1.9	95.5%	20.5	447
7	14.2	1.96	98.5%	14.4	>1000
8	10.3	2.0	100%	10.3	>1000
10	4.7	2.0	100%	4.7	>1000

由表可知，环越大，分子越大，T_1 越小，对于环丙烷（$n=3$），DD 的贡献几乎和 SR 相同，随着环增大 DD 的贡献越来越大，当 $n\geqslant 7$ 以后，DD 的贡献就几乎是 100% 了。

（4.4.1）式只对分子运动是各向同性时才适用。严格地说，只对像金刚烷那样的分子才适用，对于像反式十氢萘这样的"椭球分子"已不适用。许多不对称分子，例如取代苯，它有

一根旋转轴,当绕此轴旋转时,由于 C_1 和对位的碳 C_4 处在同一根旋转轴上,这两个核对相关时间 τ_c 无额外贡献,τ_c 较长,因此 T_1 较短。

4.4.3　阻碍旋转

图 4.4.3 是 1-甲基萘和 9-甲基蒽的 T_1 值,这里甲基由于空间阻碍使其旋转受到一定的阻碍,τ_c 变长,DD 弛豫加剧,T_1 变短。例如 1-甲基萘的 $T_1(CH_3)$ 为 5.8 s,原因是 8 位的氢迫使它倾向于采取摇摆式的转动。但是,9-甲基蒽在 1,8 位上有两个氢,它们彼此对称,其摇摆式的转动反而会比较自由,阻碍势垒变低,因此 τ_c 反而变短,T_1 变长。

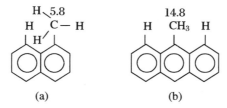

图 4.4.3　1-甲基萘(a)与 9-甲基蒽的结构式和 T_1 值(b)

4.4.4　链节运动

当分子既包含有刚性部分又有较柔性可动部分时,则柔性可动部分的运动自由度高于刚性部分,τ_c 较短,T_1 较长。胆甾氯化物的情况就很明显(图 4.4.4),柔性链节上的 T_1 比相应环上的 T_1 长些,柔性链上的 $T_1(CH_2) = 0.42$ s、0.67 s,环上为 0.25 s、0.26 s。

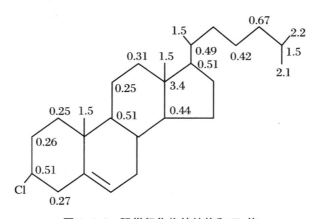

图 4.4.4　胆甾氯化物的结构和 T_1 值

癸烷的例子更说明问题,越靠近中央,链节运动越慢,T_1 越短。反之,越靠近两端运动越快,τ_c 变短,T_1 增加。如果链状分子一端带有一个重的原子或基团,则它就像一个"锚",使链节运动变慢,例如 1-溴代癸烷,靠近 Br 原子一端的 T_1 值都比相应的另一端碳原子的 T_1 值小,如图 4.4.5 所示。

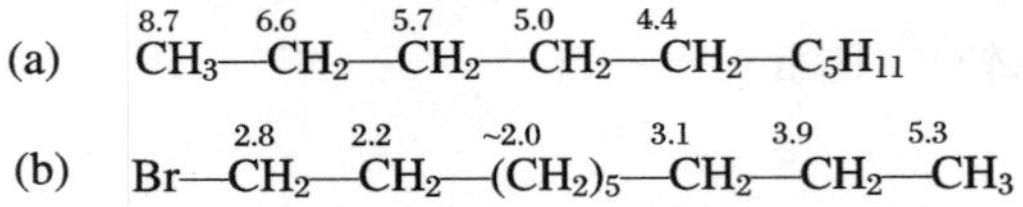

(a) $\overset{8.7}{CH_3}-\overset{6.6}{CH_2}-\overset{5.7}{CH_2}-\overset{5.0}{CH_2}-\overset{4.4}{CH_2}-C_5H_{11}$

(b) $Br-\overset{2.8}{CH_2}-\overset{2.2}{CH_2}-\overset{\sim2.0}{(CH_2)_5}-\overset{3.1}{CH_2}-\overset{3.9}{CH_2}-\overset{5.3}{CH_3}$

图 4.4.5　癸烷(a)与 1-溴代癸烷(b)的结构和 T_1 值

4.4.5　缔合和络合

许多有机分子在溶液状态下由于氢键作用会发生缔合,缔合后有效分子量增加,相关时间 τ_c 增加,T_1 减少。例如乙酸在 15.09 MHz 时,$T_1(CH_3)=10$ s,$T_1(CO)=29$ s,它实际上是乙酸的氢键缔合二聚体的 T_1 值。因为

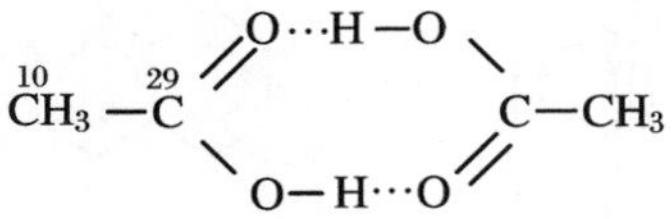

$$CH_3-\overset{29}{C}\underset{O-H\cdots O}{\overset{O\cdots H-O}{\underset{\displaystyle}{\overset{\displaystyle}{}}}}C-CH_3$$

而乙酸甲酯 $CH_3-CO-O-CH_3$ 就不可能形成氢键,它的 T_1 值为 $T_1(CH_3)=16$ s,$T_1(CO)=35$ s,$T_1(-O-CH_3)=17$ s,原因是 τ_c 较小,T_1 变长。

和缔合相似,络合的结果也使有效分子量增加,τ_c 变长。对于主要是 DD 弛豫机制起作用的小分子来说,τ_c 变长就使 T_1 变短,但在下面这个例子中,

$$Hg^{2+}+4CN^-\rightleftharpoons[Hg(CN)_4]^{2-}$$

由于 CN^- 不含质子,它的主要弛豫机制不是 DD 而是 SR,τ_c 的增长使 SR 弛豫效率减弱,因而 T_1 反而变长。由表 4.4.3 可以看出,Hg^{2+} 浓度越大,络合越有效,τ_c 变长,SR 减弱,T_1 增加。但是,如果用 Cu^{2+} 代替 Hg^{2+},由于 Cu^{2+} 是顺磁性的,因此这时是顺磁弛豫 T_{1p}^{-1} 占主导,而顺磁弛豫可以看成是一种特殊的偶极弛豫,所以 τ_c 增加应使 T_1 变短,实验结果正是如此。应当指出,本例中顺磁弛豫是很弱的,多数情况是,只要加入很少量的顺磁试剂($<10^{-6}$ mol·L^{-1})就会对 T_1 值有巨大的影响。

表 4.4.3　络合对 CN^- 离子中 $^{13}C\,T_1$ 的影响

逆磁 Hg^{2+} 浓度(mol·L^{-1})	$T_1(s)$	顺磁 Cu^{2+} 浓度(mol·L^{-1})	$T_1(s)$
0.00	8.7	3.6×10^{-5}	9.4
0.01	12	1×10^{-4}	7.9
0.05	13.9	1×10^{-3}	7.5
0.10	14.7	1×10^{-2}	6.6
0.20	19.3		

4.5 弛豫时间的测量方法

4.5.1 自旋-晶格弛豫时间 T_1 测量

测量自旋-晶格弛豫时间的方法有很多,但最基本的有两种:反转恢复法和渐近饱和法,其他方法都是在这两种方法基础上的改进和发展。下面介绍先反转恢复法测定自旋-晶格弛豫时间。

反转恢复法使用下述脉冲序列:

$$(\pi - \tau - \pi/2 - At - RD)_n \qquad At + RD \geqslant 5T_1$$

也就是通常所说的 $180° - \tau - 90°$ 脉冲序列,如图 4.5.1 所示。

这个方法的原理如下:首先 x' 轴上的一个 $180°$ 脉冲将 z' 方向的磁化强度矢量 M_0 翻转,使 M_z 等于 $-M_0$。在此脉冲之后纵向弛豫作用使得 M_z 通过零点,逐渐趋向平衡位置恢复。$180°$ 脉冲之后,经过时间 τ,在 x' 轴上一个 $90°$ 脉冲使 M_z 转到 $-y'$ 方向,在 $90°$ 脉冲之后进行采样,并进行信号累加来增加信噪比。信号获取时间(At)加延迟时间(RD)至少要大于 5 倍的 T_1,以保证在下次施加脉冲前,系统完全恢复到平衡时的磁化强度矢量。

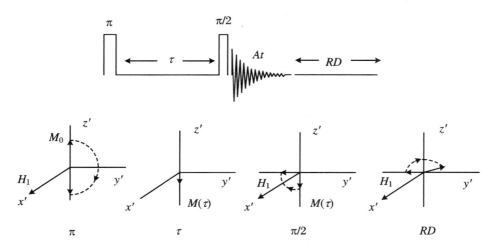

图 4.5.1 翻转恢复法脉冲序列及磁化矢量的演化

定量地说,按 Bloch 方程,180 脉冲之后,$M_x = M_y = 0$,M_z 将按下式衰减:

$$\frac{\mathrm{d}M_z}{\mathrm{d}t} = -(M_z - M_0)/T_1 \tag{4.5.1}$$

当 $t = 0$ 时,$M_z = -M_0$,将方程积分得到:

$$M_z(\tau) = M_0(1 - 2\mathrm{e}^{-\tau/T_1}) \tag{4.5.2}$$

也可写成如下形式:

$$\ln[M_0 - M_z(\tau)] = \ln(2M_0) - \tau/T_1 \tag{4.5.3}$$

上式中 ln 为自然对数。$M_z(\tau)$ 是经过 τ 时间在 90°脉冲之后的磁化强度矢量的大小，M_0 是热平衡态时磁化强度矢量的大小。图 4.5.2 给出了在翻转-恢复脉冲序列作用下，核磁共振信号强度随恢复时间 τ 的变化情况。

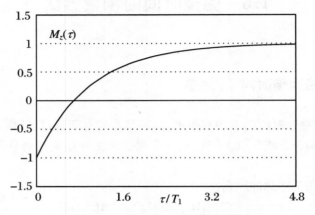

图 4.5.2　信号强度随时间的恢复

在实际操作中，M_z 是经过时间 τ 在 90°脉冲之后信号的振幅，M_0 可以看作是一个很长时间间隔 τ 之后得到的信号的振幅，改变 τ 可得一系列的 M_z，将 $\ln[M_0 - M_z(\tau)]$ 对 τ 作图，所得斜率的倒数即为 T_1。

由等式(4.5.2)可见，当 $M_z = 0$ 时，

$$\tau_0 = T_1 \ln 2 \tag{4.5.4}$$

所以一个近似的 T_1，也可由 $M_z = 0$ 时对应的 τ 值求得，即

$$T_1 = \frac{\tau_0}{0.69} \tag{4.5.5}$$

图 4.5.3 是用翻转恢复法测得(不同的 τ 值)的 L-丙氨酸(在重水中)的一系列质子图谱。通过拟合可得甲基质子的 $T_1 = 2.0\,\mathrm{s}$，α 质子的 $T_1 = 5.9\,\mathrm{s}$，溶剂 HDO 质子的 $T_1 = 8.5\,\mathrm{s}$。

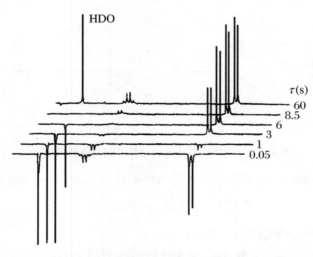

图 4.5.3　L-丙氨酸(在重水中)在翻转恢复法脉冲序列作用下获得的一系列质子图谱

4.5.2 自旋-自旋弛豫时间 T_2 的测量

因为谱峰高度一半处(半峰高)的线宽等于 $1/(\pi T_2)$,所以原则上 T_2 是可以通过测量半高处的线宽来得到的。但是在实际上,磁场的不均匀性使得

$$\frac{1}{T_2^*} = \frac{1}{T_2} + \frac{1}{T_2''} \tag{4.5.6}$$

所以测量的线宽是由有效弛豫时间 T_2^* 所支配。T_2'' 是由于磁场不均匀等其他因素引起的谱线增宽。为了解决这个问题,Hahn 首先提出了用自旋回波方法测量 T_2。

1. 自旋回波法

使用如图 4.5.4 所示的 $\tau - 180° - \tau$ 脉冲序列,在时间 2τ 内观察回波。

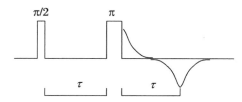

图 4.5.4 Hahn 自旋回波脉冲序列

如图 4.5.5 所示,磁化矢量是按下述步骤演化的:

图 4.5.5(a):脉冲施加之前,体系处在热平衡状态,磁化矢量处在 z' 方向,其强度为 M_0。

图 4.5.5(b):时刻 $t=0$,一个 90°脉冲沿 x' 轴加上使磁化强度矢量 M 转到正 y' 轴方向。

图 4.5.5(c):总的磁化强度矢量 M 可以被看作样品中不同部分的核产生的宏观磁化强度矢量的总和,因为磁化的不均匀性,样品各部分的核所受到的外加磁场稍许不同,这就使其进动频率围绕 ν_0 有一定范围。ν_0 是旋转坐标系的旋转频率。在旋转坐标系中,有的核比坐标轴转得快,有的核比坐标轴转得慢,结果在 $o\text{-}x'y'$ 平面上呈扇形散开。

图 4.5.5(d):在 90°脉冲之后,经过 τ 时间,在 x' 轴上再加上一个 π 脉冲,使所有的核的磁化矢量都绕 x' 轴旋转 180°。那些比旋转坐标系进动快的核自然仍然运动较快,从 z' 轴向下看呈顺时针进动;而比旋转坐标系进动慢的核仍然运动较慢,从 z' 轴向下看则做逆时针进动。这样在时刻 2τ 时,所有的核的磁化矢量都会聚在 $-y'$ 轴上。

图 4.5.5(e):当时间 $t > 2\tau$ 时,磁化矢量又重新呈扇形散开。如果在 $t = 3\tau$ 时刻,再加一个 π 脉冲,则在 $t = 4\tau$ 时刻,在 $+y'$ 轴上形成另一个回波。

所以,在时刻 2τ 后,形成一个自由感应衰减(Free Induction Decay,FID)信号,并且相对于起始的自由感应衰减来说呈现负值。这是因为汇聚起来后的回波(这里指的是第一个回波)沿着负的 y' 轴方向。如果没有横向弛豫作用,回波的大小和 90°脉冲的自由感应衰减一样大。但实际上,在 2τ 时间间隔中,由于横向弛豫作用,它会以时间常数 T_2 进行指数衰减。这里注意,由于回波汇聚掉了由于磁场不均匀性而产生的相位弥散,因此回波强度不受磁场不均匀性的影响,所以回波强度是按 T_2 而不是 T_2^* 指数衰减的,

$$S(2\tau) = M_0 e^{-2\tau/T_2} \tag{4.5.7}$$

将回波的绝对值取对数对 2τ 作图,得到一条直线,其斜率的倒数为 T_2。

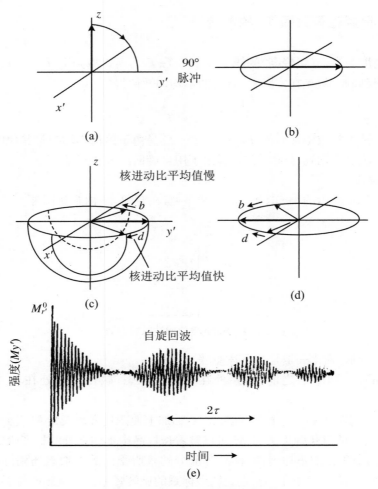

图 4.5.5　自旋回波原理图

由于分子扩散作用,使自旋回波技术的应用受到影响。扩散可以使核从不均匀磁场的一部分扩散到另一部分,结果使回波的振幅减小。在自旋回波实验中扩散的作用与空间磁场梯度 G、扩散系数 D 和扩散发生的时间 τ 有关,可以证明在 2τ 处回波的大小,

$$S(2\tau) \propto \exp\left[-(2\tau/T_2) - \frac{2}{3}\gamma^2 G^2 D\tau^3\right] \tag{4.5.8}$$

因为 $S(2\tau)$ 与 τ^3 有关,所以对于大的 τ 值,扩散特别严重。

2. Carr-Purcell 方法

Carr 和 Purcell 用一个简单的方法对 Hahn 的自旋回波法进行了修改,结果大幅度减少了扩散效应对 T_2 的影响。

这个方法采用的序列是:

$$90^\circ_{x'} - \tau - 180^\circ_{x'} - 2\tau - 180^\circ_{x'} - 2\tau - 180^\circ_{x'} - 2\tau\cdots\cdots$$

通常称为 Carr-Purcell 序列。

其原理如下:首先如同前面所说的自旋-回波方法,所有的脉冲都沿 x' 轴加上,前面的结果和图 4.5.5 所示一样。所不同的只是在(d)之后,当所有的磁化矢量又重新呈扇形散开

时,在起始 90° 脉冲之后 3τ 的时间加上另一个 180° 脉冲,它使得磁化矢量沿正 y' 轴的方向在 4τ 时刻又会聚起来。在此之后的不同时刻,如 5τ、7τ、9τ、$\cdots$,分别加上 180° 脉冲,而在 6τ、8τ、10τ、$\cdots$ 分别得到正负交替的回波,如图 4.5.5 中的(e)所示。不同时刻的回波幅度按 T_2 衰减。

Carr-Purcell 方法的优点在于:

(1) 节省实验时间。为了测 T_2,用一个脉冲序列就可以得到一串回波,而用原来的方法则需要多次实验,而且不同的扫描间要有较长的等待时间。

(2) 可使 τ 变短。因为扩散只在 2τ 中起作用,扩散效应可以尽量减小。

3. Carr-Purcell-Meiboom-Gill(CPMG)方法

一个宽度为 t_p 的脉冲,可以使磁化强度矢量 M 转过一个角度 θ,

$$\theta = \gamma H_1 t_p \tag{4.5.9}$$

θ 的大小取决于 H_1 和 t_p,通常 H_1 不能精确测得,所以在实验中 90° 脉冲和 180° 脉冲都是靠调整脉冲宽度 t_p 使 FID 值达到最大(90° 脉冲)或零值(180° 脉冲)而取值。其结果大约会有 5% 左右的误差,对于一个简单的单脉冲或双脉冲序列来说,这个精度应该足够了。但对于像 Carr-Purcell 那样的多脉冲序列,累加的误差就会很大。为了解决这个问题,有一个办法就是连续改变 H_1 的方向交替沿着正的 x' 轴和负的 x' 轴,脉冲序列如下:

$$90°_{x'} - \tau - 180°_{x'} - 2\tau - 180°_{-x'} - 2\tau - 180°_{x'} - 2\tau\cdots\cdots$$

这样,由于 θ 不精确而产生的误差在偶数个回波中就可以消除掉了。

另一个在实验上容易实现的途径是 Carr-Purcell-Meiboom-Gill(CPMG)方法。这个方法使用的脉冲序列与 Carr-Purcell 脉冲序列相似,只是所有的 180° 脉冲都加在 y' 轴上,脉冲序列如下:

$$90°_{x'} - \tau - 180°_{y'} - 2\tau - 180°_{y'} - 2\tau - 180°_{y'} - 2\tau\cdots\cdots$$

其原理如图 4.5.6 所示。

在这里使用的方法都与图 4.5.5 相似,只是为了清楚起见,坐标轴的转动速度比所有的核的进动频率都慢,因此沿 z' 轴方向向下看时所有核都是在做顺时针的进动,但有的进动快,有的进动慢,因而呈扇形散开。

图 4.5.6(a):是热平衡态下的磁化矢量 M_0,在 x' 轴加 90° 脉冲,它倒向 y' 轴。

图 4.5.6(b):经时间 τ 后,自旋矢量散开,进动频率快的在前,进动慢的在后。

图 4.5.6(c):将射频脉冲从 x' 轴转移到 y' 轴,此时在 y' 轴上加 180° 脉冲,自旋矢量就变成图(d)的情形。

图 4.5.6(d):此时快的在后,慢的在前。

图 4.5.6(e):再经过 τ 时间,自旋聚集在 $+y'$ 轴上,出现回波。

图 4.5.6(c'):若 180° 脉冲不完美(设它小于 180°),则在 y' 轴上加此脉冲后,自旋矢量上翘在 $x'y'$ 平面上。

图 4.5.6(e'):经过 τ 时间的演化,自旋回波聚集在 y' 轴的上方,上翘 $\delta°$ 的角度。

图 4.5.6(f'):又经过 τ 时间的演化,自旋矢量散开,与 $x'y'$ 平面相距 $\delta°$ 的角度。

图 4.5.6(g):又在 y' 轴施加同样的 180°(实际角度小于 180°),自旋矢量则正好落在 $x'y'$ 平面上。

图 4.5.6(h):再经过 τ 时间的演化,自旋矢量聚焦在 y' 轴。

应用 CPMG 方法的得到所有偶数回波都有正确的振幅,而奇数回波振幅却稍有减少,但是总体误差不会增加。

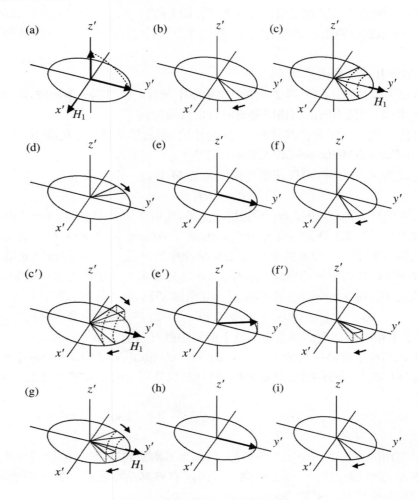

图 4.5.6　CPMG 回波的原理图

第 5 章　化学交换现象

核磁共振特别适合研究与时间有关的现象。我们可以将其分为三类：① 通过测量弛豫时间可以研究分子运动的速率；② 通过稳态线型分析可以研究化学交换过程；③ 在适当的情况下通过强度的测量可以研究非平衡系统的化学反应速率。其中有关弛豫时间和分子运动的关系我们已在第 4 章进行了讨论，在这一章我们主要讨论平衡状态下的化学交换过程。这种化学交换也可以是在互变异构体之间发生的。

5.1　基　本　理　论

为简单起见，我们讨论一个核在 A、B 两个位置之间的交换，这两个位置可以处于不同的分子，如多肽—NH，—OH 基团和 H_2O 分子之间的质子交换；也可以是同一个分子的不同构象之间，如顺式和反式异构体之间。

如果交换速度很慢（慢交换），在核磁共振波谱上表现出的是 A 和 B 两个独立的谱峰；如果交换速度很快（快交换），则人们看到的是两个信号的平均谱。可由包含交换作用的 Bloch 方程来计算在交换作用下的核磁共振线型。

设在某一时刻，有一定数目的核在位置 A，总磁矩是 M_A。另一些数目的核在位置 B，总磁矩是 M_B。若二者之间不存在交换，则 M_A 和 M_B 在磁场中独立进动，其进动频率分别为 ω_A，ω_B，横向弛豫时间分别为 T_{2A} 和 T_{2B}。假若二者之间有化学交换发生，即

$$A \underset{k_{AB},k_{BA}}{\longleftrightarrow} B \tag{5.1.1}$$

这种交换可以从位置 A 到位置 B，也可以从位置 B 到位置 A。

如果核处于位置 A 和 B 的寿命分别为 τ_A 和 τ_B，核从位置 A 跃迁到位置 B 的概率是 $1/\tau_A = K_A$，从位置 B 跃迁到位置 A 的概率是 $1/\tau_B = K_B$，平衡时处于位置 A，B 的核所占的百分数分别为

$$P_A = \frac{\dfrac{1}{\tau_B}}{\dfrac{1}{\tau_A} + \dfrac{1}{\tau_B}} = \frac{\tau_A}{\tau_A + \tau_B}, \quad P_B = \frac{\dfrac{1}{\tau_A}}{\dfrac{1}{\tau_A} + \dfrac{1}{\tau_B}} = \frac{\tau_B}{\tau_A + \tau_B} \tag{5.1.2}$$

设 $2/\tau = 1/\tau_A + 1/\tau_B$，则 τ 是平均寿命。

5.1.1 慢交换

若

$$\tau > \frac{1}{\omega_A - \omega_B} \quad \text{且} \quad \text{大}\,2\sim3\,\text{倍} \tag{5.1.3}$$

则核磁共振吸收信号为

$$\nu = \gamma H_1 M_0 \frac{P_A T'_{2A}}{1 + (T'_{2A})^2(\omega_A - \omega)^2} + \frac{P_B T'_{2B}}{1 + (T'_{2B})^2(\omega_B - \omega)^2} \tag{5.1.4}$$

将上式和普通的 Bloch 方程的解加以比较得到的是在频率 ω_A 和 ω_B 处形成两条独立的谱线，有效横向弛豫速度：

$$\frac{1}{T'_{2A}} = \frac{1}{T_{2A}} + \frac{1}{\tau_A}, \quad \frac{1}{T'_{2B}} = \frac{1}{T_{2B}} + \frac{1}{\tau_B} \tag{5.1.5}$$

显然 T'_{2A} 和 T'_{2B} 减小，谱线增宽。

5.1.2 快交换

若

$$\tau < \frac{1}{\omega_A - \omega_B} \quad \text{且} \quad \text{小}\,2\sim3\,\text{倍} \tag{5.1.6}$$

则核磁共振吸收信号为

$$\nu = \gamma H_1 M_0 \frac{T'_2}{1 + T'^2_2(P_A\omega_A + P_B\omega_B - \omega)^2} \tag{5.1.7}$$

该解相应地得到一条核磁谱线，它的共振频率：

$$\omega_{\text{ave}} = P_A\omega_A + P_B\omega_B$$

若以化学位移表示，

$$\delta_{\text{ave}} = P_A\delta_A + P_B\delta_B$$

平均横向弛豫时间：

$$\frac{1}{T'_2} = P_A/T_{2A} + P_B/T_{2B} + P_A P_B \frac{\tau_A\tau_B}{\tau_A + \tau_B}(\omega_A - \omega_B)^2$$

如果 $P_A = P_B$，$T_{2A} = T_{2B} = T_2$，则

$$\frac{1}{T'_2} = \frac{1}{T_2} + \frac{\tau}{8}(\omega_A - \omega_B)^2 \tag{5.1.8}$$

在中等交换速度下，$\tau \approx (\omega_A - \omega_B)^{-1}$，吸收信号的线型较为复杂，这里不再讨论。

图 5.1.1 是二态交换体系的核磁共振线型。假设 $P_A = P_B = 1/2$，$\tau_A = \tau_B = \tau$，并且 $1/T'_2 = 1/\tau$，即得如图 5.1.1(b) 所示的图形。如果 $P_A \neq P_B$，则得如图 5.1.1(a) 所示的图形。在低温情况下，系统交换很慢，可以看到两条独立的谱线，随着温度的升高，交换加快，谱线逐渐增宽最后合并为一个很宽的谱峰。如果温度继续升高，交换进一步加快，最终得到一个平均的单峰，位置在 $(\nu_A + \nu_B)/2$。

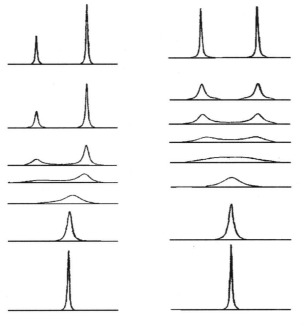

(a) $P_A = 0.33, P_B = 1 - P_A = 0.67$　　　(b) $P_A = P_B = 0.5$ 的二位交换体系

图 5.1.1　没有 J 偶合的二位交换体系的 NMR 线型

$\nu_A - \nu_B = 20\,\mathrm{Hz}, T_{2A} = T_{2B} = 0.5\,\mathrm{s}, k = 0.1, 5.0, 10.0, 22.2,$
$44.4, 100, 500, 10000(\mathrm{s}^{-1})$

5.2　化学交换实例

本节介绍几个实例,目的是对动态 NMR 所能研究的问题有一个大致的了解。

5.2.1　阻碍内旋转

图 5.2.1 是 N,N′-二甲基乙酰胺在不同温度下的质子谱。它在室温的质子谱有三个甲基峰。当温度升高时,甲基会绕 N—C 单键旋转,因此 N 上的两个甲基可以互换位置,形成两个谱峰(181.0 和 170.5)。随着温度的升高交换变快,这两个谱峰逐渐合并成一个平均谱峰,这就得到图中的结果。而 CH_3CO 上的甲基(120.0)由于不参与交换,一直是条尖锐的谱线,我们可以利用它来测定 T_2 并当作参考信号。早期的工作是用融合点法作估计,$\tau_c = \sqrt{2}/\pi(\nu_A - \nu_B)$。注意,由于磁场强度不同,$\nu_A - \nu_B$ 会不同,因此,磁场强度大时,τ_c 变小。例如,在 100 MHz 仪器中,如果氢谱中的 $|\nu_A - \nu_B| = 100\,\mathrm{Hz}$,则 τ_c 约为 $10^{-2}\,\mathrm{s}$,而在 $^{13}\mathrm{C}$ 谱中(25.2 MHz),化学位移差值有 10,故 $\tau_c = 2 \times 10^{-3}\,\mathrm{s}$。二甲基乙酰胺的 25.2 MHz $^{13}\mathrm{C}\{^1\mathrm{H}\}$ 谱也可观察到动态 NMR 现象。两个 N 甲基峰相差 75.6 Hz 比氢谱中的 10.5 Hz 大,温度

要较高时才能看到这两个甲基峰的融合现象。

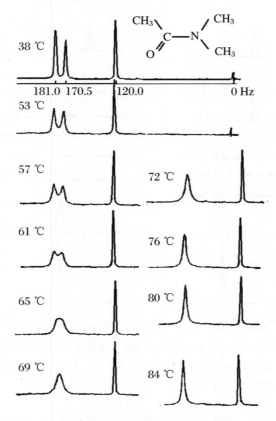

图 5.2.1 N,N'-二甲基乙酰胺在不同温度下的质子谱

5.2.2 质子交换平衡

NMR 中有很多这类发生交换现象的例子,一个典型的例子是乙醇与 H_B^+ 的交换反应。

$$CH_3 CH_2 OH_A + H_B^+ \rightleftharpoons CH_3 CH_2 OH_B + H_A^+$$

其氢谱如图 5.2.2 所示,图(a)是纯乙醇谱,随着酸量的增加,其谱逐渐变成图(b)、(c)、(d),原因是羟基质子和酸的质子发生分子之间交换,最后羟基变成单峰,亚甲基变成 1∶3∶3∶1 四重峰。而在纯乙醇中,由于它是 $A_3 B_2 X$ 体系,亚甲基是复杂谱或双四重峰。

另一个质子交换平衡的例子是卟啉分子中个别吡咯环上 NH 质子互换的现象(图 5.2.3),这在氢谱和 ^{13}C 谱中都有反映。图 5.2.4 是 meso 四苯基卟啉(Tpp)的 100 MHz 氢谱。此谱表明,在室温时,分子中每种质子都有一个信号,然而,根据图 5.2.3 的结构,β氢应有两个信号,一个为 N 上有氢的,另一个为无氢的,所以室温图谱实际上是个快速交换的平均图谱,当温度降低时,变换较慢,在 −46 ℃ 时,β氢已加宽,最后在 −60 ℃ 时,分裂为相距 17 Hz 的双峰,而苯环上的质子没有变化,从图可知,融合点大概就是 −46 ℃。

这个过程对 ^{13}C 谱也有显著影响,室温时苯环上的碳和 meso 碳都是窄峰,但β碳峰较宽,而α碳是一个很宽的峰,其强度仅仅能检测出来。原因是β碳的位移差比α碳位移差小,所以当β仍处于快速交换范围时,α却已处于中等交换速率范围,因此β碳谱峰较窄,而

α 碳谱峰很宽。

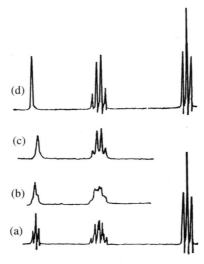

图 5.2.2　乙醇的 60 MHz 氢谱

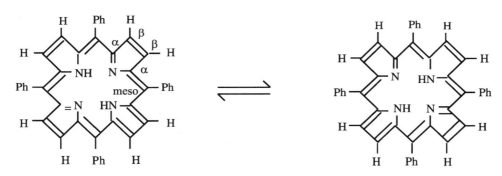

图 5.2.3　四苯基卟啉个别吡咯环上 NH 质子的互换

5.2.3　绕单健的旋转、环反转过程

在结构非常简单的乙烷分子中,绕 C—C 单健旋转的势垒很低(为 3～5 kcal · mol^{-1}),所以这类化合物不同异构体之间的转换常处在快速交换区,NMR 记录下的是这些旋转异构体的时间平均谱,改变旋转异构体的百分比也仅仅是改变了化学位移和耦合常数的表观平均值。但是,如果分子结构上存在着大的空间障碍,旋转势垒增高,此时就可用 NMR 来观测其旋转过程。2,2,3,3-四氯丁烷就是一例,在室温时它的氢谱只有一条窄线,低温时则发生信号增宽,最后分裂为强度不等的两个强蜂,分别由它的两个旋转异构体产生(图 5.2.5),信号强度直接正比于旋转异构体的百分含量。图中的低场信号是反式异构体(由于其旁边的卤素导致该甲基去屏蔽)。

在这个例子中,由于不存在 J 耦合,分析较简单。而多数情况中,由于存在 J 耦合,需用密度矩阵分析,在本书中不做介绍。环烷分子的反转过程就是如此,例如环己烷的质子,当环己烷进行反转运动时,质子的环境从平展型变成直立型。由于这两种位置的化学位移不

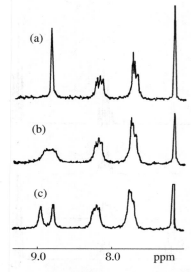

图 5.2.4 四苯基卟啉(Tpp)的 100 MHz 氢谱
溶解于 CDCl₃ 中的浓度为 0.03 mol·L⁻¹,温度分
别为:(a) −12 ℃;(b) −46 ℃;(c) −60 ℃。

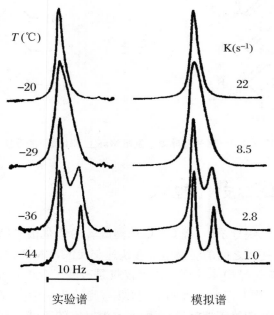

实验谱　　　　　　模拟谱

图 5.2.5 2,2,3,3-四氯丁烷在丙酮-d₆中的 60 MHz 氢谱

相等($\delta_{eq} = 1.67$;$\delta_{ax} = 1.19$),所以可以用¹H-NMR 来检测两种构型的转换速率,但不能用
¹³C-NMR 来检测,因为在这个化学平衡中,碳的化学位移不受影响。

在室温时,环反转速率是很快的,环己烷的氢谱是一条尖窄单峰。但冷却到−60 ℃,此
峰就会变宽,继续冷却,最终会得到由两个宽峰组成的复杂图谱。这个谱的复杂性是可以想
象得到的,因为它是 A₆B₆ 体系,有大量的 J 耦合存在。要研究分析这类交换速率过程,需合

成同位二甲基环己烷。因为此时这两个甲基就是无耦合的二态交换,检测和分析起来就容易多了。也有人合成 C_6HD_{11} 做 $^1H\{D\}$ 实验,这时没有 J 偶合,体系化学交换完全变成二态交换的问题,研究体系也得以简化。重氢环己烷在不同温度时的图谱如图 5.2.6 所示。

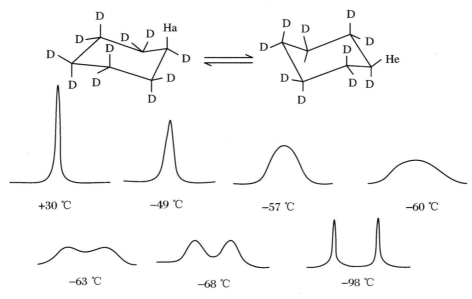

图 5.2.6　重氢环己烷 C_6HD_{11} 在不同温度时的图谱

5.3　化学交换的应用

5.3.1　交换速度的测量

由上面的分析可知,交换过程能显著影响到核磁波谱的谱图,而该影响也可以被用来测量交换速度。

例如:交换过程

$$A \underset{k_a, k_b}{\longleftrightarrow} B$$

$\delta_A = 4.1, \delta_B = 3.7, 1/T_{2A} = 3\ \text{s}^{-1}, 1/T_{2B} = 2\ \text{s}^{-1}$,用 200 MHz 谱仪进行测试:

(1) 当 $k_a = 10^4\ \text{s}^{-1}, k_b = 5 \times 10^3\ \text{s}^{-1}$ 时,观察到的化学位移是多少?

(2) 当 $k_a = 3\ \text{s}^{-1}, k_b = 1.5\ \text{s}^{-1}$ 时,观察到的线宽是多少?

解　(1) 化学位移之差 $\delta_A - \delta_B = 0.4 \times 200 = 80$,则

$$\Delta\omega = 2\pi \times 80 = 502.6\ \text{rad} \cdot \text{s}^{-1}$$

因为 $k_a, k_b > \Delta\omega$,观察到的是快交换,所以

$$\delta_{\text{obs}} = P_A\delta_A + P_B\delta_B$$

$$P_A = \frac{[A]}{[A]+[B]}, \quad k_a[A] = k_b[B]$$

所以

$$P_A = \frac{K_b}{K_a + K_b} = \frac{1}{3}, \quad P_B = \frac{2}{3}$$

故

$$\delta_{obs} = \frac{1}{3} \times 4.1 + \frac{2}{3} \times 3.7 = 3.83$$

(2) 因为 $k_a, k_b \ll \Delta\omega$，观察到的是慢交换，因此将观察到独立的两条谱线：

对 A：

$$\frac{1}{T_{2obs}} = \frac{1}{T_{2A}} + k_a = 3 + 3 = 6 \text{ s}^{-1}$$

对 B：

$$\frac{1}{T_{2obs}} = \frac{1}{T_{2B}} + k_b = 2 + 1.5 = 3.5 \text{ s}^{-1}$$

线宽由 $1/\pi T_2$ 给出，所以

$$\Delta\nu_{1/2}(A) = \frac{6}{\pi} = 1.91 \text{ Hz}$$

$$\Delta\nu_{1/2}(B) = \frac{3.5}{\pi} = 1.11 \text{ Hz}$$

5.3.2 根据化学交换的原理研究配基与大分子的结合

考虑过程：

$$A + B \underset{k_1, k_2}{\longleftrightarrow} AB$$

假设参数 δ_A, δ_{AB} 或 $1/T_{2A}, 1/T_{2AB}$ 可确定，AB 和 A 分别代表配基的结合状态和自由状态、蛋白质的结合状态和自由状态、或氨基酸侧链的质子化和非质子化形式，统称观察的参数 PAR：

$$PAR_{obs} = PAR_A P_A + PAR_{AB} P_{AB}$$

$$P_A = \frac{[A]}{A_t}, \quad P_{AB} = \frac{[AB]}{A_t}$$

$$A_t = [A] + [AB], \quad B_t = [B] + [AB]$$

令 $\Delta_0 = PAR_{AB} - PAR_A$，$\Delta = PAR_{obs} - PAR_A$，因为 $P_A + P_{AB} = 1$，所以

$$\Delta = \Delta_0 P_{AB}$$

平衡时：

$$K_d = \frac{[A][B]}{[AB]} = \frac{K_{-1}}{K_1}$$

如果实验过程中保持 A_t 为常数，改变 B_t，那么

$$\Delta = \frac{\Delta_0 [B]}{[B] + K_d}$$

我们可以将 P_{AB} 写为

$$\frac{[B]}{[B] + K_d} \quad 或 \quad \frac{[A] B_t}{A_t([A] + K_d)}$$

这和 Michadis-Menten 方程形式相同，K_d 容易测定。如果 A_t 变化，则方程较复杂，如

果 $[A] \gg [AB]$，则

$$\Delta = \frac{B_t \Delta_0}{A_t + K_d}$$

例如：抑制剂对丙糖磷酸异构酶的结合。

在恒定 pH(6.0)和酶浓度(1 mmol·L^{-1})下，丙糖磷酸异构酶的一个竞争性抑制剂引起酶的一个特定组氨酸共振发生变化，其化学位移随 D-3-磷酸-甘油的浓度的变化如表 5.3.1 所示。用这些数据计算酶-抑制剂复合物的解离常数。

表 5.3.1　化学位移随 D-3-磷酸-甘油浓度的变化

D-3-磷酸-甘油(mmol·L^{-1})	0.9	1.3	2.3	3.6	4.3	5.2	6.2	13.3
化学位移变化	0.048	0.083	0.108	0.125	0.138	0.145	0.158	0.19

解　利用上述数据作图，可以得一条双曲线，如图 5.3.1 所示。取 $\Delta_0 = 0.19$，在 $\Delta_0/2$ 处，$K_d \sim 2.2$ mmol·L^{-1}。

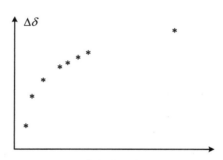

图 5.3.1　浓度对化学位移的影响

第6章 多重共振

在现代的核磁共振谱仪中,除了恒定磁场以及起激发作用的射频场以外,还可以将一些射频场 H_2、H_3,以与 H_0 垂直的方向加到样品上,从而可以作多重共振实验。在异核多维核磁共振实验中,可用到四重共振,如使 [1]H、[2]H、[13]C 和 [15]N 核同时发生共振。这里只介绍双共振实验,且只涉及一个射频场用于观测另一个用于去耦的情况。

在双共振实验中,按照被照射的核和被观察的核是相同的还是不同的,可分为同核去耦和异核去耦。习惯上以 A{X} 的方式表示,其中 X 放在括号内表示被照射的核,A 表示被观察的核。因此 [13]C{[1]H} 就是指把射频场 H_2 加在质子上,观察 [13]C。

按照照射场的磁场强度 H_2 不同,又可分为以下几种类型:

$$\frac{\gamma H_2}{2\pi} > 2J \qquad 自旋去耦$$

$$\frac{\gamma H_2}{2\pi} \sim J \qquad 选择自旋去耦$$

$$\frac{\gamma H_2}{2\pi} \sim \nu_{1/2} \ll J \qquad 自旋轻扰$$

$$\gamma^2 H_2{}^2 T_1 T_2 \cong 1 \qquad 核欧沃豪斯效应(NOE)$$

双共振实验用于使波谱简化和确定能级的排列。

6.1 同核去耦

6.1.1 去耦现象

图 6.1.1 是巴豆醛 $CH_3{-}CH{=}CH{-}CHO$ 的 ^{1}H-NMR 谱及其同核去耦谱。其中图(a)是正常氢谱,它是很复杂的,因为它属于 $ABCX_3$ 体系。图(b)是把去耦场频率设置在CHO 峰上,此时谱就变成 ABX_3 体系。图(c)是把去耦场频率设置在 CH_3 峰上,这时谱就简化为 ABC 体系。图(d)是用两个去耦场,分别对准 CHO 与 CH_3 共振照射,这时谱就极简单。从此例可以看出,通过去掉不想要的耦合来简化谱图,可以使谱图的分析变得非常容易,而且还可以确认复杂谱中哪些核是相互耦合的。因而去耦技术在 NMR 中被广泛使用。

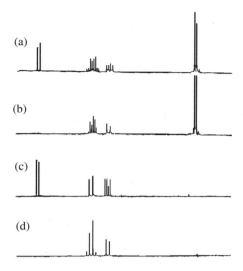

图 6.1.1 巴豆醛 CH_3—CH=CH—CHO 的 ^{1}H-NMR 谱及其同核去耦谱

6.1.2 去耦原理

对于去耦机制,目前有两种解释方法。现以一个 AX 系统为例加以讨论。

(1) 若照射场 H_2 以频率 ω_X 照射 X 核,则引起 X 自旋在 α,β 两个自旋态之间来回跃迁 $(\alpha \rightarrow \beta, \beta \rightarrow \alpha)$。若 H_2 的功率足够大,这种来回跃迁的频率与耦合常数相比足够高,对 A 核而言,B 核的这两种取向就不再能够区分,A 核的这两种相应的分裂就消失了,而变成单峰。

(2) 可以用前面所说的旋转坐标系加以讨论。设 H_1 是作观察用的射频场,而 H_2 是作照射用的射频场。在一个以 H_2 的频率 ω_2 绕 z 轴旋转的旋转坐标系 (x', y', z') 中对核系统进行观察。坐标系 (x', y', z') 的 z' 轴和 z 轴重合,x' 轴沿 H_2 方向以相同角频率随 H_2 旋转。如图 6.1.2 所示,在此坐标系中,X、A 核受到的有效场分别为

$$H_{Xeff} = H_{0X} - \frac{\omega_2}{\gamma_N} k \pm \Delta H_0(J) + H_2 \tag{6.1.1}$$

$$H_{Aeff} = H_{0A} - \frac{\omega_2}{\gamma_N} k \pm \Delta H_0(J) + H_2 \tag{6.1.2}$$

其中 $\Delta H_0(J)$ 是 A 与 X 之间自旋-自旋耦合产生的磁场,$2\Delta H_0(J)$ 相当于波谱中 X 多重峰中最外侧两个峰之间的距离,k 表示 z 方向。

当 ω_2 精确等于 ω_X 时,

$$\omega_2 = \gamma H_{0X} = \omega_X \tag{6.1.3}$$

(6.1.1)式中的第一、二项彼此相消。如果相对于 $\Delta H_0(J)$ 来说,H_2 的功率足够高,则 $H_{Xeff} = H_2$,这时 X 核的自旋指向 x' 轴附近,见图 6.1.2(a)。而与核 X 耦合的核 A,假若其共振频率 $\omega_A = \gamma H_{0A}$ 远远偏离 ω_X,因为 $\omega_2 = \omega_X$,因此 $\omega_2/\gamma \neq H_{0A}$,二者不可相消。有效磁场 H_{Aeff} 保持接近于 z' 轴方向,如图 6.1.2(b)所示。从而使得自旋 A 的角动量矢量和自旋 X 的角动量矢量彼此近乎垂直,自旋-自旋相互作用 $J_{AX} I_A \cdot I_X$ 为零。

因为 H_{Aeff} 在 x' 方向有不可忽略的分量,为了使照射核 X,而核 A 完全被去耦,必须使

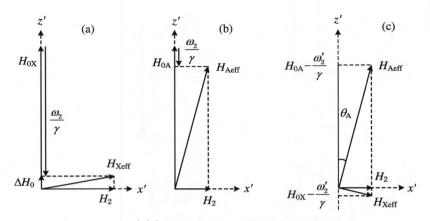

图 6.1.2 在 $x'y'z'$ 旋转坐标系中的有效磁场,旋转频率为 ω_2

得 H_{Xeff} 和 H_{Aeff} 垂直。在此情况下照射频率 ω'_2 必须满足以下关系(图 6.1.2(c)):

$$\omega'_2 - \omega_X = \omega'_2 - \gamma H_{0X} \cong \gamma H_2 \tan \theta_A = (\gamma H_2)^2 / (\omega_A - \omega'_2) \cong (\gamma H_2)^2 / (\omega_A - \omega_X) \tag{6.1.4}$$

也就是说照射频率不应该恰好等于 ω_X,而是有稍许偏离。

6.1.3 Bloch-Siegert 位移

在上述讨论中,只有当 H_2 的功率足够小,A 核和 X 核的化学位移之差足够大时,即满足

$$(\omega_A - \omega_X) \gg \gamma H_2 \tag{6.1.5}$$

时,ω_A、ω_X 才不受照射场的影响,否则 ω_A、ω_X 都会偏离于无去耦情况下的频率,我们把这种化学位移的偏离称为 Bloch-Siegert 位移。下面我们对此加以解释。

由图 6.1.2 可以看出在以 H_1 的角频率旋转的转动坐标系中,因为 $\omega_2 \approx \omega_X$,而 ω_A 与 ω_X 相差又不大,则 H_{Aeff} 与 z 轴有较大的偏离,若忽略 $\pm \Delta H_0(J)$ 不计,共振条件为

$$\Delta \omega_{obs} = \gamma H_{Aeff} = \gamma \left[\left(\frac{\omega_A - \omega_2}{\gamma_A} \right)^2 + H_2^2 \right]^{1/2} \approx \omega_A - \omega_2 + \frac{1}{2} \frac{\gamma_N^2 H_2^2}{\omega_A - \omega_2} \tag{6.1.6}$$

变换到实验室坐标系后有如下关系:

$$\omega_{Aobs} = \omega_2 + \Delta \omega_{obs} = \omega_A + \frac{1}{2} \frac{\gamma_N^2 H_2^2}{(\omega_A - \omega_2)} \tag{6.1.7}$$

由此可见,ω_{Aobs} 不等于 ω_A,而是有所偏离,因此,在去耦实验中要控制照射场的功率,一方面使 H_2 的功率足够大,可以达到去耦的目的,另一方面又要使 H_2 的功率足够小,不产生 Bloch-Siegert 位移。在作同核欧沃豪斯差谱时特别要注意这个问题。

6.2 异 核 去 耦

因为 ^{13}C 的天然丰度是 0.01,所以使用含有天然丰度的 ^{13}C 样品,在同一个分子中发现

两个互相耦合^{13}C 的核的概率是很小的,可以忽略不计。一般来说不能观察到^{13}C—^{13}C 之间的耦合,但是^{13}C—^{1}H 的耦合是可以观察到的,这主要由大的一键耦合所支配。$^1J_{CH}$ 的大小是 $100 \sim 200$ Hz,再加上许多较小的远程^{13}C—^{1}H 耦合,$^2J_{CH}$,$^3J_{CH}$,这就使得一个典型的有机化合物的^{13}C 谱变得异常复杂,大量多重峰互相重叠,谱线难以确定归属。^{13}C—^{1}H 之间的耦合不仅使波谱复杂化,而且也使总的灵敏度降低,对于一个与 n 个不同的质子相耦合的^{13}C 核来说,将产生 2^n 条谱线,因此与未去耦的谱线相比,要得到同样的信噪比需要增加 2^{2n} 倍的时间。

为研究^{13}C 谱,通常需要进行质子噪声去耦、偏共振去耦和选择性的质子去耦。下面分别加以讨论。

6.2.1 质子噪声去耦

因为^{13}C—^{1}H 耦合造成的波谱复杂性以及灵敏度问题,通常需要用质子去耦技术简化波谱,写为^{13}C{^{1}H}。

在简单的异核去耦实验里,用一个强的射频场,选择性地照射单个质子信号,这样做虽然能够除去这个特定的质子的全部耦合,但是由于分子中其他质子耦合的存在,波谱仍十分复杂。通常为了达到简化波谱的目的,需要同时有效地使分子中全部质子去耦,为此将去耦器的频率设在质子区的中心,用一个带宽足以覆盖全部质子区的噪声发生器来进行调制,这就等于同时照射所有的质子共振频率,从而使分子中所有的质子都去耦,有效地使波谱得到简化。

质子噪声去耦除了使自旋裂分消失而提高信噪比外,还由于去耦产生欧沃豪斯效应,提高信噪比,由第 4 章 4.3 节知在极窄的条件下,照射质子观察^{13}C,NOE = 2.988,信噪比提高近 3 倍。

目前常规的^{13}C 谱都是在质子噪声去耦的条件下得到的,假若不存在其他种类的核,如^{31}P、^{19}F、^{2}D,那么在天然丰度的^{13}C 谱中,分子中的每一个碳原子都将产生一条谱线。

图 6.2.1 是十一烷的^{13}C 谱,其中(a)为未去耦的谱,(b)为噪声去耦的谱。由于对质子去耦,信号强度大大增加。

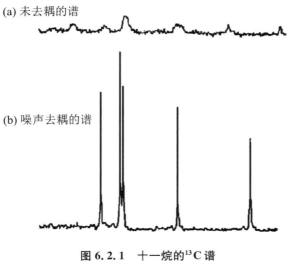

(a) 未去耦的谱

(b) 噪声去耦的谱

图 6.2.1 十一烷的^{13}C 谱

图 6.2.2 是乙氧基苯甲醛的 $^{13}C\{^1H\}$ 谱。乙氧基苯甲醛中有 9 个碳原子,但 C_2 与 C_6 完全对称,因此是化学位移等同核,或叫作化学位移简并,C_3 与 C_5 也是化学位移简并的。可在谱上找到每个碳原子的共振位置。

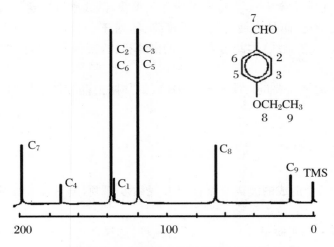

图 6.2.2 乙氧基苯甲醛的 $^{13}C\{^1H\}$ 谱

6.2.2 偏共振去耦

虽然质子噪声去耦大大简化了 ^{13}C 谱,但是它也去掉了有用的耦合信息,给谱的鉴定带来困难,解决这个问题的一个办法是用偏共振去耦。

如果将质子去耦的频率在比 TMS 高场,低频 1000~2000 Hz,即在质子区外 1000~2000 Hz,将噪声调制关闭,则可得到一个部分去耦的波谱(也可以不关闭噪声调制,但去耦功率需减少,同时去耦器的频率进一步远离质子区,而得到偏共振波谱),在这样的条件下,$^{13}C—^1H$ 的耦合除一键耦合 $^1J_{CH}$ 存在外,其余远程耦合都除去,而一键耦合减小到 30~50 Hz。在此情况下—CH_3 碳表现出四重峰,—CH_2 碳表现为三重峰,—CH 碳表现为两重峰,而—C(季碳)表现为单峰,从而使人们从波谱上立即可以区分这四种不同类型的碳,这对测定谱线归属特别有用。图 6.2.3 是乙氧基苯甲醛对 ^1H 偏共振去耦的 ^{13}C 谱。与图 6.2.2 比较可见,偏共振去耦能去掉远程耦合,也能将近程耦合大大缩小。因而偏共振去耦既能提高信号强度,又能保持部分耦合信息,给谱的解析带来方便。

在质子噪声去耦波谱中所得到的欧沃豪斯效应的大部分在偏共振去耦中仍然保留。在偏共振去耦谱中,谱线裂分 ^1J 的大小与去耦器的功率及偏置频率有关,与未去耦的波谱中的一键耦合常数 ^1J 不同,下面我们对此加以讨论。

考虑一个 AX 系统,假设去耦器的频率为 ν_2,与核 X 的共振频率 ν_X 偏离 $\Delta\nu = \nu_X - \nu_2$。在以角频率 $\omega_2 = 2\pi\nu_2$ 旋转的旋转坐标系中,X 核的两个跃迁(二重峰)的频率差(对应于 J 值)是

$$J_R = \left[(\Delta\nu + J/2)^2 + (\gamma H_2/2\pi)^2\right]^{1/2} - \left[(\Delta\nu - J/2)^2 + (\gamma H_2/2\pi)^2\right]^{1/2}$$
$$\approx \left[(\Delta\nu)^2 + (\gamma H_2/2\pi)^2 + \Delta\nu J\right]^{1/2} - \left[(\Delta\nu)^2 + (\gamma H_2/2\pi)^2 - \Delta\nu J\right]^{1/2}$$

$$\approx \left[(\Delta\nu)^2 + (\gamma H_2/2\pi)^2\right]^{1/2} \left\{\left[1 + \frac{\Delta\omega J}{2\left[(\Delta\nu)^2 + (\gamma H_2/2\pi)^2\right]}\right]\right.$$

$$\left. - \left[1 - \frac{\Delta\omega J}{2\left[(\Delta\nu)^2 + (\gamma H_2/2\pi)^2\right]}\right]\right\}$$

$$= \frac{\Delta\nu}{\sqrt{(\Delta\nu)^2 + (\gamma H_2/2\pi)^2}} J < J \tag{6.2.1}$$

即由于偏共振去耦($\Delta\nu \neq 0$),使得耦合常数 J 变为 J_R,显然 $J_R < J$。如果 $\Delta\nu = 0$,则 $J_R = 0$,即完全去耦。

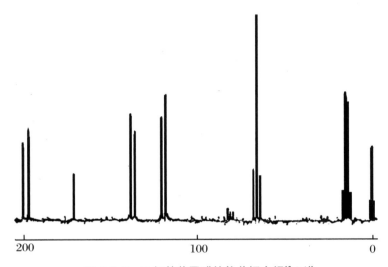

图 6.2.3   乙氧基苯甲醛的偏共振去耦[13]C 谱

现代谱仪上利用后面提到的极化转移实验可以更方便地得到类似信息,但偏共振去耦还是可以用于低功率射频场强度的校正。

6.2.3   选择性质子去耦

选择性质子去耦主要是用单一频率选择性地照射单个质子,在[13]C 谱上除去与这个质子的全部耦合,主要用于波谱鉴定。

以 2-糠醛为例,为了确定 C_3 和 C_4 峰做选择性质子去耦实验,如图 6.2.4 所示。其中(a)以 C_3—H 质子频率照射;(b)以 C_4—H 质子频率照射。由此实验立即可以分辨 C_3 和 C_4 共振峰。

为了达到选择性去耦的目的,需要注意:要精确测定质子峰的共振频率,这需要用[1]H 的射频源,前置放大器,而用[13]C 的探头,使射频由射频源[13]C 探头中的去耦通道加到样品上而得到[13]C-NMR 谱,检查测出各个峰的准确频率,以保证全部条件和[13]C 谱测定条件完全一致;去耦器的功率不能太大,保证有单个质子去耦。

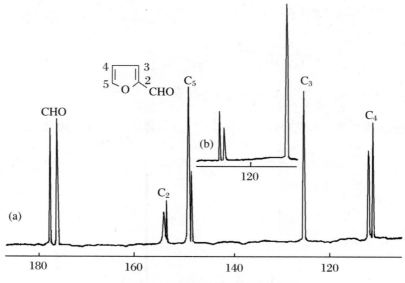

图 6.2.4   2-糠醛选择性质子去耦谱

6.3   门去耦和反门去耦

有关欧沃豪斯效应的基本原理在第 4 章 4.3 节中我们已经作了介绍。为了得到 NOE，我们需要采用一种门去耦的技术。这个方法的基本原理是：核欧沃豪斯效应的建立，需要一个大体相当于自旋-晶格弛豫时间 T_1 数量级的时间间隔，而去耦则是即时的。门去耦技术又分为两类：一种叫门去耦，另一种叫反门去耦。下面我们分别予以介绍。

6.3.1   门去耦

图 6.3.1 是门去耦实验中所使用的脉冲序列，H_1 是观察用的射频场，H_2 是去耦用的射频场，At 是信号获取时间，也是接收机工作时间，D 是去耦机工作时间。在脉冲激发前一段时间 D，去耦器开启，产生欧沃豪斯效应，因为欧沃豪斯效应的存在将受自旋-晶格弛豫时间的控制，所以当观察脉冲到来，去耦器关闭时，它仍将持续下去，因此在信号获取时间内接收到的信号是耦合的波谱（因为这时去耦器已关闭）但保留有欧沃豪斯效应，去耦器的开启和关闭由计算机控制。

门去耦技术主要有以下用途：

1. 在质子谱中测同核欧沃豪斯增强

常规的 ^{13}C 磁共振波谱是保留耦合而没有 NOE，而门去耦得到的质子谱是保留耦合，且有 NOE，二者相减，则得到 NOE。

W. A. Gibbons 用这种方法得到 NOE 差谱，用来研究短杆菌酪肽（Tyrocidin），照射

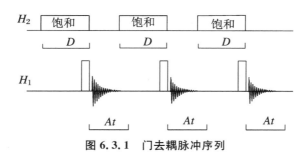

图 6.3.1 门去耦脉冲序列

$O_\gamma N^2$ 的—NH 质子引起的 Val-NH 质子的欧沃豪斯增强,用同核门去耦方式得到保留耦合且有 NOE 的谱。这里 D 取 2 s。将去耦器频率设在距离 $O_\gamma N^2$—NH 质子共振峰 300 Hz 以外,得到保留耦合且没有 NOE 的谱(这样做的目的是为了使对照谱有大体同样的 Bloch-Siegert 位移)。二者的差即为 NOE。

2. 在 ^{13}C 谱中得到既有耦合作用又有 NOE 增强的波谱

质子噪声去耦方法可得到 ^{13}C 信号增强,但不包含任何耦合信息。而不去耦所得的谱虽然包含耦合信息但因为没有 NOE 增强,信号太弱,所以用门去耦方法得到的谱正好弥补二者的不足。

图 6.3.2 是正戊醇 $C_5H_{11}OH$ 的 ^{13}C 谱。其中图(a)为没有去耦的 ^{13}C 谱;图(b)为门去耦 ^{13}C 谱。显然,门去耦使 ^{13}C 信号强度大大增强,增强因子大约为 3 倍。在化学位移 43 处的强峰为溶剂 d_6-DMSO 的七重峰。

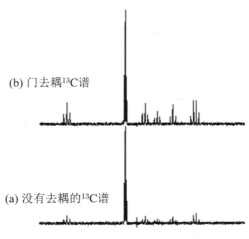

(b)门去耦 ^{13}C 谱

(a) 没有去耦的 ^{13}C 谱

图 6.3.2 正戊醇 $C_5H_{11}OH$ 的 ^{13}C 谱

3. 用来消除波谱中不需要的峰

例如可用来抑制溶剂峰。

6.3.2 反门去耦

反门去耦与门去耦工作的方式正好相反,图 6.3.3 为反门去耦中使用的脉冲序列。

H_1 是观察用的射频场,H_2 是去耦用的射频场,At 是信号获取时间,也是接收机工作时

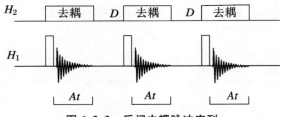

图 6.3.3　反门去耦脉冲序列

间，D 是去耦器关闭时间。

在脉冲激发之前去耦器关闭一个相当时间，以保证系统处于平衡状态，脉冲发射以及信号获取时间内去耦器打开，因此得到去耦的波谱，但没有 NOE。

反门去耦主要用于测量异核欧沃豪斯增强。

质子噪声去耦核磁共振谱是去耦而有 NOE 的谱，而反门去耦的谱是去耦而没有 NOE 的谱，二者相减可以得到$^{13}C\{^1H\}$的 NOE。

图 6.3.4 是正戊醇的^{13}C核磁共振波谱，其中图（a）是用正常的质子噪声去耦得到的谱；图（b）是用反门去耦得到的谱；图（c）是图（a）减去图（b）得到的 NOE 差谱。

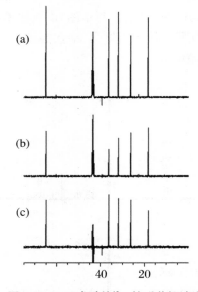

图 6.3.4　正戊醇的^{13}C核磁共振波谱

6.4　组合脉冲去耦

观测^{13}C信号时，质子去耦效率对于获得高分辨 NMR 是至关重要的。为了有效地去掉质子对^{13}C的耦合，质子去耦场必须覆盖足够宽的频率范围。早期的噪声调制去耦早已被人们所接受。然而,随着高磁场谱仪的引入,共振频率升高,相应的质子共振的范围也加宽,这样就对质子去耦提出了新的要求,即要求去耦场的频率覆盖范围较宽。

宽带去耦的理想特征具有如下几点:

(1) 对于给定的 rf 功率,具有较宽的有效的去耦宽带。

(2) 剩余分裂(剩余 J 耦合分裂)相对于观测核的线宽较小。

(3) 对脉冲长度的小的误差及去耦场的非均匀性不敏感。

(4) 只有低强度的周期性的边带。

(5) 对 rf 通道的相位的小的误差不敏感。

(6) 编程简单。

下面介绍 3 个简单的组合脉冲:

$$R_1 = 90°(x)240°(y)90°(x)$$
$$R_2 = 90°(x)180°(y)90°(x)$$
$$R_3 = 90°(x)180°(-x)270°(x)$$

这 3 个组合脉冲都可使磁化矢量在较宽的频率范围翻转 $180°$。而组合去耦脉冲就是将上述 3 个组合脉冲通过循环或超循环构成的。

下面介绍 3 种组合去耦脉冲:MLEV-16,WALTZ-16,GARP。在这 3 个组合去耦脉冲中,WALTZ-16 对射频场的不均匀性最不敏感,而 GARP 则具有最宽的去耦带宽。通常,MLEV-16 用于二维同核 TOCSY 序列;WALTZ-16 用于质子去耦;而 GARP 则用于对^{15}N 和^{13}C 核的去耦。

6.4.1 MLEV 组合脉冲

较早出现的组合脉冲叫作 MLEV-4,是由 4 个 R ($R = R_1, R_2$ 或 R_3)组合脉冲组合而成。即

$$\text{MLEV-4} = RR\overline{R}\,\overline{R}$$

$\overline{R}$ 是沿与 R 相反方向旋转的组合 $180°$ 脉冲,如将 R_1 中各脉冲的相位变为反方向,就变成了 $\overline{R}_1$,即

$$\overline{R}_1 = 90°(-x)240°(-y)90°(-x)$$

将 MLEV-4 重复使用,就能做到宽带质子去耦。在 Varian CFT-20 谱仪上的实验表明,MLEV-4 具有 3 kHz 的去耦带宽(M. H. Levctt, R. Freeman, T. Frenkiel, J. M. R. 1982,50:157)。

将 MLEV-4 中的 4 个组合脉冲的第一个移到最后,然后再继续移动,就形成了 MLEV-16 组合去耦脉冲,即

$$\text{MLEV-16} = RR\overline{R}\,\overline{R}\,\overline{R}RR\overline{R}\,\overline{R}\,\overline{R}RR RR\overline{R}\,\overline{R}$$

MLEV-16 比 MLEV-4 具有更宽的去耦带宽。

进一步组合可形成超循环 MLEV-64,

$$\text{MLEV-64} = R R \bar{R} \bar{R} R R \bar{R} \bar{R} R R \bar{R} \bar{R} R R \bar{R}$$

$$\bar{R} R R \bar{R} \bar{R} R R \bar{R} R R \bar{R} \bar{R} R R$$

$$\bar{R} \bar{R} R R \bar{R} \bar{R} R R \bar{R} R R \bar{R} \bar{R} R R$$

$$\bar{R} \bar{R} R R \bar{R} \bar{R} R R \bar{R} R R \bar{R} \bar{R} R R$$

当 $R = 90°(x)180°(y)90°(x)$ 时，MLEV-64 具有较好的去耦能力。

6.4.2 WALTZ-16

目前组合去耦脉冲用得较为广泛的是 WALTZ-16（A. J. Shaka，J. Keeler，R. Feeman J. Magn. Reson，1983，53：313）。WALTZ-16 由组合 Q 脉冲组成，

$$\text{WALTZ-16} = Q \bar{Q} \bar{Q} Q$$

其中

$$Q = \bar{3} 4 \bar{2} 3 \bar{1} 2 \bar{4} 2 3$$

数字表示 90°脉冲的倍数，如

$$4 \rightarrow 4 \times 90°(x), \quad \bar{4} \rightarrow 4 \times 90°(-x)$$

即 4、$\bar{4}$ 分别表示沿 x 和 $-x$ 方向的 360°脉冲。

WALTZ-16 不仅比 MLEV-64 具有较宽的去耦带宽，而且能克服去耦射频场不均匀性的影响。

6.4.3 GARP

GARP 去耦序列为

$$\text{GARP} = R R \bar{R} \bar{R}$$

其中 R 为一串旋转角度不同的脉冲，

$$R = 30.5 \, \overline{55.2} \, 257.8 \, \overline{268.3} \, 69.3 \, \overline{62.2} \, 85.0 \, \overline{91.8} \, 134.5$$

$$\overline{256.1} \, 66.4 \, \overline{45.9} \, 25.5 \, \overline{72.7} \, 119.5 \, \overline{138.2} \, 258.4$$

$$\overline{64.9} \, 70.9 \, \overline{77.2} \, 98.2 \, \overline{133.6} \, 255.9 \, \overline{65.5} \, 53.4$$

R 中的数字表示脉冲的旋转角，单位为度，其上面有横线的表示相移 180°。在这三种去耦序列 MLEV-16、WALTZ-16 和 GARP 中，GARP 去耦序列具有最宽的去耦带宽，因此 GARP 被广泛应用于对碳核的去耦。

第7章　仪器和实验方法

7.1　样品的准备

7.1.1　样品的浓度

常规[1]H-NMR 和[13]C-NMR 谱一般使用 5 mm 直径的样品管,溶液体积大约 0.4 mL。对于一些特殊的样品如浓度极低的天然产物,可能要用到一些的特殊的样品管,样品的浓度和体积也不一样。在样品管中溶液的高度应适当:溶液若超过一定高度,超过部分将会接收不到发射线圈发射的射频,造成样品浪费;若太低则样品中由于旋转产生的涡流将会影响仪器的分辨率,匀场效果差,造成谱图质量不好。

由于核磁共振实验固有的低灵敏度,所以它需要比一般红外、紫外实验更大的样品量,这往往成为核磁共振技术在生物学中应用的一个关键问题,甚至成为使用限制瓶颈。

对于质子磁共振波谱,样品浓度一般在 $10^{-2} \sim 10^{-4}$ mol·L^{-1}。在现代傅里叶变换谱仪中通过多次波谱累加可以降低对最低浓度的要求,只要时间足够,原则上对于一个分子量为20000 的蛋白质,可以很容易得到 1~3 mg 样品的[1]H 核磁共振波谱。用一些其他措施也可以减小样品体积。图 7.1.1 中 A 是普通样品管,B 为加一塞子阻止涡流产生,C 为用两个塞子减少样品体积,D 为用一个同轴毛细管放外参考物质。在样品管中所加的塞子必须与样品有相同的磁化率以免影响磁场的均匀性。这种方法可使样品量减少 30%,对于生物样品是很有价值的。

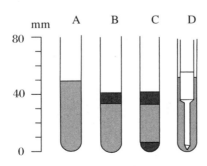

图 7.1.1　减少样品体积的方法

对于^{13}C谱来说,由于^{13}C更低的灵敏度,样品浓度的最低限度是10^{-2} mol·L^{-1}。对于一个分子量为20000的蛋白质,使用10 mm直径的样品管,样品体积是1.5 mL,则需要大约300 mg的样品,对于这种较大的样品管,通常都要用一个塞子来防止涡流的产生。

7.1.2 溶剂

一种理想的溶剂必须满足以下条件:

(1) 样品在其中有高溶解度。

(2) 在我们所感兴趣的波谱范围内没有溶剂峰。

(3) 在做变温实验的温度范围内保持液体状态。

表7.1.1是核磁共振实验中一些常用的溶剂以及其电常数、液体范围和化学位移。为了减少溶剂峰的干扰,通常使用一些氘代溶剂。当然,在此情况下仍有一些残存的质子峰,这取决于氘代溶剂的氘代率。氘代溶剂的另一个用途在于现代傅里叶变换核磁共振谱仪都采用氘核内锁稳定磁场,它可以起到场频联锁的作用。这其中氘代氯仿是一种较理想的溶剂,它既适合于^{1}H谱测定,也适合于^{13}C谱检测。氘代氯仿在整个质子谱范围内透明,再加上化学性质惰性,价格便宜,所以成为最常用的氘代溶剂。

表 7.1.1 核磁共振实验中一些常用的溶剂

溶剂名称	缩写	分子式	分子量	熔点(℃)	沸点(℃)	δ(^{1}H)	δ(^{13}C)
乙酸		$C_2H_4O_2$	60.0	16.7	117.9	2.1	21.1,177.3
丙酮	AC	C_3H_6O	58.1	−94.7	56.3	2.2	20.2,205.1
乙腈	AN	C_2H_3N	41.0	−44	81.6	2.0	0.3,117.2
苯*		C_6H_6	78.1	5.5	80.1	7.4	128.7
特-丁醇	t-BuOH	$C_4H_{10}O$	74.1	25.5	82.2	1.3	31.6,68.7
二硫化碳	CS_2		76.1	−111.6	46.2		192.8
四氯化碳*		CCl_4	153.8	−23	76.7		96.7
氯仿*		$CHCl_3$	119.4	−63.5	61.1	7.3	77.7
环己烷		C_6H_{12}	84.2	6.6	80.7	1.4	27.8
环戊烷		C_5H_{10}	70.1	−93.8	49.3	1.5	26.5
萘烷		$C_{10}H_{18}$	138.2	−43	191.7	0.9~1.8	24~44
二溴代甲烷		CH_2Br_2	173.8	−52.6	97.0	5.0	21.6
邻-二氯苯*	ODCB	$C_6H_4Cl_2$	147.0	−17	180.5	7.0~7.4	128~133
乙醚		$C_4H_{10}O$	74.1	−116.2	34.5	1.2,3.5	17.1,67.4
1,2-二氯乙烷		$C_2H_4Cl_2$	99.0	−35.7	83.5	3.7	51.7
1,2-二氯乙烯 Z		$C_2H_2Cl_2$	96.9	−80.0	60.6	6.4	119.3
1,2-二氯乙烯 E		$C_2H_2Cl_2$	96.9	−49.8	47.7	6.3	121.1
1,1-二氯乙烯		C_2H_2Cl	96.9	−122.6	31.6	5.5	115.5,128.9

续表

溶剂名称	缩写	分子式	分子量	熔点(℃)	沸点(℃)	$\delta(^1H)$	$\delta(^{13}C)$
二氯甲烷		CH_2Cl_2	84.9	-95.1	39.8	5.3	54.2
二甲氧基甲烷		$C_3H_8O_2$	76.1	-105.2	42.3	3.2,4.4	54.8,97.9
二甲基乙酰胺	DMA	C_4H_9NO	87.1	-20.0	166.1	2.1,3	34,169.6
二甲基碳酸盐*		$C_3H_6O_3$	90.1	3	90.5	3.65	54.8,156.9
二甲基醚		C_2H_6O	46.1	-139	-24		59.4
N,N-二甲基甲酰胺	DMF	C_3H_7NO	73.1	-60.4	153.0	2.9,8.0	31,161.7
二甲基亚砜	DMSO	C_2H_6SO	78.4	18.5	189.0	2.6	43.5
二氧杂环乙烷*	D	$C_4H_8O_2$	88.1	11.8	101.3	3.7	67.8
乙醇	EtOH	C_2H_5O	46.1	-114.1	78.3	1.2,3.7	17.9,57.3
乙酸乙酯		$C_4H_8O_2$	88.1	-83.9	77.1	1.2,4.1	14.3,60.1,170.4
碳酸乙烯酯	EC	$C_3H_4O_3$	88.1	36.4	238	4.4	65.0,155.8
氟利昂12		CF_2Cl_2	120.9	-158	-20.8		
氟利昂22		$CHClF_2$	86.5	-146	-40.8		
甲酰胺	F	CH_3ON	45.0	2.6	27.5	7.2,8.1	165.1
六氯丙酮		C_3Cl_6O	264.8	-30	203		123.7,126.4
六氟二氯丙烷		$C_3F_6Cl_{12}$	220.9	-136	35		
六甲基氨基磷酸盐	HMPT	$C_6H_8N_3PO$	179.2	7.2	233	2.4,2.6	36.6
甲醇	MeOH	CH_4O	32.0	-97.7	64.7	3.5	49.3
甲基氯化物		CH_3Cl	50.5	-97.7	64.7		25.1
吗啉		C_4H_9NO	87.1	-3.1	128.9	2.6,3.9	46.8,68.9
硝基甲烷		CH_3NO_2	61.0	-28.5	101.2	4.3	57.3
吡啶		C_5H_5N	79.1	-41.6	115.3	7.1~8.8	124~150
喹啉		C_9H_7N	129.2	-14.9	237.1	7~8.8	121~151
二氧化硫		SO_2	64.1	-72.9	-7.0		
2,2-四氯乙烷		$C_2H_2Cl_4$	167.8	-43.8	146.2	6.0	74.0
四氯乙烯		C_2Cl_4	165.8	-22.3	121.2		120.4
四氢呋喃	THF	C_4H_8O	72.1	-66	66.0	1.8,3.7	26.7,68.6
四甲基脲	TMU	$C_5H_{12}N_2O$	116.2	-1.2	176.5	2.8	38.5,165.6
甲苯		C_7H_8	92.1	-94.9	17.6	2.3,7.2	21.3,125
三氯乙烯		C_2HCl_3	131.4	-73	87.2	6.4	116.7,124.0
水		H_2O	18.02	0	100	4.8	

对于高温实验,温度一般不超过 140 ℃,可用 1,1,2,2-四氯乙烷作为试剂,它的溶剂性质类似于氯仿,其他有用的溶剂有硝基苯和 1,2,4-三氯苯。在变温实验中常用氘代二甲亚砜,它的缺点是实验后不易从样品中除去。

对于低温实验,二氯甲烷、乙醇、丙酮可用于低至 −100 ℃ 的实验,四氢呋喃-二硫化碳混合物可用于低至 −15 ℃ 左右的实验。

在生物样品的核磁实验中人们最感兴趣的是用水作为溶剂,因为生物样品大多数是水溶性的,样品在水溶液中进行研究也最接近于其生理环境。但由于溶剂水的摩尔浓度(55.56 M)往往是生物样品浓度的几万甚至上百万倍,这么强的水峰信号会起到极大的干扰作用,所以在很多情况下,实验在纯重水(D_2O)中进行,重水的酸碱度可用玻璃电极测量,然后按下式校正:

$$pD = pH + 0.40$$

然而,在 D_2O 中生物大分子中许多易交换的质子(如—OH,—NH_2)都被 D_2O 中的 D 所取代了,这就失去了许多有用的信息,为此人们开发出了许多抑制水峰的技术,使得实验信号可以在 H_2O 中采集。

有些生物分子如许多多肽样品在水中溶解度很低,它们在生理条件下有可能是处于非水环境,为了模拟这种生理条件,核磁实验也常在各种不同的溶剂中进行。其中用得比较多的是氘代二甲亚枫($DMSO-D_6$)、三氯乙酸、甲醇、三氟乙醇等。

7.1.3 除氧

在高分辨结构和弛豫研究中除氧是极为重要的,因为溶解在溶液中的分子氧具有顺磁性,它会极大地减少弛豫时间,因此必须将氧除去。除氧的方法通常有两种:一种叫冰冻-抽真空-融化,即把样品放在 NMR 样品管内冰冻,然后抽真空,融化,重复上述过程四次,最后在真空中将管口封住;另一种方法是将氮气、氦气或氩气强迫通过整个样品体积把氧赶走,这样做的效果可通过测已知 T_1 的化合物的弛豫时间加以检验。

7.1.4 生物样品的制备

常见的应用核磁共振进行研究的生物样品包括多肽、可溶性蛋白质、膜蛋白、固态蛋白质样品、多糖、DNA 和 RNA 及其复合物。这些样品根据它们的分子量大小以及检测的内容和目的,其制备方式也各不相同。这里只对可溶性多肽和蛋白质样品的制备进行一些简单的介绍。

生物样品一般都要溶解于特定的缓冲溶液中,才能保证其稳定性,也使体系更接近于其生理状态。缓冲体系的成分首先要保证蛋白质或者多肽的稳定以及较高的溶解度,蛋白质的浓度通常要求有数毫摩尔每升,小分子量蛋白质的浓度最好在 5 mmol·L^{-1} 以上,大分子量蛋白质至少也要有 1 mmol·L^{-1}。当然,随着高场磁体和超低温探头技术的不断更新应用,谱仪检测的灵敏度不断提升,对样品浓度要求也逐步降低。其次要考虑缓冲液中其他成分对蛋白质谱图的干扰,在这方面磷酸盐缓冲体系最实用。其他的如 Tris 或乙酸等有机成分由于本身也有 CH 质子,其化学位移与蛋白质中的 CH 相近,因而有干扰,特别是缓冲液浓度较蛋白质高出很多时干扰更严重。如果要记同核谱图,最好能用氘代 Tris 和乙酸等作为缓冲体系;做异核试验时影响相对小一些,但其他有机成分,也应控制在数十毫摩尔每升内。无机盐浓度不宜大于数百毫摩尔每升,否则会影响核磁谱仪探头的调谐。在样品溶液中不能有重金属离子污染,因有顺磁性会降低核磁信号的强度和分辨率,必要时可在透析液中加 EDTA 等除去。

对于分子量在 10 kDa 以下的蛋白质,一般通过收集一系列的同核两维谱图即可对蛋白进行全序列指认,进而获得谱峰数据和距离约束数据,因此这些蛋白质就不需要进行稳定同位素标记。对于分子量较大的蛋白质,共振峰的重叠和谱线增宽的问题比较严重,蛋白质的谱峰指认一般需要用到 3D 和 4D 等多维谱图,这时的蛋白质就需要进行 ^{13}C、^{15}N 甚至 ^2H 和甲基选择性标记,具体的同位素标记要求及实验策略可见表 7.1.2。

表 7.1.2　不同分子量大小蛋白质的同位素标记要求及实验策略

蛋白质分子量	同位素标记策略	谱峰指认谱图
≤8~10 kDa	非标记	COSY,TOCSY 等同核二维谱
8~25 kDa	^{13}C 和 ^{15}N 标记	三共振实验
≥25 kDa	^{13}C、^{15}N 和 ^2H,选择性标记,甲基反标	TROSY,^2H 去耦等版本三共振实验

7.2　核磁共振谱仪

7.2.1　核磁共振谱仪的主要性能指标

衡量核磁共振波谱仪性能的最主要指标有以下三个:分辨率、频率(磁场)稳定性和检测灵敏度,下面将分别予以讨论。

1. 分辨率

谱仪的分辨率被定义为:能区分两个接近的共振峰的能力。和一般光谱仪不一样,它不是由能区分的最小频率间距 $|\nu_1 - \nu_2|$ 表示,因为 $|\nu_1 - \nu_2|$ 与仪器的频率有关,250 MHz 的谱仪可以区分的频率间距自然大于 60 MHz 的谱仪。核磁共振谱仪的分辨率受到谱线宽度的限制,谱线不是无限窄的,它有一定的宽度,$\Delta\nu_{1/2}^*$ 是表观线宽,它由共振峰半高处的宽度表示。$\Delta\nu_{1/2}^*$ 不仅取决于弛豫过程,而且取决于仪器本身,因此定义仪器的分辨率为 $\Delta\nu_{1/2}^*$。

在质子核磁共振谱中对分辨率的标准测定方法是用 10%(V/V)的邻二氟苯的四氯化碳溶液放在 5 mm 直径的样品管中,所得到的 $AA'BB'$ 类型的波谱如图 7.2.1 所示,波谱由 24 条谱线组成,分为左右对称的两个半叶(图中仅左半叶),其中第 3 和第 4,第 5 和第 6,第 9 和第 10 都很接近。通过调整匀场线圈,使这些谱线尽可能分开,在此情况下,测定左起第三条谱线的线宽。目前作为商品生产的谱仪,分辨率的范围在 0.1~0.5 Hz。

有时仅仅用最小线宽还不足以表征分辨率,特别是所观察的两个峰高度相差甚大时,这时分辨率在很大程度上受到强峰接近基线处形状的影响。这时还要进行一种波峰检验

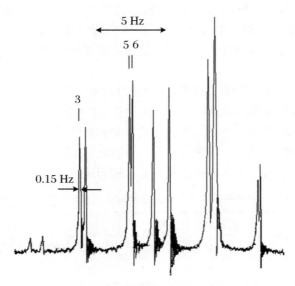

图 7.2.1　邻二氟苯的四氯化碳溶液的 NMR 谱

(Hump Test)，样品为 10% 的 $CHCl_3$ 的四氯化碳溶液，测量其质子信号高度的 0.5% 处谱线的宽度，也就是在 ^{13}C 卫星线高度处谱线的宽度。所谓 ^{13}C 卫星线是指与 ^{13}C 相耦合的质子产生的谱线，^{13}C 的天然丰度只有 1.1%，与 ^{13}C 相耦合的质子，只占样品中质子的 1.1%，分为两条后，每个小峰的高度只是大峰高度的 0.5%。在目前大多数谱仪中，这个宽度的范围是 7～15 Hz，比理论上的预期更大。如果半高处线宽是 0.1～0.5 Hz，那么按洛伦兹线型预期此宽度应为 2～7 Hz。在图 7.2.2(a) 中，a_1，a_2 是 ^{13}C 卫星线，r 是旋转边带，二者可以通过改变样品管旋转速度来区分：^{13}C 卫星线位置不随旋转速度改变，旋转边带位置随旋转速度改变。图 (a) 中的旋转速度是 54 Hz，图 (b) 中的旋转速度是 29 Hz。

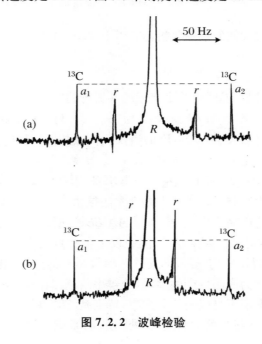

图 7.2.2　波峰检验

2. 频率的稳定性

频率稳定性与波谱的重复性相联系,频率稳定性一般以间隔 5 min 的 5 次连续扫描的平均偏差,或者相隔 1 h 的两次连续扫描的偏差来衡量。频率稳定性主要取决于磁场稳定性,大多数谱仪装备具有场频稳定装置,稳定性大约是 0.1 Hz/h。

分辨率稳定性指线宽随时间变大的速度,大多数谱仪的这个值为 0.5 Hz/h。

3. 灵敏度

灵敏度是指谱仪能够测量出弱信号的能力。核磁共振谱仪的灵敏度不仅受到放大器增益的限制,而且受到电子线路中随机噪声的限制,如果弱信号和噪声振幅大小相同,则弱信号就不能检测出来。

灵敏度以信噪比表示

$$S/N = 2.5H/h$$

其中 H 是信号高度,h 是噪声振幅的峰-峰值。h 值除以 2.5 的原因是:按照噪声理论,噪声振幅的峰值是无意义的,只有均方根噪声才有意义,二者之间的转化因子在核磁共振中选为 2.5。

对于 ^{1}H-NMR,S/N 测量的标准条件是:把仪器调到最佳灵敏度条件下,由 1%(V/V) 的乙基苯的四氯化碳溶液,放在 5 mm 直径的样品管中,扫描一次测量乙基苯 $C_6H_5CH_2$—CH_3 的次甲基—CH_2—的四重峰中两个最强的峰的峰高和噪声的峰-峰值。如图 7.2.3 所示。现代谱仪灵敏度范围为 20～300 或更高。

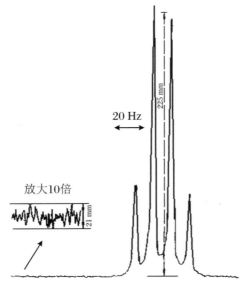

图 7.2.3　^{1}H 共振灵敏度测量

对于 ^{13}C-NMR,S/N 的测量用 90%的乙基苯的四氯化碳溶液,放在 10 mm 样品管中,用质子噪声去耦,一次扫描,测量苯环邻位碳原子的峰高及噪声的峰-峰值,如图 7.2.4 所示,

$$S/N = 2.5H/h = 2.5 \times \frac{140}{16/8} = 175$$

这样得到的信噪比一般和质子同数量级。

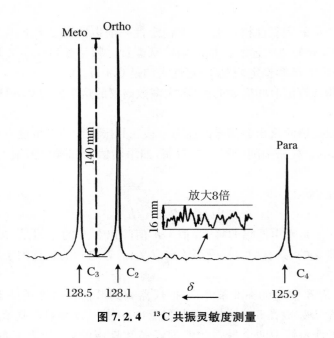

图 7.2.4 ^{13}C 共振灵敏度测量

7.2.2 脉冲傅里叶变换核磁共振谱仪

核磁共振波谱仪是实现核磁共振实验的设备,现代的脉冲傅里叶变换核磁共振波谱仪的原理和基本组成如图 7.2.5 所示。脉冲傅里叶变换谱仪是在早期连续波核磁共振谱仪的基础上发展起来的,它除有连续波谱仪所具有的各个部分外(如磁体、射频源、探头和放大器等),还有一个脉冲程序发生器及一个数据获取和处理的系统,其发射线路和接收线路也改进成适合于脉冲的要求。下面分别对各个部件及其特性进行介绍。

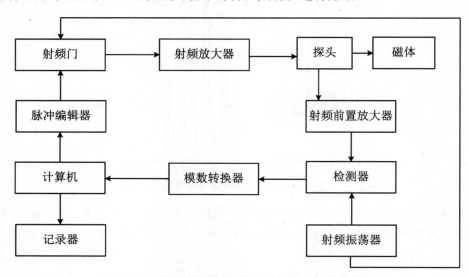

图 7.2.5 脉冲傅里叶变换核磁共振波谱仪的原理图

7.2.2.1　谱仪磁体

1. 谱仪磁体的特性

磁体是形成磁场的来源。核磁共振实验要想获得理想可靠的实验数据,就要求核磁谱仪的磁体具有高强度、高均匀度、高稳定度、磁场高屏蔽性等特点。具体来说,理想的核磁共振谱仪的磁体应该具备以下特征:

① 磁场强度高,以获得尽可能高的灵敏度和分辨率。随着尖端超导线圈技术的应用,磁场强度最高已经可以达到 1.2 GHz。

② 独特的接合技术,可以实现最低的磁场漂移以及出色的磁场稳定性。

③ 先进的匀场技术支持获得最高的磁场均匀性。

④ 外部干扰抑制机制(EDS)以及气垫减震技术可以消除掉最高 99% 的外部磁场和震动干扰。

⑤ 真空绝热材料和技术的应用,可以保证优异的热效率,大幅度降低液氮、液氦等制冷剂的消耗,节省谱仪维护成本。

⑥ 采用先进的超导线圈和超屏蔽技术,能设计出更小更紧凑的磁体,从而显著减小谱仪的物理尺寸和磁场杂散场。

(1) 高磁场强度

由于化学位移和磁场强度成正比,所以用高磁场强度可以提高仪器分辨相邻谱线的能力,使波谱得以简化。这点在生物大分子的研究中特别有意义,由于生物大分子分子量大,组成复杂,波谱信号往往重叠严重,利用强磁场就有可能将一些原来重叠的谱峰分开。与此同时,由于信号的大小与 H_0^2 成正比,而噪声的均方根与 $H_0^{1/2}$ 成正比,所以信噪比 S/N 与 $H_0^{3/2}$ 成比例,因此当磁场强度增加时谱仪的灵敏度也随着增加。早期的谱仪频率,如 60 MHz 增加到 90~100 MHz 后,仪器灵敏度增加了 1.8~2.2 倍,当仪器由 100 MHz 增加到 250~400 MHz 时灵敏度增加 4~8 倍。由信号累加记录到同样大小的信号所需的时间是原来的百分之一(甚至更少)。随着设计思想、材料和工艺的不断进步,目前新型超导核磁谱仪的磁场强度在不断地提高,这些谱仪与早期的谱仪相比信噪比有了极大的提高。应用于结构生物学研究中的核磁共振技术,目前比较常用的谱仪有 600 MHz、800 MHz 和 900 MHz 等,这些谱仪常混合搭配使用。

2020 年全球首台 1.2 GHz 超高场强核磁共振系统成功投入商业应用,标志着稳定的超高磁场磁体的设计和制造技术达到了一个新的高度。布鲁克公司推出的 1.2 GHz 核磁共振磁体采用了全新的混合设计,其内部为先进的高温超导体(HTS),外部为低温超导体(LTS)。Ascend™1.2 GHz 磁体是一种稳定的标准孔径(54 mm)磁体,可以满足高分辨率液体和固态核磁共振的要求。

(2) 高均匀度

由公式 $\omega_0 = \gamma_N H_0$ 可知,在 100 MHz 的谱仪中,假如磁场变化 $10^{-9}H_0$,就会使频率变化 0.1 Hz,所失去的分辨率就等于或超过谱线的自然线宽。磁场的变化可以是由磁场随时间的漂移或空间的不均匀性造成的。为了获得高分辨率的核磁信号就要求磁场均匀而且稳定。

在实际的核磁共振谱仪中,使用匀场线圈可以使在样品范围内磁场强度的波动减少到 $10^{-6} \sim 10^{-9}$ 范围,其原理如下:

设不均匀磁场 H 可按坐标 x,y,z 展开成多项式,现只限于二次项。

$$H_z = H_0 + a_1x + a_2y + a_3z + a_4x^2 + a_5y^2 + a_6z^2 + a_7xy + a_8yz + a_9xz + \cdots$$

用固定在磁体内的均匀线圈来补偿磁场的不均匀度,每个线圈由一个直流电位计控制,通过加在每个线圈上的直流电位形成的磁场抵消上述展开式中的各项,最终达到使样品中心附近一个小体积的磁场 H 保持恒定为 H_0 值。通过匀场线圈调整可使分辨率在 1 Hz 以内。

要进一步提高分辨率,所采取的另一个措施是:利用空气涡轮使探头中的样品管绕其自身的轴旋转,以平均垂直于转轴平面中的磁场梯度。在超导磁体中样品绕平行于磁体垂直方向的 z 轴旋转,因此在这个方向上的磁场不均匀度必须仔细加以校正直至 4 次方(z,z^2,z^3,z^4)。

显然对于小的样品管,均匀度容易取得。当样品管直径从 5 mm 变为 10 mm 时,分辨率会从 0.2 Hz 降低到 0.5 Hz,目前使用的最大的样品管直径限于 15～20 mm。

样品旋转虽然可以提高谱图的分辨率,但会导致旋转边带的产生。在非均匀磁场中,样品旋转可以看作一个调制磁场,按照一般调制理论,在这样的调制场下,任何谱线必伴有弱的等距离的位移为 $\pm n\nu_s$ 的边带出现,随着转速的不同,边带的位置也不同,这是旋转边带与任何真实信号的主要区别。另外,样品旋转也不能太快,太快了会在样品溶液中产生涡流。通常旋转速度控制在 20～50 Hz,边带峰强度小于主峰的 1%～2%(对 5～10 mm 直径的样品管而言)。

(3) 高稳定性

在高分辨率核磁共振谱仪中,磁场的稳定问题同磁场的均匀问题一样重要。现代的高场谱仪的磁体都带有超屏蔽功能,磁场的稳定性非常高,磁场的漂移能达到<1 Hz/h。当然,这个漂移对实验结果还是有影响的,对于现代超导磁体而言,主要是利用氘代试剂中的氘的核磁共振信号进行场频联锁,以消除磁场衰减造成的频率漂移对实验结果的影响。

场频联锁的原理如图 7.2.6 所示。将接收机的相敏检波器调整在接收色散信号的模式,如果场/频比值精确满足共振条件,则检波器检出零电压。一旦由于磁场波动 ΔH_0,使场/频比值偏离共振条件,则产生正比于 ΔH_0 的误差电压 ΔV。这一电压经放大后又反馈回去,即会产生一个相反的磁场 $-\Delta H_0$,从而使磁场强度得以稳定。

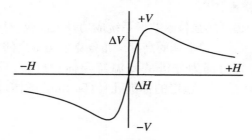

图 7.2.6　场频联锁

锁场的具体方式是将产生锁定信号的化合物(主要是重水或氘代溶剂)与样品混合,同存于样品管中,或被封于样品管中一个独立的毛细管内。

(4) 高屏蔽性

高场谱仪磁体周边的残余磁场对磁体本身、磁体周边人员及设施和实验结果的影响都不可忽视。另外,外部磁场对磁体的干扰都是严重影响实验数据可靠性的重要因素。现代谱仪的磁体都设计有主动屏蔽系统,该屏蔽系统能大幅度降低磁体周边特别是磁体周边横向的杂散场。

通过主动屏蔽将杂散场最小化,能显著降低对实验室楼层高度的要求,这对于需要放置在空间受限的实验室中的 NMR 系统是一个关键的优势。这样可使磁体尺寸和重量更小,运输和安装更加方便,安装和维护成本也更低。

通常情况下,磁体附近 5 mT(50 Gs)以内的区域,铁磁性的物质就能对磁体的安全产生很大的影响,磁场超过 1 mT(10 Gs)的区域会对包括手机、银行卡等磁存储设备造成永久性破坏,超过 0.5 mT(5 Gs)的磁场会对人体内的诸如心脏起搏器、人工关节以及胰岛素缓释泵等人工器件的工作产生严重的干扰,甚至带来危险。

一般来说,在磁体 5 Gs 线以外,磁体的杂散场强对外界的人员和设备都不会有显著的损害,而外界也不会对磁场产生干扰。所以,几乎所有的磁体都会明确标注其 5 Gs 线的范围。图 7.2.7 和表 7.2.1 给出了布鲁克 700 兆标准腔磁体的杂散场范围。

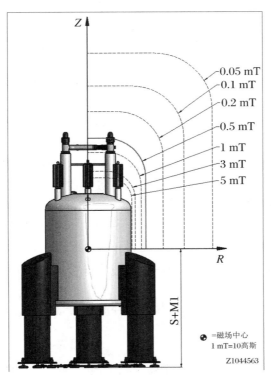

图 7.2.7　磁体边缘场图,以布鲁克 700 兆超屏蔽磁体为例(图由 Bruker Instruments 提供)

表 7.2.1　布鲁克 700 兆超屏蔽磁体离超导线圈径向和轴向磁场衰减情况

边缘场轮廓	径向/R	轴向/Z
5 mT	0.49 m	0.99 m
3 mT	0.52 m	1.09 m
1 mT	0.65 m	1.37 m

续表

边缘场轮廓	径向/R	轴向/Z
0.5 mT	0.80 m	1.60 m
0.2 mT	1.10 m	2.01 m
0.1 mT	1.42 m	2.42 m
0.05 mT(接近地球磁场强度)	1.87 m	2.95 m

(5) 磁体小型化

如今,市场上出现了紧凑型台面核磁谱仪,它不仅适用于测量材料的弛豫和扩散性能,还可以为合成化学和化学分析提供高分辨率光谱学信息。虽然它们的磁场和早期核磁共振谱仪的磁场一样低,但是它们具备高场谱仪所有的功能,它们的分析能力一点也不比高场谱仪差,而仪器价格和维护成本却低得多。这种紧凑型的小核磁谱仪可以在合成过程的化学工作台上使用,也可以用作控制化学和工艺过程的传感器。在紧凑型磁体的基础上甚至开发出了便携式核磁共振谱仪,这项技术主要应用于野外测井仪器。测井仪器是一种移动仪器,经常用于描述地层的流体和岩层特征油井的墙壁。

2. 谱仪磁体的种类

目前使用的磁体有三种:永磁体、电磁铁、超导磁体。下面分别予以介绍。

(1) 永磁体

60 MHz 的常规工作的谱仪和某些 90 MHz 的谱仪(如 Perkin-Elmerk-32 及 Varianem-390)使用永磁体。磁铁放在双层隔热层内,两隔热层间有一个空气夹层,在磁铁底部有一加热丝将此层空气加热。加热丝下有风扇使空气不断循环,温度控制在 35 ℃,精度为 ±0.001 ℃ · h^{-1}。有的永磁体(如日立)采用双层恒温,外层恒温在 30 ℃,里层恒温在 35 ℃。永磁体外包一金属箱作电场屏蔽,操作室也要求恒温。

永磁体的优点是在温度极稳定的条件下,产生一个非常稳定的磁场,稳定度达 1 Hz · h^{-1},对于常规工作甚至不需要场频联锁,操作简便;另外,永磁体充磁后就不需要通电,激磁产生磁场也没有发热问题,无需水冷却装置,比较经济,只需要消耗很小的功率(500 W),且结构简单,安装方便。

缺点是磁体间隙较小,限制了探头的尺寸和样品管的直径,从而也限制了多核及多维实验等许多功能。

(2) 电磁铁

电磁铁通常是由一个高度稳定的一个轭及两端两个磁极组成的。电磁铁的磁极的极面要有很高的均匀度和光洁度,并且需要严格平行,极面之间距离不能小于 3 cm。为了在 $0.1\sim0.5$ cm^3 的体积内产生均匀磁场,谱仪极面直径一般是 30 cm,也有的达 45 cm。此外,还要有足够的力学强度,以保证在 7~10 t 磁铁的压力下不变形。

电磁铁靠电流通过激磁线圈产生磁场,在此情况下会产生大量的热量,这一现象以及在高场下铁磁材料的饱和,限制了电磁铁的磁场强度不能超过 23 kg,另外磁铁要用大量蒸馏水来冷却。

电磁铁的功率消耗大约是 25 kW,水的消耗为 10~15 L · min^{-1},电磁铁的运行和维护成本很高。

（3）超导磁体

现代核磁共振谱仪主要采用的是超导磁体，它是由铌钛合金线绕成的螺线管组成的，螺线管浸在液氦中，如图 7.2.8 所示。氦气的沸点是 4 K，即 $-269 \, ℃$，而在此温度以下为液态。在此低温下，导线中流动的电流产生高强度的磁场，并且有高稳定度（$1 \, Hz \cdot h^{-1}$），与永磁体的稳定度数量级相同。由于超导体在低温下电阻为零，螺线管中电流可以连续不断地流动，不会产生热量，无需水冷却。超导磁体的重量和消耗的功率与永磁体相似。

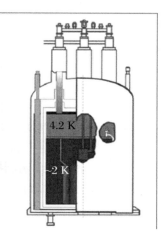

图 7.2.8　高分辨率核磁共振磁体的照片（左）和示意图（右）
磁体本身的实际超导绕组占磁体总空间的比例相对较小，而磁体的总空间主要由低温恒温器和真空容器决定，以维持约 2 K 的温度超导导线。图由 Bruker Instruments 提供。

超导磁体的最大问题是如何减少液氦的消耗。目前的磁体普遍使用双层杜瓦，螺线管置于液氦杜瓦中，而液氦杜瓦本身又置于充有液氮的杜瓦中，液氮杜瓦则由真空层与外界隔离。早期的超导核磁谱仪液氦消耗较快，如 Bruke WP-200 液氦消耗度达到 $0.04 \, L \cdot min^{-1}$，每 21 天就要充一次液氦。在这样的情况下超导磁体与电磁铁在经济上耗费大致相当。随着磁体设计的不断改进以及液氦的循环使用，目前的谱仪的液氦消耗已经大大减少，如布鲁克最新的 800 兆标准腔超屏蔽磁体，已经实现了六个月才充一次液氦。超导磁体维护时要注意，在补充液氦的过程中不要让空气进入磁体。空气进入磁体会引发液氦快速挥发，当部分超导线圈不再被液氦覆盖时，超导线圈的温度将会升高，从而产生连锁反应，进一步加剧液氦挥发，最终导致所有或大部分液氦在极短时间内发生剧烈气化，使超导磁体丧失磁性，发生所谓失超现象。另外，剧烈震动也会引发类似情况，所以超导磁体一般都悬浮在防震的空气垫上，这样做还可以减少大地震动给谱图带来的额外信号噪声。

核磁共振磁体是世界上最大的液氦消耗源之一，液氦的价格也因资源紧缺，一直在持续上涨。美国和俄罗斯一直是世界最主要的液氦生产国，中国是个贫氦资源国家，所需的液氦 99% 以上都依赖进口。居高不下的价格也使得卡塔尔、波兰等国开发其他替代液氦开采资源，但是也最终因为开发成本太高而不了了之。直到千年之交，美国在德克萨斯州的战略储备的释放才平抑了液氦价格疯涨的势头。

高昂的液氦价格也推动了许多液氦回收及无氦磁体技术的发展，包括更大容量和更高效的制冷机。如今，一些低场谱仪如成像磁体使用冷凝氦蒸汽的制冷机对挥发的氦气进行冷凝回收,从而在磁体的使用寿命内几乎不消耗液氦。

例如,ASG 超导公司利用在 20 K 温度下运行的二硼化镁超导体,为医学成像系统制造了一个 0.5 T 的磁体,该磁体完全不受低温影响。该系统证明了创建某些类型的未来 MRI 系统的可行性,该系统将完全独立于液体制冷剂,使该模式在制冷剂成本昂贵且可用性和运输受到严重限制的地区得以普及。

7.2.2.2　射频源

原则上一台核磁共振谱仪需要 3 个独立的射频场,一个用于观察,一个用于去耦,第三个用于锁场。现代的核磁共振谱仪都采用石英晶体振荡器作为基本频率源,它具有很高的频率稳定度,不加特殊措施,相对稳定度可达 $10^{-7} \sim 10^{-6}$,若予以精确恒温可达 $10^{-11} \sim 10^{-9}$,然后采用频率合成技术,集成以后可获得各种所需的不同频率。

射频线圈既是射频场作用到样品上的载体,也是检测微弱核磁信号的检测原件,可以说射频线圈是磁共振系统的透镜,很大程度上决定了核磁谱仪的性能。射频线圈被设计用于将电磁能量有效地传输到样品中,并用于高灵敏度信号检测。同样的线圈可能可用于发射 RF 脉冲和接收 NMR 信号,或者发射线圈和接收线圈也可以是单独的物理实体。射频线圈的几何复杂程度较高,从单频表面线圈到多频表面线圈等嵌套式体积谐振器以及包含 100 多个元件的接收阵列和最多 32 个元件的发射阵列。射频线圈的工作频率可以从检测地球磁场(拉莫尔频率)的 2 kHz 左右一直到脉冲场 NMR 的 2 GHz 左右以上。

7.2.2.3　脉冲发生器

得益于数字电子装置在控制、精确性、可重复性及稳定性方面的优点,现代核磁谱仪的脉冲发生装置有了极大进步,它能将数字信号迅速转化成模拟信号去激发样品,又能实时地将接收到的发射信号转化回数字信号进行分析处理,因此脉冲发生器经常被认为是核磁谱仪的"心脏"。目前新型的核磁谱仪可以提供最小脉冲宽度在几十微秒、脉冲间距为十几微秒的各种脉冲序列,特别适用于微秒级脉冲的需要。另外,脉宽精度可达 1%,脉冲宽度和脉冲间距独立可调,产生的脉冲可用来控制发射门输出射频信号,也可以作为触发信号控制其他设备,如示波器、模数转换器等。在频率方面,内置的晶体振荡器可以保证脉冲发生器的频率迁移范围约在 1×10^{-8}/年。

7.2.2.4　探头

探头是核磁共振谱仪的关键部分,它从超导磁体的底部置入磁体中心,从而把样品安置在磁极之间场强最均匀的位置。绝大多数探头都提供必要的装置使实验者可以精确调节和控制样品处的温度,从而将温度波动对磁场均匀性和核磁信号的化学位移造成的影响减到最小,并可以进行各种变温实验。探头中也提供使样品管旋转的空气涡轮,用以平均磁场在 x-y 平面的不均匀性从而提供更为理想的信号线宽。探头更为重要的性质是它具有可以激发和检测磁共振信号的线圈,除了用于最常见的 ^{1}H 自旋的线圈,根据需要探头还可用于 ^{13}C、^{15}N 或 ^{31}P 等异核自旋的额外线圈,以及一个在实验中用来补偿磁场迁移的氘锁场线圈。

早期核磁探头通常采用双线圈设计来分别进行磁共振信号的激发和检测。理想的双线圈探头中发射线圈和接收线圈的轴线应该严格正交,二者之间无直接耦合,而实际上两个线圈的轴很难做到严格垂直,线圈发出的射频场也不是严格沿着轴线的方向,因此在接收线圈中会产生漏感电动势。在 CW-NMR 谱仪中，由于发射与接收是同时进行的，所以这种漏感现象比较严重，甚至使接收机饱和而不能检测 NMR 谱。在脉冲谱仪中，由于发射和接收不是同时进行的，问题就不那么严重了。为了解决漏感问题，常用桨片调节，由于射频场的作用，在桨片上产生电流，这个感生电流在接收线圈中也产生漏磁通，适当调节桨片与两线圈的相对位置，可使发射线圈和桨片在接收线圈处各自产生的漏感相互抵消。

接收线圈绕在样品管外的玻璃管上，发射线圈轴线与样品管成直线。样品管位于特制的杜瓦管内，变温气体从底部注入，以实现变温。样品管顶部固定在旋转涡轮上，压缩空气从探头顶部小孔吹入，使涡轮连同样品管旋转。有时在探头内还放置观测通道和锁场通道的前置放大器。

双线圈探头的优点是：因为发射线圈与接收线圈是分开的，所以它们各自可设计到最佳，有较大的灵活性。另外，发射线圈在试样周围较大的空间内产生一个高度均匀的磁场。其缺点是需要消耗较大的射频功率。

目前在 FT-NMR 谱仪中普遍采用单线圈探头，发射与接收由同一线圈完成，探头结构大为简化，调节与使用方便。LC 谐振回路把射频功率耦合到样品上，又把 FID 信号耦合到接收系统上。

在探头中主要发生磁感应。在恒定磁场 H_0 和交变磁场 H_1 的作用下，样品中磁化强度矢量按 Bloch 方程在空间运动。磁化强度矢量在空间的运动将在 y 轴方向的接收线圈中引起感应电动势，其大小为

$$\varepsilon_y = -\frac{\mathrm{d}\varphi_y}{\mathrm{d}t} \tag{7.2.1}$$

$$\varphi_y = 4\pi nsfM_y \tag{7.2.2}$$

其中 n 为线圈数，s 为截面积，f 为填充因子，M_y 为磁化强度矢量的 y 分量，且

$$M_y = -(u\sin \omega t + v\cos \omega t) \tag{7.2.3}$$

所以，

$$\varphi_y = 4\pi nsf\omega(u\sin \omega t + v\cos \omega t) \tag{7.2.4}$$

$$y = 4\pi nsf\omega(u\cos \omega t - v\sin \omega t)$$

$$= \varepsilon_u \cos \omega t + \varepsilon_v \sin \omega t \tag{7.2.5}$$

所以在接收线圈上可以同时得到吸收信号 v 和色散信号 u，二者位相差 $90°$。再经过适当的办法可将二者分开。在核磁共振实验中，正确调整相位是很重要的，否则，如果二者混合就会使信号发生畸变，如图 7.2.9 所示。信号放大、检波及调制情况如图 7.2.10 所示。

随着近年核磁共振硬件和方法学的进步，大量不同类型、不同用途的探头被发展出来。根据样品的状态和谱图信息，核磁探头可分为高分辨液体探头、固体探头和成像探头。大约 80% 的核磁实验属于液体核磁的应用，用于液体核磁的高分辨探头种类也是最丰富的。通常液体探头包括两个线圈：内线圈（Inner Coil）靠近样品，进行实验观测的灵敏度高；外线圈（Outer Coil）离样品稍远，直接观测的灵敏度低。

根据探头设计是以优化杂核（X 核，即非氢核）观测为目的还是以优化氢核观测为目的，可以将探头分为正向探头和反向探头：若以杂核观测为主要目的，将杂核所在线圈——X 线圈设为内线圈，X 核观测灵敏度最高，即为正向探头；而若以氢核观测为主要目的，将氢核线圈设为内线圈，则是反向探头。不管是正向探头还是反向探头，X 线圈的调谐频率都可以固定在某一个核上，即固定频率探头；也可以在某一较宽的频率范围内进行调谐，即宽带探头。

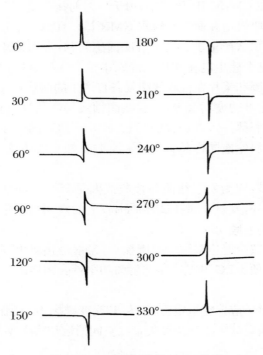

图 7.2.9 不同相位的 NMR 信号

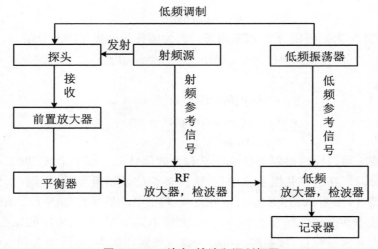

图 7.2.10 放大、检波和调制框图

下面简单介绍瑞士布鲁克公司目前生产的几种常见探头。

1. BBO 和 BBI 探头

BBO 和 BBI 都是广谱（Broad Band）探头，它们的内部具有同轴的内外两组线圈，其中的广谱线圈通道可以覆盖从 ^{31}P 到 ^{109}Ag 的广泛的核进动频率范围。BBO 和 BBI 探头的主要区别在于：前者的内部线圈是广谱观测线圈，外部是用于 ^{1}H 去耦或观测的线圈，而后者的内外线圈正好和前者相反。考虑到线圈离样品距离越近，用来观测的核的信号灵敏度也越好，因此用户可以根据需要来选择 BBO 和 BBI 探头。

2. QNP 探头

QNP 探头也是由内外两组线圈组成,它的外部线圈是用于 ^1H 去耦或观测,但不同于广谱探头的是,QNP 探头内部观测线圈在出厂时已被预先优化用于观测三种特定的核自旋,分别是 ^{31}P、^{13}C、和 ^{15}N,或者是 ^{19}F、^{31}P、和 ^{13}C。由于内部线圈在这三种核之间的切换可以通过自动的方式进行,因此 QNP 探头通常可以和自动进样器联合使用,进行大量自动的、不同类型的核磁实验。

3. TXI 和 TXO 探头

TXI 和 TXO 都是固定通道的三共振探头。TXI 探头的内部线圈用于 ^1H 的观测,外部线圈则用于异核信号(如 ^{13}C 和 ^{15}N)的去耦。TXO 探头的线圈安排正好与此相反,内部线圈用于异核信号的观测,而外部线圈用于 ^1H 信号的去耦。TXI 和 TXO 探头主要用于生物大分子的核磁共振研究。

4. iProbe 探头

iProbe 系列探头基于全新设计,具有更优秀的信噪比、内部集成滤波器和变温适配器,更换探头时操作更便捷,可实现全自动的探头识别。

与前面介绍的那些探头相比,iProbe 的灵敏度更高,从小分子常规氢谱到复杂高阶应用,无论是正向还是反向检测,iProbe 都是理想的全能型探头。该探头配有自动调谐功能,可实现检测核快速切换。内线圈可以观测 ^{19}F 及 $^{31}P - ^{199}Hg$,$^{17}O - ^{109}Ag$ 之间的杂核,外线圈可用于 ^1H 观测或去耦,可以实现氢去耦氟谱或 $^1H/^{19}F$ 相关二维实验。探头配有 Z 方向梯度线圈,梯度场线性度高,恢复时间短。该探头使用预饱和或射频梯度脉冲进行单一或多重溶剂峰压制效果好,因此也适合于反应控制、生物样品及体液样品的研究。

目前,iProbe 探头系列已经从液体高分辨探头扩展到 HR-MAS 探头和固体探头。

5. 超低温探头

超低温探头是一种设计上有别于传统探头的新型探头。在低温探头系统中,激发和接收线圈以及前置放大器都是用一种精确的方式通过低温高纯氦气来冷却的,而与之相距仅几个毫米的样品却能不受任何影响,仍可以在接近室温的条件下进行稳定的实验。低温氦气的冷却可以大大降低探头线圈和预置放大器内的阻抗和热噪声,从而显著提高核磁实验的信噪比(^1H 信号提高 5 倍,^{13}C 信号提高约 3 倍),在获得相同强度的核磁信号的同时,大大缩短实验采样时间或降低所需样品浓度,对于稳定性较差或比较难获得的生物大分子样品的研究具有非常重要的意义。低温探头的缺点是不适用于高盐浓度的样品(>250 mmol $\cdot L^{-1}$),样品的高盐状态会使探头的调谐状态发生很大的偏离,高盐样品的高电导率会诱发较大的样品噪声从而引起信号强度的大幅度降低。

7.2.2.5 信号放大与检波

在接收线圈上,得到的核磁共振信号是很微弱的。在 300 K 下,60 MHz 的谱仪中每立方分米仅含 0.06 g 质子,假定 $T_1 = T_2 = 1$ s,$H_{1max} = 34.7$ G,对于一个在 5 mm 直径的样品管上绕五圈的线圈,假设填充因子 $\eta = 0.5$,那么信号强度只有 2.8×10^{-8} V。因此为了使核磁共振信号达到 1 V,需要放大约 10^8 倍,这在实验上是通过前置放大、射频放大和低频放大三步完成的。其中前置放大器的位置放得尽量接近探头,主要考虑信号在导线内传输时衰减很快,需要尽快进行放大操作,如图 7.2.10 所示。

因为射频源发出的射频场,也是在 XY 平面上转动的,所以它也可以在接收线圈中产生

电动势。设 V_t 是射频场在接收线圈中引起的电位，V_r 是核感应在接收线圈中引起的电位，那么有

$$\frac{|V_t|}{|V_r|} = 10^2 \sim 10^4$$

因此把 V_r 从 V_t 中仔细分离出来就十分重要了。在双线圈探头中采取如前所述的桨片。在单线圈探头中，可以用第二个线圈进行补偿。目前更多的是采取分时办法，线圈交替地与发射器和接收器相连，如图 7.2.11 所示，因此在接收线圈中可以避免产生射频场引起的感生电动势。

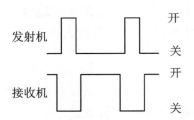

图 7.2.11　发射机和接收机的交替开关

7.2.2.6　数据获取和记录系统

NMR 谱仪的数据处理系统包括计算机及外部设备和接口。

1. 计算机

脉冲傅里叶变换核磁共振谱仪所带的计算机主要有两个基本作用：

（1）对自由感应衰减信号进行采集，贮存和相干叠加。

（2）进行快速傅里叶变换以及指数加权、窗函数处理、相位校正、输出显示等一系列数据处理过程。

2. 外部设备和接口

除了打印机和储存装置以外，比较重要的外部设备包括一个模数转换器（ADC）。

核磁谱仪只能产生作为模拟量的 FID 信号，如果不做进一步处理，这些信号只能作为模拟量的电压在示波器上或记录设备上显示出来，而计算机的输入和输出量都必须是数字信号，所以 ADC 必须把作为模拟信号的 FID 转化为数字信号。

模数转换器的任务是将逻辑信号（电压）转换为二进制的数，然后输入计算机。转换和输送都必须足够快，所需时间要小于采样时间（这由采样定理决定），为 $1\sim1.5\ \mu s/bit$，所以要转换 10 bits 的数需 $10\sim15\ \mu s$。对于 ^{1}H 转换速率为 $50\sim100\ kHz$，对于 ^{13}C 为 $10\ kHz$。

下面讨论转换的精确度问题。

设在每次转换中可得的最大的二进制代码的位数为 d，d 可为 $6,8,10,12$，那么可转换的最大数为 2^d-1，假若输入满刻度电压为 VFS，那么单位电压转换成的数字量为

$$CS = \frac{2^d - 1}{VFS} \tag{7.2.6}$$

因此电压低于 CS^{-1} 的信号就不能被 ADC 所转换，CS^{-1} 决定了转换的精确度。

定义 2^d 为模数转换器的数字分辨率。

若可转换的最大信号强度为 H_s，最小信号强度为 H_w，则称 H_s/H_w 为波谱的动态范围，它由模数转换器的数字分辨率决定。只有当

$$\frac{H_\text{s}}{H_\text{w}} \leqslant 2^d \tag{7.2.7}$$

时,小信号 H_w 才能被观察到,在大的溶剂峰存在时,由于模数转换器数字分辨率的限制往往看不到弱的信号,必须采取一系列抑制溶剂峰的措施。

因为实际谱中还有噪声,设最弱信号的信噪比为 $(S/N)_\text{w}$。因此要观察到弱信号必须满足:

$$\frac{(S/N)_\text{s}}{(S/N)_\text{w}} \leqslant 2^d \tag{7.2.8}$$

7.3　数　据　处　理

7.3.1　数据的采集、贮存和相干叠加

如前所述,模拟的 FID 信号必须经过采样,并对信号数字化,才能输入计算机处理,采样的功能是由 ADC 和计算机共同完成的。

1. 采样定理

要使采集的离散的时间序列能代表原来的模拟信号,采样速率必须遵循采样定理,即

$$f_\text{s} \geqslant 2f_\text{h} \tag{7.3.1}$$

其中 f_s 是采样频率,表示每秒钟采样次数,f_h 为被采样的模拟信号的最高频率。从上式可见,每个周期至少采取两点。

若 FT-NMR 的射频频率 f 位于样品整个谱宽的边缘,则得到的信号的最高频率等于谱宽 $\Delta \nu$,$f_\text{h} = \Delta \nu$,由采样定理知

$$f_\text{s} \geqslant 2\Delta \nu \tag{7.3.2}$$

当 $f_\text{s} = 2\Delta \nu$ 时,每周正好采样两次,这是正确地确定一个 sin 信号的起码条件。假若还存在高于 f_h 的频率成分,其频率为 $f_\text{h} + \Delta \nu$,对于这种频率,每周采样将少于两次,它将与频率为 $f_\text{h} - \Delta f$ 的频率成分不可区分,所以高于 f_h 的频率成分都会以频率 $f_\text{h} - \Delta \nu$ 折叠到波谱中来。

图 7.3.1 为由于采样速率不够引起的折叠现象的示意图。假设采样速率是 2000 Hz,那么由采样定理知,这样的采样速率能够对 1000 Hz 以下的信号进行正确的采样。如果信号的频率<1000 Hz,那么 2000 Hz 的采样速率采到的离散信号能正确地反映原模拟信号的变化。如果信号的频率是 1000 Hz,那么该信号的每一周期恰好能取两点。如果信号的频率>1000 Hz,如为 1600 Hz(如图 7.3.1 中的虚线所示),这时该信号的每一周期的采样点少于两点,采样点恰好与频率为 400 Hz 的信号(如图 7.3.1 中实线所示)的采样点重合,结果是把以 1600 Hz 频率变化的信号当成了 400 Hz 的信号。傅里叶变换后本该出现在 1600 Hz 处的谱线,由于采样速率不够而折叠,谱线出现在 400 Hz 处。

根据采样定理,要得到一个谱宽为 $\Delta \nu$(单位:Hz)的谱,所需要的最小采样速度是每秒

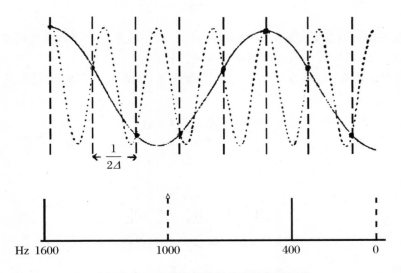

图 7.3.1　采样速率不够引起的折叠现象

$2\Delta\nu$ 个点,如果计算机的内存容量是 N,采样时间是 A_t,则满足以下关系式:

$$2\Delta\nu A_t = N \tag{7.3.3}$$

对于一个碳谱,设 $\Delta\nu = 6000$ Hz,若内存为 8 k 即 $N = 8192$,则采样时间:

$$A_t = N/(2\Delta\nu) = 0.68 \text{ s} \tag{7.3.4}$$

如果计算机的内存是无限的,那么在理论上所记录的 FID 及经过转换得到的波谱就应无限精确,可是实际上计算机的内存是有限的。若计算机的内存是 N,记录的波谱宽度为 $\Delta\nu$,那么谱线频率的数字精确度应等于:

$$R(\text{Hz}) = \frac{2\Delta\nu}{N} = \frac{1}{A_t} \tag{7.3.5}$$

因此,增加计算机的内存 N 和减少谱宽都可以提高谱线的数字精确度。正确选择谱宽十分重要,这一方面要根据所研究的核的化学位移范围进行确定。谱宽必须覆盖被研究化合物的全部谱线范围。在 100 MHz 谱仪上质子谱谱宽约为 1000 Hz,^{13}C 核的谱宽约为 6000 Hz。此外,为了提高谱线的数字精确度,必须在可能的范围内使 $\Delta\nu$ 尽可能减小。

注意要区分谱仪的分辨率和这里所说的数字精确度。前者是由磁场的均匀度决定的,它是 0.1 Hz 的数量级,而后者由可选择的谱宽和计算机的内存决定,它是对谱仪分辨率的实际限制,影响信号的数字分辨率和线型。

2. 相干叠加

采样得到的 FID 信号要进行多次累加以提高信噪比。由于信号是有规律地出现的,所以 n 次累加所得信号的大小与累加次数 n 成正比。信号为

$$S = S_1 n \tag{7.3.6}$$

而噪声是随机的,假设噪声按高斯分布,即正的和负的等概率分布,则经过 n 次累加,噪声的大小和累加次数 n 的平方根成正比。噪声为

$$N = N_1 \sqrt{n} \tag{7.3.7}$$

于是信噪比为

$$S/N = \frac{S_1 n}{N_1 \sqrt{n}} = \sqrt{n}\,\frac{S_1}{N_1} \tag{7.3.8}$$

计算机的字长和 ADC 的数字分辨率限制了可以累加信号的最大次数。所谓最大次数指在存储器溢出之前可进行的最大扫描次数：

$$n_{\max} = 2^{w-d} \tag{7.3.9}$$

其中 w 为计算机字长，d 为 ADC 的字长。

一旦发生信号溢出，整个波谱的信息都会丢失。所以为了提高信噪比，要求计算机的字长尽可能长，而 ADC 的数字分辨率尽量小。但是后者又不能太小，因为波谱的动态范围又要求 ADC 的数字分辨率尽量足够大。

3. 信号放大

接收器接收到的模拟信号在被计算机存储之前必须被转换成数字信号，而该信号转换的效率一定程度上取决于应用在接收器上的增益。核磁实验中接收器增益的设置对于模拟信号到数字信号的精确转换非常重要。它首先必须设置得足够大，从而能充分利用数模转换器的低阶位数来避免取整误差（Round-off Error）给谱图带来的额外噪声。但如果增益设置得过大，数模转换器则没有足够的位数代表模拟信号，从而导致其中最大的一部分信号被"砍"掉，这样最后获得的谱图会出现基线扭曲等问题。

为确保模拟信号到数字信号的精确转换，实验中增益的大小通常设置为数模转换器可处理的最大信号的 1/2～2/3 强度。以 16 位数模转换器为例，最大可处理信号的强度约为 $32000(2^{15})$，增益一般会设置使得最大检测信号大小约为 20000。然而，当溶剂信号的强度远远大于样品信号，它们的差距甚至超出了数模转换器可处理的范围时，接收器增益必须设置得很大以观察样品，否则数模转换器只有一到两个位数可以用来代表样品信号，这样就会在谱图中带来大量噪声。一个更为合理的解决方法是通过特殊设计的脉冲序列进行溶剂峰压制。

7.3.2　快速傅里叶变换(FFT)

用脉冲方法得到的 FID 是一个时间域内的函数，而通常用连续波的激发方式得到的核磁共振波谱则是频率域中的函数，必须经过傅里叶变换才能将 FID 信号变为普通的核磁共振波谱，这种变换是靠计算机来完成的。用计算机进行的傅里叶变换必须是离散型的傅里叶变换，它的正负变换的表示式分别为

$$F(n) = \sum_{k=0}^{N-1} f(k)\exp\left(-\frac{\mathrm{i}2\pi nk}{N}\right), \quad n = 0,1,2,3,\cdots,N-1 \tag{7.3.10}$$

$$f(k) = \sum_{n=0}^{N-1} F(n)\exp\left(\frac{\mathrm{i}2\pi nk}{N}\right), \quad k = 0,1,2,3,\cdots,N-1 \tag{7.3.11}$$

其中 $f(k)$ 是时间域内的离散函数，$F(n)$ 是频率域内的离散函数，它们互为傅里叶变换对。因为 $F(n)$ 和 $f(k)$ 都是 N 个点的离散函数，要计算 $F(n)$ 和 $f(k)$ 都需进行 N^2 次复数乘法运算，此计算量太大，无法在仪器上实现。直到 1965 年 Cooley-Tukey 提出了快速傅里叶变换算法，使原先的 N^2 次运算减为 $(N\log_2 N)/2$ 次运算，使运算次数大大减少，并且节省了计算机的内存，才使脉冲傅里叶变换谱仪成为现实。

在进行傅里叶变换之后还必须进行各种信号处理。

7.3.3 信号处理

计算机还可对 FID 信号进行数学处理，以提高信噪比和分辨率。

1．FID 信号填零和线性预测

由于核磁信号的数字精确度可以通过增加采样时间得到改善，因此理论上可以通过增加采样点数使 FID 信号充分衰减到零来获得高分辨率的谱图。然而，在实际的多维核磁实验中，特别是高维（如三维、四维）实验中，由于仪器数据收集时间的限制，间接维上的采样点数通常设置得较少以节约实验时间。然而，这样的设置经常会导致出现谱线较差的线形以及由此产生的实验误差。目前主要的解决办法是在实验数据处理阶段进行数字信号填零和线形预测。

数字信号填零的做法是通过在 FID 数据的末端人为地添加一部分没有信号强度的数据点来实现。这种处理方法是基于 FID 信号，通过正交检波的方式收集的，也就是一个复数 FID 信号需要收集两倍的数据点，而在傅里叶变换后只有一半的数据点被真正使用，因此如果通过填零的方法简单加倍 FID 信号将会利用实验中采集的所有数据点，从而达到提高谱图分辨率的目的。FID 填零的方法虽然可以提高核磁信号的分辨率，但它导致的 FID 信号不连续性却会在核磁信号中引入人为误差，如基线的扭曲和波动，并会进一步影响谱图中弱信号的检测。FID 信号的线形预测实际上是在时间域通过最小二乘法（Least Squares）对 FID 进行拟合操作。

2．窗函数处理

前面提到 FID 信号不连续性引起的问题通常可以通过窗函数处理的方法解决。FID 信号的窗函数处理是指通过不同的切趾函数（Apodization Function）来处理 FID 信号，使其可以进行平滑的衰减，从而达到改善谱图质量的目的。目前常用的窗函数包括指数函数（保持谱峰线形）以及洛伦兹和高斯函数（改变谱峰线形）等。窗函数处理还可以显著提高谱图的分辨度和信噪比。这主要由于 FID 中既有信号又包含了噪声，其中在 FID 末端采集的数据点主要帮助提高谱图的分辨率，而在 FID 早期采集的数据点则对提高谱图信噪比起主要作用。因此通过不同的窗函数来调整 FID 信号的衰减曲线，改变不同时期的 FID 数据点对最终谱图的贡献，从而达到根据需要或者提高分辨率或者提高信噪比的目的。图 7.3.2 是用来改进信噪比或分辨率的各种函数形式，其中最简单的是对 FID 信号进行指数加权，即乘以 $\exp(t/T_c)$，这里 T_c 是一个常数。当 $T_c > 0$ 时，处理结果使 FID 信号衰减变慢，有效数据获取时间增长，由(7.3.5)式知分辨率得到提高。但这样做将 FID 信号中信噪比较低的尾部也都采集进来了，所以信噪比下降。当 $T_c < 0$ 时，处理结果使 FID 信号衰减变快，噪声得到了抑制，信噪比增加，但由于获取数据的时间变短，分辨率下降，如图 7.3.3 所示。

3．相位矫正

通过傅里叶变换得到的核磁谱图经常会出现相位迁移现象，导致这种现象的主要原因包括核自旋的频偏（Off-resonance）效应，另外，在信号收集上的微小延迟也是引起该现象的原因之一。由于谱图相位迁移现象是由多个原因共同导致，因此相位矫正过程通常涉及与频率相关和无关的两部分相位，其中那些和频率无关的部分称为零阶相位，而与频率有关的部分则称为一阶相位。为了得到相位为零的纯吸收线形，一般要在谱图的数据处理阶段对零阶和一阶相位都进行矫正。另外要注意的是，由于谱图信号的相位实际上是由相位相差

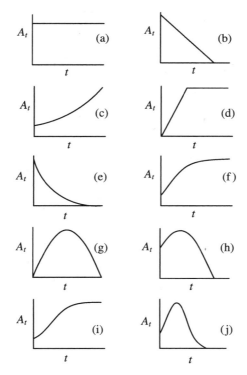

图 7.3.2　改进灵敏度或分辨率的各种函数形式

（a）未加权 FID；（b）线性截趾；（c）升指数函数；（d）梯形函数；（e）降指数函数；（f）卷积差函数；（g）正弦钟函数；（h）移位的正弦钟函数；（i）LIRE；（j）高斯函数。

90°的实部和虚部两部分数据共同定义的,因此在相位矫正过程中必须同时保留实部和虚部的数据。

7.3.4　取数方式

　　NMR 信号的获取有三种常见的方式:单通道取数、双通道同时取数和双通道轮流取数。下面介绍双通道同时取数方式,即正交检波(Quadrature Detection)。

　　单通道取数虽然仪器简单,但它有一个致命的弱点,那就是为了区分信号的正负,它的激发点必须放在谱的一端。脉冲的激发频带是对称的,而且是有限的。若将激发点 O_1 放在谱的一端,那么脉冲激发带的另一半就浪费了。如果将 O_1 放在谱的一端,要激发整个谱宽,就必须减小脉冲宽度,这就导致脉冲功率的增强。所以为了降低对脉冲功率的要求,最合理的做法是将激发点置于谱的中心,但同时又要能区分正、负频率的信号。双通道取数就能满足这一要求。

　　双通道取数如图 7.3.4 所示。中频放大后将信号送入两个相敏检波器,一路相敏检波器的参考信号相对于另一路相移 90°,这样两个通道可分别获得 FID 的实部和虚部。然后经模数转换 ADC 后,送给存储器,这样获得的 FID 形式为

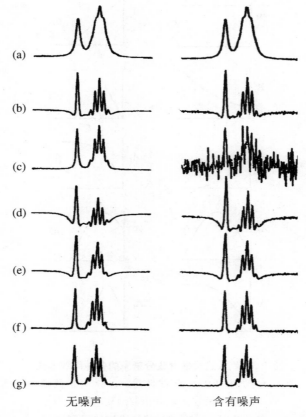

无噪声　　　　　　　含有噪声

图 7.3.3　改进性噪比或分辨率的各种方法比较(计算机模拟谱)
(a) 未加权波谱;(b) 梯形函数;(c) 升指数函数;(d) 卷积差函数;
(e) 正弦钟函数;(f) LIRE;(g) 高斯函数。

$$f(t) = M_0 \big[\cos(\triangle \omega t) - \mathrm{i}\sin(\triangle \omega t) \big] \mathrm{e}^{-t/T_2}$$
$$= M_0 \mathrm{e}^{-\mathrm{i}\triangle \omega t} \mathrm{e}^{-t/T_2} \tag{7.3.12}$$

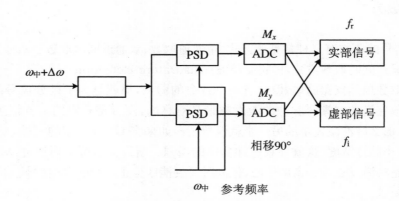

图 7.3.4　双通道同时取数示意图

经 FT 后其频谱为

$$F(\omega) = M_0 \frac{T_2}{1 - \mathrm{i}(\omega - \Delta\omega)T_2}$$

$$= M_0 \left[\frac{T_2}{1 + (\omega - \Delta\omega)^2 T_2^2} + \frac{\mathrm{i}(\omega - \Delta\omega)T_2^2}{1 + (\omega - \Delta\omega)^2 T_2^2} \right] \tag{7.3.13}$$

当 $\omega = \Delta\omega$ 时,将出现一个共振峰。显然,这样做就避免了单通道取数不能区分正、负频率信号的缺点;而且相对于单通道取数,双通道取数的信噪比增加 $\sqrt{2}$ 倍。由于双通道取数能区分正、负频率的信号,因此可将激发点置于谱的中央,这样对脉冲功率的要求就大大降低了。

那么为什么双通道取数就能区分正、负频率的信号,而单通道却不能呢? 如图 7.3.5 所示。信号的频率正负取决于核自旋绕着 z 轴在旋转坐标系的 $x\text{-}y$ 平面上旋转的方向。若是单通道取数,如获取 M_y 分量,显然不管 M 的进动频率 $\Delta\omega$ 是正还是负,M_y 的值都是一样的,因而单通道取数不能正确地反映磁化分量的进动频率的正负(旋转的方向);如果是双通道取数,在获取 M_y 分量的同时,也获得了 M_x 分量。M_x 分量是能反映磁化分量进动频率的正、负的,两个分量合起来形成一个复数 $\mathrm{e}^{-\mathrm{i}\Delta\omega t}$。显然,这样一个量不同于 $\cos(\Delta\omega t)$,能够反映 $\Delta\omega$ 的正、负。于是 FT 后单通道取数给出两个共振峰,其共振频率一正一负,而双通道取数只有一个共振峰。

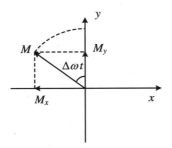

图 7.3.5　磁化矢量的进动

7.3.5　相位循环

若采用双通道同时取数方式,由于两个通道难以做到完全一致,容易出现正交映像(Quadrature Mirror 或 Quadrature Image)。那么正交映像是怎样产生的呢? 我们假设两个通道的转换系数分别为 k_1, k_2,那么双通道同时取数后得到的 FID 为

$$f(t) = M_0 \left[k_1 \cos(\Delta\omega t) - \mathrm{i} k_2 \sin(\Delta\omega t) \right] \mathrm{e}^{-t/T_2}$$

$$= \frac{M_0 \left[(k_1 - k_2)\mathrm{e}^{\mathrm{i}\Delta\omega t} + (k_1 + k_2)\mathrm{e}^{-\mathrm{i}\Delta\omega t} \right] \mathrm{e}^{-t/T_2}}{2} \tag{7.3.14}$$

显然进行 FT 后,将出现两个峰:一个出现在 $\omega = +\Delta\omega$ 位置,其强度正比于 $(k_1 + k_2)/2$;另一个出现在 $\omega = -\Delta\omega$ 的位置,其强度正比于 $(k_1 - k_2)/2$。如图 7.3.6 所示,出现在 $-\Delta\omega$ 处的峰就称为正交映像。虽然正交映像的强度较小,但容易与别的小信号混淆,因此必将造成识谱的困难。正交映像的出现是由于两通道不平衡,即 $k_1 \neq k_2$ 造成的。如果两个通道完全一样,即 $k_1 = k_2$,就不会出现这种正交映像。但这几乎是不可能做到的。幸运的是,正交映像可以利用正交相位循环消除掉。

为了理解相位循环,先介绍接收机的相位。可简单地认为是通过改变接收机的相位,达

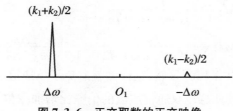

图 7.3.6　正交取数的正交映像

到改变信号的去向的目的,如表 7.3.1 所示。由表可知,存储器里的信号与 NMR 感应信号之间的关系可简单地表示为

$$f = f_r + if_i$$
$$= (M_x + iM_y)e^{-i\varphi_R} = Me^{-i\varphi_R} \tag{7.3.15}$$

通过改变接收机相位,使信号分别经过这两个不同的通道,就可以消除两个通道的不平衡,而达到消除正交映像的目的。

表 7.3.1　接收机相位对信号走向的改变

接收机相位 φ_R	f_r	f_i
0°	M_x	M_y
90°	M_y	$-M_x$
180°	$-M_x$	$-M_y$
270°	$-M_y$	M_x

对于单脉冲实验,如图 7.3.7 所示,可设计如下的相位循环:$\varphi,\varphi_R = 0,1,2,3$,其中 0 代表 0°,1 代表 90°,2 代表 180°,3 代表 270°。

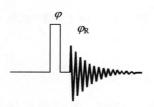

图 7.3.7　单脉冲序列

可用矢量模型来考虑信号的变化,如图 7.3.8 所示,信号如表 7.3.2 所示。4 次扫描累加后得

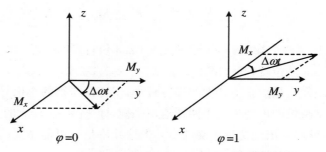

图 7.3.8　不同相位的脉冲激发下磁化矢量的进动

$\varphi=2,3$ 时,磁化矢量分别从 $-y$、x 轴开始进动,进动方向符合左手定则。

$$f_r = 2(k_1 + k_2)\sin(\Delta\omega t), \quad f_i = 2(k_1 + k_2)\cos(\Delta\omega t) \tag{7.3.16}$$

FID 为

$$f = f_r + if_i = i2(k_1 + k_2)e^{-i\Delta\omega t} \tag{7.3.17}$$

即实部和虚部的转移系数变成相同的了。这样 FT 后,就不会出现正交映像。

表 7.3.2　不同脉冲和接收机相位下所获得的信号

脉冲相位 φ	$k_1 M_x$	$k_2 M_y$	接收机相位 φ_R	f_r	f_i
0	$k_1\sin\Delta\omega t$	$k_2\cos\Delta\omega t$	0	$k_1\sin\Delta\omega t$	$k_2\cos\Delta\omega t$
1	$-k_1\cos\Delta\omega t$	$k_2\sin\Delta\omega t$	1	$k_2\sin\Delta\omega t$	$k_1\cos\Delta\omega t$
2	$-k_1\sin\Delta\omega t$	$-k_2\cos\Delta\omega t$	2	$k_1\sin\Delta\omega t$	$k_2\cos\Delta\omega t$
3	$k_1\cos\Delta\omega t$	$-k_2\sin\Delta\omega t$	3	$k_2\sin\Delta\omega t$	$k_1\cos\Delta\omega t$

上述相位循环称为 CYCLOPS,CYCLOPS 不仅可以消除正交映像,而且可消除两个相敏检波器参考信号相位不准的问题。

CYCLOPS 作为独有的模块存在于很多脉冲傅里叶(PFT)核磁实验的脉冲序列里,如自旋回波实验(如图 7.3.9 所示)。为了消除正交映像,可令 φ_1, φ_2 和 $\varphi_R = 0, 1, 2, 3$。但是由于 π 脉冲宽度设置不准而影响回波强度,这时可让 π 脉冲的相位交替变化。这样 CYCLOPS 相位循环里的每次扫描扩展为 2 次。于是,相位循环的次数为 $2 \times 4 = 8$。将上述相位循环调换一下秩序更好,最后变成如表 7.3.3 所示的形式。

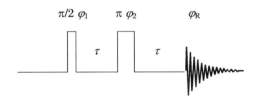

图 7.3.9　自旋回波序列

表 7.3.3　自旋回波序列相位循环

N	1	2	3	4	5	6	7	8
φ_1	0	2	2	0	1	3	3	1
φ_2	0	2	0	2	1	3	1	3
φ_R	0	2	2	1	1	3	3	1

相位循环不仅可以消除正交映像,而且可用于消除不需要的信号,而挑选出我们所需要的信号,尤其是在二维谱图里,相位循环非常重要。

7.3.6　折叠

在介绍取数定理时,曾涉及折叠。不同的取数方式有不同的折叠方式,下面对于三种取数方式分别予以讨论。

对于双通道同时取数,其 FID 为

$$f(t) = M_0 e^{i(2\pi ft + \varphi)} \tag{7.3.29}$$

ADC 后的第 n 点为

$$f(n\Delta t) = M_0 e^{i(2\pi fn\Delta t + \varphi)} \tag{7.3.30}$$

其中 $\Delta t = 1/sw$。双通道取数的谱范围为 $sw/2 \rightarrow -sw/2$。如果共振频率是 $sw/2 + f$,则有

$$\begin{aligned} f(n\Delta t) &= M_0 e^{i[2\pi(sw/2+f)n\Delta t + \varphi]} \\ &= M_0 e^{i[2\pi(-sw/2+f)n\Delta t + \varphi]} \end{aligned} \tag{7.3.31}$$

显然共振峰将出现在 $-sw/2 + f$ 的位置。

同理,如果共振频率为 $-sw/2 - f$,则有

$$\begin{aligned} f(n\Delta t) &= M_0 e^{i[2\pi(-sw/2-f)n\Delta t + \varphi]} \\ &= M_0 e^{i[2\pi(sw/2-f)n\Delta t + \varphi]} \end{aligned} \tag{7.3.32}$$

即共振峰将出现在 $sw/2 - f$ 的位置。

从上两式可知,双通道同时取数,由于谱宽的限制发生的是反边折叠,而且相位不变。双通道同时取数的折叠如图 7.3.10 所示。

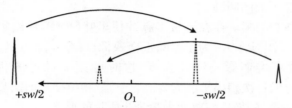

图 7.3.10 双通道取数的折叠(反边折叠)
实线峰为折叠前的峰,而虚线峰为折叠后的峰。

单通道取数和双通道轮流取数的折叠如图 7.3.11 所示,即发生同边折叠。折叠的同时,相位也发生了变化。

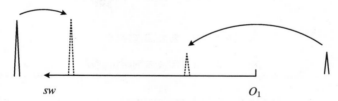

图 7.3.11 单通道取数的折叠(同边折叠)
实线峰为折叠前的峰,而虚线峰为折叠后的峰。

折叠的识别介绍如下:

由于折叠的共振位置与其真实位置不一样,所以一定要加以区分。最简单的办法是改变谱宽的设置,重复实验。如果某个峰的共振频率变了,则它一定是折叠峰。当然,如果谱宽取得足够大,也就不会有折叠现象发生了。在第 9 章中将讨论的$[^{13}C—^{1}H]$—HSQC 实验里,为了提高数字分辨率而有意采用折叠,在那里利用特殊的技术使得折叠峰和未折叠的峰符号相反以更好地对它们加以区分。

7.4　实验基本程序

7.4.1　锁场

作为低灵敏度的检测手段,核磁共振通常需要足够的实验时间,该时间跨度可以在几秒到几天范围。为了保持实验的准确性,必须保持磁场的强度在较长的时间范围内不发生变化,而实际上目前所有的磁体的磁场强度都会随着时间发生微小的漂移,如布鲁克最新的ASCEND™600 兆磁体,它的磁场漂移速率<2 Hz/h。目前普遍采用的做法是在磁体内通过一个特殊的控制电路来传输一小部分电流到 Z0 主匀场线圈,来补偿磁体磁场强度产生的微小迁移,从而保证磁场在整个实验时间范围内保持稳定,该方法称为“锁场”。

锁场的具体做法是在实验样品中引入氘代试剂或重水,氘信号的吸收和色散部分分别可以用来监视和调整磁场的均一性和稳定性。当磁场开始发生迁移时,氘信号开始由纯吸收线形逐渐变成吸收加色散线形,其中的色散部分将指导锁场电路控制输入到 Z0 主匀场线圈内的电流,从而起到补偿磁场迁移、保持磁场稳定的效果。

7.4.2　调节探头工作参数

由于每个探头对不同频率的信号检测的灵敏度是不同的,为了得到优化的核磁信号,探头系统的发射/接收线圈在实验前通常需要进行调节。调节分两部分,即匹配(Matching)和调谐(Tuning),如图 7.4.1 所示。匹配的目的是调节探头内电路的阻抗,使其在观测的频率附近到达 50 Ω,与核磁谱仪的控制机柜中所有电子元件的输出阻抗相匹配,从而来保证无线射频功率最大程度上从发射器传送到探头。在理想状况下,将没有任何功率会被探头电路

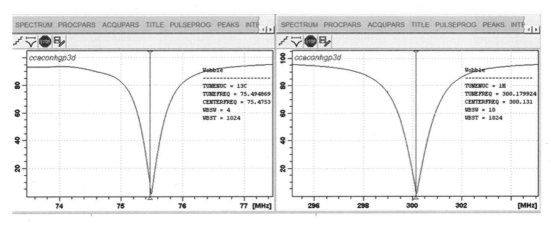

图 7.4.1　^{13}C 和 ^1H 通道的匹配和调谐的最佳状态

反射回放大器,即所有功率都会被用于激发探头中的样品,从而得到最为优化的信号信噪比。调谐的作用是调节电路从而使探头线圈的共振频率和观测的核自旋的进动频率一致。这两项操作都是通过调节探头底部的多个电容来完成的。对于多通道(多核)实验,原则上每个通道都要进行上述操作。

现代核磁共振谱仪的探头一般都配备了电动马达,探头都可以进行自动调谐。自动调谐功能既方便和简化了实验流程,降低了人为操作错误造成的仪器损坏的风险,也使得自动及远程控制实验成为了可能。

7.4.3 匀场

在核磁实验过程中,除了保持稳定的磁场强度,还需要维持高度的磁场均一性来获得核磁谱线的理想线形和谱图质量。引起磁场均一性问题的因素主要来自磁体周围的环境以及样品本身。现代核磁谱仪系统通常在超导磁体内设置两套匀场线圈:低温超导匀场线圈和室温匀场线圈。超导匀场线圈和磁体的主线圈一样都浸泡在液氦里,相应的电流调整和优化在磁体安装阶段就已经完成。室温匀场线圈则置于磁体和探头之间的室温区域,属于用户可以在实验中进行操作和优化的部分。

室温匀场线圈的数量较多,包括轴向线圈(如 $Z0$、$Z1$、$Z2$ 等)和横向线圈(如 X、Y、ZXY 等),其中每一个线圈都可以贡献一部分微弱的磁场。匀场实际上就是调整这些线圈内的电流的过程,由此产生的磁场梯度可以尽可能地取消磁场中残存的不均匀性。由于不同匀场线圈之间并非如设计上那样严格正交,改变一个线圈内的电流会或多或少地影响其他线圈内的电流,因此在实际操作中,必须采取交互的方式对不同的匀场线圈内的电流进行调整。在实验中可以通过观察锁场窗口内锁场信号的上升和下降来指导匀场线圈下一步的调整。锁场信号的位置越高意味着匀场效果越好。

匀场必须遵循从低阶到高阶,先轴向线圈再横向线圈的顺序。早期的手工匀场非常耗时耗力,而近年来随着技术和硬件的进步,省时省力的自动匀场已逐渐代替了手工匀场,并成为核磁共振自动化操作的重要组成部分。自动匀场主要利用梯度回响(Gradient Echo)的方法来描绘出磁体中样品周围 $B0$ 磁场的空间变化,以及每个匀场梯度对其的贡献。在此基础上,通过特殊的计算方法得出如何进行匀场优化才能减小 $B0$ 空间的变化,从而达到提高磁场均一性的目的。

7.4.4 优化 90°脉宽

90°脉冲是核磁脉冲的基本组成单元,保证 90°脉宽的准确性对于提高实验的性噪比和谱图质量有重要意义。然而在实际操作中,经常优化的是 360°脉宽而不是 90°脉宽。原因是 360°脉冲直接将磁化矢量带回平衡态,即原 Z 轴方向,从而避免了在直接测量 90°脉宽后,还需要等待较长的时间(大于样品的自旋-晶格弛豫时间)才能进行第二次脉宽测量的问题。

目前在实际应用中通常采用标准样品,如 100 mM ^{15}N-标记尿素和 100 mM ^{13}C-标记甲醇溶于氘代-DMSO 中,进行^{1}H、^{13}C 和^{15}N 等通道的 90°脉以及去耦等各种成型脉冲宽度的准确测量。在一般核磁共振的化学应用中,考虑到样品的性质差距不大,因此在不更换探头系统的前提下,90°脉宽的优化,特别是异核(^{15}N 和^{13}C)的 90°脉宽的优化,并不需要经常进行。然而对于生物大分子的多维核磁研究,由于样品灵敏度低并且性质多种多样,一般在每次实验前最好使用样品本身进行实验所涉及核自旋的 90°脉宽精确标定,从而达到最为优化的信噪比。

第 8 章　一维多脉冲实验

前面我们已详细介绍过通常的 PFT-NMR 实验,那里主要介绍的是单脉冲实验,即加上脉冲产生横向磁化矢量后直接进行采样观测。这种实验除节省时间外,所得信息与 CW-NMR 方法相同。PFT 方法的另一重大优势在于对要观测信号的可加工性,也就是说,在信号产生后并不立即观测,而是在观测前根据不同的需求对它进行各种加工,以求获得常规方法得不到的"特殊"信息。基于该特点,人们已经设计发展出了数以千计、种类繁多的脉冲序列,这些实验通常是由多个脉冲组成的,我们将它们统称为"多脉冲实验"。在第 4 章中我们已用过一些多脉冲实验做弛豫时间的测量,但其目的仅限于弛豫研究,本章不再涉及。多脉冲实验有一维的或多维的,现在在异核多维实验中用的较多的是三维和四维实验。本章只涉及一维多脉冲实验。一些一维的多脉冲实验很容易推广到多维实验。

8.1　J 调制自旋回波

为了深入理解下面涉及的 INEPT 实验,我们先介绍 J 调制的自旋回波概念。

在第 4 章中我们已经详细介绍了自旋回波实验,在那里我们只考虑了单核,没有考虑核-核之间的相互作用,即自旋-自旋耦合作用。如果不考虑自旋耦合相互作用,那么 π 脉冲可使相位重聚焦,即在 $t = 2\tau$ 处产生回波。对于异核体系,如果考虑它们之间的 J 耦合,那么 π 脉冲后将产生 J 调制的自旋回波,即回波信号强度受到 J 的调制。考虑如图 8.1.1 所示的脉冲序列。前面对 ^{1}H 的饱和照射是为了产生 ^{13}C 的 NOE 增强。两个 π 脉冲可以会聚掉各自核的化学位移在 2τ 时刻的影响,因此在 $0\sim2\tau$ 这段时间内不用考虑化学位移的影响。但却不能消除质子对 ^{13}C 耦合的影响。

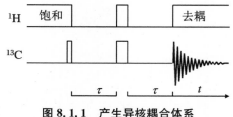

图 8.1.1　产生异核耦合体系

J 调制自旋回波的脉冲序列。

在 $0\sim2\tau$ 期间,由于质子对 ^{13}C 的 J 耦合（ $J = {}^{1}J_{CH}$ ）,使得不同的碳氢基团有不同的响应。经过计算可得:

$$S(^{13}CH) = S_0\cos(2\pi J\tau)$$

$$S(^{13}CH_2) = S_0\cos^2(2\pi J\tau) = \frac{S_0\left[1 + \cos(4\pi J\tau)\right]}{2}$$

$$S(^{13}CH_3) = S_0\cos^3(2\pi J\tau) = \frac{S_0\left[3 + \cos(6\pi J\tau)\right]}{4}$$

(8.1.1)

季碳信号基本上不受调制,原因是远程耦合都非常小。因此,若取 $\tau = 1/(2J)$,CH 和 CH$_3$ 中的 ^{13}C 给出负向信号,而季碳和 CH$_2$ 的 ^{13}C 给出正向信号。若取 $\tau = 1/(4J)$,则所有带氢的信号强度均为零,总的调制情况示于图 8.1.2 中。

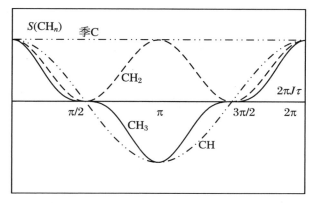

图 8.1.2　季碳、CH、CH$_2$、CH$_3$ 的 J_{CH} 调制的 ^{13}C 信号与时间的依赖关系

由图 8.1.2 可知,若令 $\tau = 1/(2J)$,则在一个实验中就可以按 CH$_n$ 中 n 的奇偶性将碳信号分类,或者将两个亚谱完全分开,或者在一个谱中以正向和负向将它们分开。这一方法的成功在于其结果对 $\tau = 1/(2J)$ 条件的偏离不敏感,即对 $^{1}J_{CH}$ 允许有一定的取值范围。至于如何区别季碳与 CH$_2$,以及 CH 和 CH$_3$,则较麻烦。对于前者,如果令 $\tau = 1/(4J)$,则只留下季碳信号,它与 $\tau = 1/(2J)$ 的结果互相印证就可以区别出季碳和 CH$_2$,但 $\tau = 1/(4J)$ 条件要求比较严格,一般难以完全压掉 CH 信号。至于后者,在"奇"亚谱中区分 CH 和 CH$_3$ 信号则更为困难,其原因在于实际情况中一个分子的 $^{1}J_{CH}$ 不是固定值,这种 J 值的变化就使情况变得复杂。但如果注意到,偏离 $\tau = 1/(4J)$ 时,CH、CH$_2$、CH$_3$ 的信号强度响应是不同的,CH 对偏离最为敏感;我们可以取 $\tau = 1.76$ ms 左右（这相当于 sp^2 和 sp^3 杂化碳平均耦合常数（ $^{1}J_{CH}$ ）所对应的值）。实际谱中观察到的只是强的季碳和较弱的 CH 信号,将此谱与上述奇、偶亚谱相结合就可区分四类碳核,图 8.1.3 就是一个实例。注意在图（c）中强正信号是季碳,而 CH 有正有负,是弱信号,CH$_2$ 和 CH$_3$ 则完全被压掉。

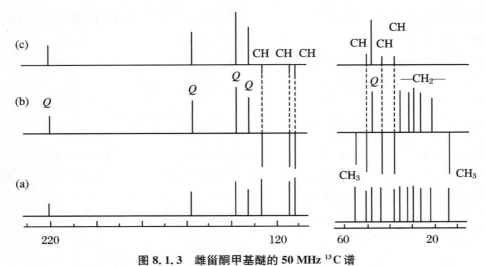

图 8.1.3 雌甾酮甲基醚的 50 MHz ^{13}C 谱

（a）通常的宽带去耦谱；（b）$\tau = 4$ ms：此谱就按所连氢的数目的奇偶性进行分类；

（c）$\tau = 1.76$ ms：强信号是季碳，CH 是弱的，有正、负信号，CH_2、CH_3 被压掉。

8.2 INEPT 实验

在我们所研究的核自旋体系中，核与核之间存在着各种相互作用：间接偶极-偶极相互作用（即 J 耦合作用），直接偶极-偶极相互作用，化学交换等。对于液体核磁而言，最重要的是 J 耦合作用。可以通过这种相互作用来实现磁化的传递，或者提高信号灵敏度，或者把过多的信息相互分离，或者挖掘通常 NMR 方法不能观测的量，如多量子跃迁等。J 耦合的使用大大地开阔了人们的视野，NMR 又进入到另一个飞速发展的阶段。磁化矢量的传递过程通常用"极化传递"和"相干传递"来描述。极化通常指不同能级间粒子数之差，可用 M_z 表示。加上 90°脉冲后，使自旋布居数平均分布，即产生零极化 $M_z = 0$，而 180°脉冲则将粒子数反转。90°脉冲后的自旋体系并非处于饱和状态，此时虽然不存在极化量，但产生了横向磁化或者是相位的有序，称之为相干（Coherece）。

核磁共振实验的灵敏度是很低的，这个问题对弱核更为突出，第 1 章曾指出，在给定磁场 H_0 时，旋磁比为 γ 的核在线圈中感应的 NMR 信号与 γ^3 成正比，一个 γ 因子来自 Lenz 定律，因磁场变化速率与 Larmor 频率 γH_0 成正比，一个 γ 因子来自核本身的磁矩，而第三个 γ 因子来自高温近似下处在 α 和 β 态自旋数之差（NMR 通常条件下总满足高温近似条件），它也与 γ 成正比并反映出核自旋的极化状态。在这三个 γ 因子中，前两个是不能变的，而与自旋极化态有关的第三个 γ 因子则可以改变。极化传递方法，顾名思义，就是把从氢核的自旋极化传递到另一个核（如 ^{13}C）上去。这样，由 H 到 ^{13}C 的完全极化传递就将 ^{13}C 的 α，β 态的粒子差数提高 $\gamma_H / \gamma_{^{13}C} \approx 4$ 倍，从而使信号强度增加 4 倍。

INEPT（Insensitive Nuclei Enhanced by Polarization Transfer）就是一种通过极化转移方法使非灵敏核的信号增强的实验方法，它不仅可使 ^{13}C 核的灵敏度增强 4 倍，而且可进行谱编辑,即把季 C、CH、CH_2 和 CH_3 基团区分开来。

8.2.1 简单的 INEPT 实验

INEPT 实验的基本脉冲序列如图 8.2.1 所示。这里 ^{1}H π 脉冲和 ^{13}C π 脉冲的相位可以任取,最后两个 $\pi/2$ 脉冲前是一般异核 J 调制的自旋回波。

通过计算,可得处不同基团的信号分别为

$$S(^{13}\mathrm{CH}) = \frac{\mathrm{i}}{4}\left[\mathrm{e}^{-\mathrm{i}(\Delta\omega+\pi J)t} - \mathrm{e}^{-\mathrm{i}(\Delta\omega-\pi J)t}\right] \tag{8.2.1a}$$

$$S(^{13}\mathrm{CH}) = \frac{\mathrm{i}}{4}\left[\mathrm{e}^{-\mathrm{i}(\Delta\omega+2\pi J)t} - \mathrm{e}^{-\mathrm{i}(\Delta\omega-2\pi J)t}\right] \tag{8.2.1b}$$

$$S(^{13}\mathrm{CH}) = \frac{3\mathrm{i}}{16}\left[\mathrm{e}^{-\mathrm{i}(\Delta\omega+3\pi J)t} + \mathrm{e}^{-\mathrm{i}(\Delta\omega+\pi J)t} - \mathrm{e}^{-\mathrm{i}(\Delta\omega-\pi J)t} - \mathrm{e}^{-\mathrm{i}(\Delta\omega-3\pi J)t}\right] \tag{8.2.1c}$$

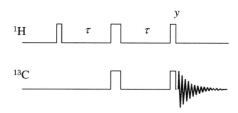

图 8.2.1 INEPT 实验脉冲序列

这样对于三种自旋体系,其 INEPT 谱与正常谱明显不同,即产生强度反常谱图,图 8.2.2 为这三种自旋体系的正常谱与 INEPT 谱的比较。1,3-二溴丁烷的质子耦合 INEPT ^{13}C 谱如图 8.2.7(a)所示。

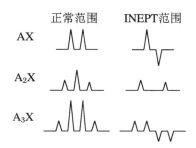

图 8.2.2 三种自旋体系的正常谱与 INEPT 谱的比较

在第 3 章我们已经知道,自旋裂分符合 $n+1$ 规律。同样 INEPT 谱也有类似的 $n+1$ 规律,不过裂分峰的强度出现反相:

	正常谱	INEPT 谱
$n=0$	1	1
$n=1$	1 1	1 -1
$n=2$	1 2 1	1 0 -1
$n=3$	1 3 3 1	1 1 -1 -1
$n=4$	1 4 6 4 1	1 2 0 -2 -1
$n=5$	……	

通过适当的相位循环,可使季碳信号不出现在 INEPT 谱中。

8.2.2 重聚 INEPT 实验

INEPT 实验的差分传递的缺点是不能得到净的极化转移,如果在检测期进行 ^{1}H 去耦,则没有任何信号。差分传递产生的根源是由于极化转移产生的是反相分量($2I_zS_z$)。如果能使反相分量变成同相分量(S_z),就可得到净的极化转移,而重聚 INEPT 就能起到这一作用。

重聚 INEPT 实验,如图 8.2.3 所示,在 INEPT 的后面再加了一段类似序列,正由于这一段序列里 J 耦合相互作用能使反相变成同相。同样的计算可得出不同体系的信号为

$$S(^{13}\text{CH}) = S_0 \sin(2\pi J\Delta)$$

$$S(^{13}\text{CH}_2) = S_0 2\sin(2\pi J\Delta)\cos(2\pi J\Delta) = S_0 \sin(4\pi J\Delta)$$

$$S(^{13}\text{CH}_3) = S_0 3\sin(2\pi J\Delta)\cos^2(2\pi J\Delta) = \frac{3}{4}S_0\big[\sin(2\pi J\Delta) + \sin(6\pi J\Delta)\big]$$

$$(8.2.2)$$

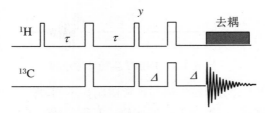

图 8.2.3 重聚 INEPT 脉冲序列

图 8.2.4 给出了在 ^{1}H 去耦(检测期)的情况下的重聚 INEPT 实验信号强度随 $J\Delta$ 的变化关系,利用各类碳信号对 $J\Delta$ 的不同依赖关系,可以将碳信号按其所处碳氢基团多重性进行分类,在 INEPT 中季碳信号消失了,所以只需区分 CH、CH$_2$ 和 CH$_3$ 基团中碳信号即可。由(8.2.2)式易知,我们只需记三张 INEPT 谱 A、B、C,依次对应于 $J\Delta = 1/8$、$1/4$、$3/8$,则谱

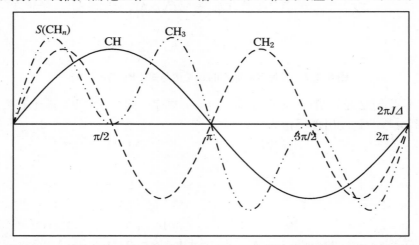

图 8.2.4 重聚 INEPT 实验得到的 CH、CH$_2$、CH$_3$ 的信号强度随 $J\Delta$ 的变化关系

A 中三种碳信号均为正(强度 $S_{CH}:S_{CH_2}:S_{CH_3}=0.707:1:1.060$),而 **B** 谱中只含有 CH 信号(强度 $1:0:0$)。**C** 谱与 **A** 谱相似,只是 CH_2 差一个符号(强度 $0.707:-1:1.060$)。因此,**A** 谱与 **C** 谱之差只含 CH_2 谱,而 **B** 谱只含 CH 谱。至于纯 CH_3 谱就可由 $A+C-\sqrt{2}B$ 得到。实际应用中,由于 J 值有一定范围,质子的 $180°$ 脉冲也未必是理想的,多重性最佳分离公式就会和上述的稍有不同。由于篇幅关系,这里不详细讨论。图 8.2.5 给出了一个重聚 INEPT 谱用于谱编辑的实例。

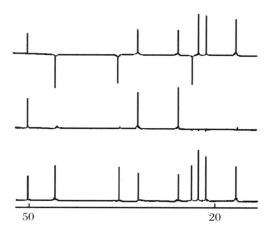

图 8.2.5　薄荷醇的 50.3 MHz 的质子去耦的重聚 INEPT 谱的高场部分

上、中和下分别对应于 $\Delta J=0.375$、0.25 和 0.125。

如果在检测期不对 ^{1}H 进行去耦,会造成相位畸变,见下一小节的图 8.2.7(b)。

8.2.3　INEPT$^+$

为了克服重聚 INEPT 在检测期不去耦时产生的相位和强度畸变,有人提出一种简单的方法来克服它,即在重聚 INEPT 序列的最后,再加一个 $90°(I)$ 脉冲(图 8.2.6),变成 INEPT$^+$ 脉冲序列,这个 $90°(I)$ 脉冲可把产生相位和强度畸变的一个反相分量变成零量子和二量子项。不管去耦与否,零量子和二量子项都是检测不到的。因此也就克服了重聚 INEPT 序列在不去耦时的相位和强度畸变问题。

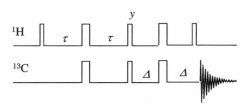

图 8.2.6　INEPT$^+$ 序列

图 8.2.7 给出了 1,3-二溴丁烷的质子耦合的 ^{13}C 谱,即检测期未对质子去耦。其中图(a)为 INEPT 谱,由于是反相极化转移,出现强度反常。图(b)为重聚 INEPT 谱,检测期未对质子去耦,由上述反相分量的影响而出现相位和强度畸变。图(c)是 INEPT$^+$ 谱,由于最后一个脉冲的作用使反相分量变成了二量子项(观测不到),因此在未对 ^{1}H 去耦的情况下

实现了净的极化转移。

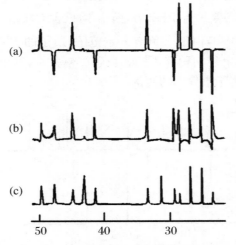

图 8.2.7　1、3-二溴丁烷的质子耦合的^{13}C 谱
（a）为 INEPT 谱；（b）重聚 INEPT 谱；（c）是 INEPT$^+$谱。

8.3　DEPT 实　验

为了要得到既能提高灵敏度又能使强度不发生畸变的谱，随后又发展了脉冲序列比 INEPT 短、传递更为巧妙的极化传递方法，称为 DEPT 方法（Distortionless Enhancement by Polarization Transter）。其脉冲序列如图 8.3.1 所示。

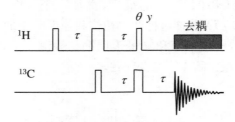

图 8.3.1　DEPT 脉冲序列

DEPT 方法对重聚 INEPT 序列进行了压缩，同时又克服了 INEPT 的两点不足之处：① 重聚 INEPT 方法会引起信号强度和相位的畸变，而 DEPT 方法得到的碳氢多重谱线具有正常的强度比和理想的相位。② 重聚 INEPT 实验中，多重性信号依赖于 $J\Delta$ 的乘积，而在 DEPT 实验中，由 θ 脉冲代替 Δ 的作用，因而减低了信号对 J 的依赖性。不同基团的^{13}C 信号分别为

$$S(^{13}CH) = S_0 \sin \theta$$
$$S(^{13}CH_2) = S_0 2\sin \theta \cos \theta = S_0 \sin(2\theta) \qquad (8.3.1)$$
$$S(^{13}CH_3) = S_0 3\sin \theta \cos^2 \theta = \frac{3}{4} S_0 \left[\sin \theta + \sin(3\theta) \right]$$

DEPT 和 INEPT 一样,由于极化转移,可使^{13}C 的信号强度增加为原来的 4 倍。INEPT 容易造成相位和强度畸变,而 DEPT 却是一种无相位和强度畸变的极化转移方法,在谱编辑方面,INEPT 实验是通过改变时间延迟 Δ 来实现的。由于横向弛豫的影响使得不同的 Δ 会导致不同的信号强度,因而在进行谱编辑时,会出现一些误差。而 DEPT 实验的谱编辑是通过改变脉冲的偏转角 θ 来实现的,显然谱编辑不会出现由于横向弛豫而产生的误差。另外由于 DEPT 脉冲序列比重聚 INEPT、INEPT$^+$ 更短,所以由于横向弛豫的影响而造成的信号强度的衰减较弱,因此 DEPT 实验就谱编辑而言,比 INEPT 实验更好。DEPT 实验也正是目前广泛使用的一个谱编辑实验。

用 DEPT 方法区分季碳、CH、CH$_2$ 和 CH$_3$,只需做 3 个实验,$\theta = 45°, 90°, 135°$,见 (8.3.2)式。实际上只需做 $\theta = 90°$ 和 135° 的 DEPT 就可区分 CH、CH$_2$ 和 CH$_3$,因为由 FID (90°)得 CH;FID(135°)反向的是 CH$_2$,正向的是 CH、CH$_3$。由于 FID(90°)已指认 CH,因此 CH$_3$ 也可指认出来。DEPT 谱里由于其相位循环,季碳信号不会出现,因此要指认季碳,这只需要再做一个普通的^{13}C 谱即可。在普通的^{13}C 谱里除了 CH、CH$_2$ 和 CH$_3$,剩下的就是季碳了。

$$\text{FID}(90°) \Rightarrow CH$$
$$\text{FID}(135°) - \text{FID}(45°) \Rightarrow CH_2 \qquad (8.3.2)$$
$$\text{FID}(45°) + \text{FID}(135°) - \sqrt{2}\,\text{FID}(90°) \Rightarrow CH_3$$

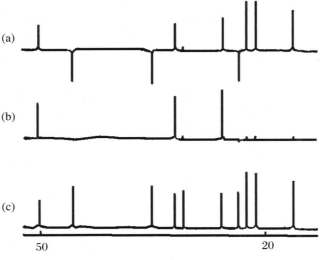

图 8.3.2 DEPT 用于谱编辑的一个实例

(a) $\theta = 135°$;(b) $\theta = 90°$;(c) $\theta = 45°$。

8.4　选择性脉冲傅里叶变换实验

8.4.1　选择性脉冲傅里叶变换实验的意义

非选择性脉冲均匀地影响整个谱范围,即它们对自旋的影响基本独立于它们的共振频率。这其中产生于有限射频功率范围的与频率有关的微弱影响通常是可以忽略的,或者可通过一些特殊的技术进行补偿。

然而,选择性脉冲对一些共振谱线的影响强烈地依赖于其共振频率。理想的情况是选择性脉冲只影响一个有限的可定义的共振频率区域,除此之外的其他所有共振都不受任何影响。

选择性激发脉冲的使用可以将谱的目标范围降低到一个比较小的区域,特别是当选择性脉冲应用于多维 NMR 实验时,可以起到改善数字分辨率、降低数据储存量、节省处理时间等作用。选择性激发甚至可降低多维谱的维数,从而大大节省实验时间和电脑存储空间。而且在选择性脉冲的作用下,具有不同共振频率的同核自旋表现像异核自旋一样,因此在多维实验里演化期部分的同核去耦可用选择性的 180°脉冲来实现。

一个理想的选择性脉冲应具有下述特征:① 具有好的选择性,即对有限的谱范围以外的自旋的影响可以忽略不计。② 选择性激发带来的相位畸变应尽可能小。当然,小的线性相位梯度是可以容忍的,因为这很容易通过补偿来消除它导致的谱的基线畸变。③ 选择性脉冲的长度应尽可能短,这是为了减小脉冲期间的一些不必要的影响,如 J 耦合、化学位移和弛豫的影响。

选择性激发可应用于实验的许多方面,包括:① 选择性照射的双共振实验。② 强溶剂峰的抑制。③ T_2 的测量。在同核 T_2 测量中,J 调制会引起干扰,若采用选择性激发和选择性重聚脉冲,可以避免 J 调制的影响。④ 弛豫机理的研究,如果在用反转恢复法测 T_1,交替采用选择性和非选择性脉冲作为重聚脉冲,然后比较这两种实验的结果,就可以求得交叉弛豫的贡献,这在研究 NOE 效应时尤为重要。⑤ ^{13}C 谱精细结构的研究。在质子去耦条件下,每种碳只给出一条谱线。如果在此时选择性地激发其中某一条线,并关掉去耦通道进行观测,就能测得所选 ^{13}C 的质子耦合谱。⑥ 研究慢化学交换的交换速率等。所以选择性 PFT 实验是十分重要的技术。

有很多技术被开发出来实现选择性激发。早期采用的是弱脉冲(或称软脉冲)激发,其强度满足 $|\nu_A - \nu_X| \gg \gamma B_1/2\pi > \Delta\nu_{1/2}$。在前面谈到双共振实验时,对第二射频辐照场 $\gamma B_2/2\pi$ 也有过类似的要求。这个条件的物理意义比较清楚,即射频场强度应比所要照射谱线的线宽强,但要比该谱线到最近邻谱线的距离弱得多。这样,射频场就只能影响所要研究的谱线,而不影响其他谱线。

另一种方法称为定制激发(Tailored Excitation),其基本思想是,根据所要激发的频谱,先计算与其对应的时间域函数,也就是说,对频谱作逆傅里叶变换,然后用这一时间函数调制射频脉冲的幅度或宽度来实现选择性激发。

8.4.2　预饱和压水峰

我们知道生物样品含有大量的水。首先是因为生物样品本身就含有水,离开了水,也就离开了其正常的生理环境;其次是溶解生物样品的缓冲液含有大量的水。通常生物核磁样品(溶质)的浓度是 3~5 mM,而溶剂或缓冲液中的水几乎是 100%,样品中质子的浓度约为 110 M。因此水峰的信号强度比溶质的信号强度大 4 个数量级。水峰太强,若要看到溶质的微弱信号,势必要将整个信号拉大。这样水峰宽大的底部会使得基线严重不平。由于计算机动态范围,即记录强、弱信号强度比的限制,弱信号容易丢失。因此有时除水峰(或其他溶剂峰)外,其他任何信号也看不到。

图 8.4.1(a)是一种血红蛋白的正常质子谱,溶剂为水。在谱中,可看到两个强峰:在 4.7 处的最强的峰是水峰,在 3.7 处的次强峰是磷酸缓冲液的质子峰。除此以外,别的信号很弱,或者根本就看不到。为了能看到溶质的信号,一定要压制水峰及别的溶剂峰。

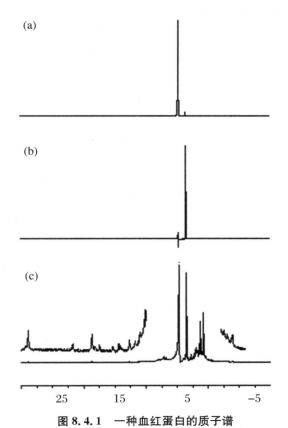

图 8.4.1　一种血红蛋白的质子谱

(a) 正常谱;(b) 压水峰;(c) 压水峰及磷缓峰后的谱。

预饱和压制溶剂峰的脉冲序列如图 8.4.2 所示。由于溶剂通常都是小分子,因此其纵向弛豫时间比较长。利用这一特点,可在恢复延时内,对溶剂峰进行预饱和,即用连续波进行长时间的照射。由于粒子不断地从下能级向上能级跃迁,一段时间后,上、下能级的粒子数相等,此时其信号强度变为零。由于溶剂质子的纵向弛豫时间较长,这种饱和状态维持的时间也比较长,因此在检测期也就看不到溶剂质子的信号,这样就达到了压制溶剂峰的目的。而溶质分子,特别是生物大分子,一般纵向弛豫时间较短,预饱和对其在检测期的信号观察影响较小。

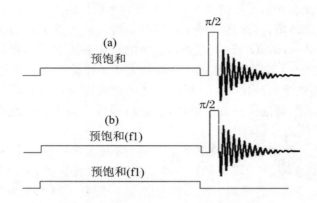

图 8.4.2 预饱和压制溶剂峰的脉冲序列
(a) 单个频率的预饱和;(b) 两个频率的预饱和。

图 8.4.1(b)是压水峰后的谱,这时磷酸缓冲液的峰还清晰可见。用两个频率同时饱和照射后,水峰和磷酸缓冲液峰得到了大大的压制,如图 8.4.1(c)所示。这时强度较小的信号峰变得清晰可见了。

8.4.3 WATERGATE

压制水峰绝不仅仅只有预饱和一种方法,还有很多更有效的实验技术,例如 WEFT、214脉冲、1331、3919、WATERGATE 脉冲等。这些实验方法可以作为一个模块很容易地嵌合到各种脉冲序列里,能达到理想的水峰抑制效果。其中使用较为广泛的是 3919 与WATERGATE。

WATERGATE 的脉冲序列如图 8.4.3 所示。前面的 $\pi/2$ 脉冲将磁化翻转到 xy 平面,后面的 π 脉冲产生 Hahn 回波。两个选择性脉冲,每个的长度为 1.7 ms(对 500 MHz 而言),选择性激发水的质子信号,其偏转角为 90°,但对水以外的别的磁化没有影响。这样,对水中的质子而言,两个选择性脉冲和中间的 π 脉冲的综合作用使水中质子的磁化维持不变,而两个磁场梯度可使水中质子的磁化完全散相,即磁化均匀分布在 xy 平面上。由于水中质子磁化的均匀分布而检测不到水的信号,这样就达到了抑制水峰的目的。

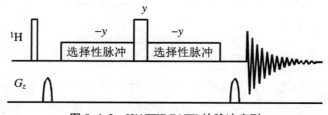

图 8.4.3 WATERGATE 的脉冲序列

WATERGATE 现在广泛应用于生物大分子的异核多维核磁共振实验中。

8.4.4 选择性激发

前面所介绍的序列主要是为了压制溶剂峰。有时候,我们只想激发某一特定频率的共振,或一定范围内的频率共振,这也需要选择性激发。矩形软脉冲的频率选择性是较差的。更好的选择性是通过成形脉冲获得的。成形脉冲(Shaped Pulse)在谱仪里由一脉冲成形单元产生。通常硬脉冲的射频需要与一个模拟信号相乘,模拟信号是由数模转换器(DAC)产生的。下面将介绍通常使用的几种成形脉冲:高斯脉冲、半高斯脉冲、带选脉冲 BURP。

1. 高斯脉冲

高斯脉冲是最广泛使用的选择性激发脉冲。高斯脉冲的包络可以表示为

$$f(t) = e^{-at^2} \tag{8.4.1}$$

由于只有当 $t = \infty$ 时,高斯函数才趋近于零,所以在实际应用中必须在一个适当的高度进行截断。事实上在最大幅度的 1% 的幅度处进行截断不会在激发曲线中引起明显的不连续性。图 8.4.4 是在 1% 处截断的高斯脉冲。虽然一个在 1% 的幅度处进行截断的高斯函数的激发函数在严格共振的地方与在 5% 的幅度处截断的高斯函数的激发函数没有多少差别,但在偏共振的地方差别却较大,因此应该选用在足够小的幅度处截断。

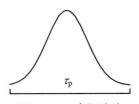

图 8.4.4 高斯脉冲

与矩形脉冲相反,一个等效的高斯脉冲(具有相同的脉冲长度和脉冲翻转角)在频域(即其激发函数)没有激发边带,对应于一种接近理想的频率选择性。根据傅里叶变换近似,高斯脉冲在频域的激发函数还是一个高斯函数。

在 1% 幅度处截断的高斯脉冲的激发宽度为 $\Delta\nu_{ex}$:

$$\Delta\nu_{ex} \sim \frac{1}{\tau_p} \tag{8.4.2}$$

超过这一区域,激发实际为零。上式中 τ_p 为高斯脉冲宽度。

高斯脉冲最大的缺点是在激发带里具有大的线性相位梯度,即 $\Delta\varphi = \Delta\omega\tau_p/2$。理论上这种线性相位可以校正,但实际上将引起谱图较大的基线扭曲。

2. 半高斯脉冲

仔细分析发现,高斯脉冲的线性相位梯度主要发生于高斯脉冲的后半段,而脉冲期间化学位移的影响是造成相位畸变的原因。因此为了改善高斯脉冲的激发效果,提出了半高斯脉冲,其形状为

$$f(t) = \begin{cases} e^{-a(t-t_0)^2}, & t \leqslant t_0 \\ 0, & t > t_0 \end{cases} \tag{8.4.3}$$

半高斯脉冲对 M_y 分量具有较好的选择性,但却是以具有较宽范围的 M_x 分量为代价的。半高斯脉冲的激发宽度为 $\Delta\nu_{ex}$:

$$\Delta\nu_{ex} \sim \frac{1}{\tau_p} \tag{8.4.4}$$

注意,这里 τ_p 为半高斯脉冲的宽度。

由于在半高斯脉冲期间没有显著的 J 耦合和化学位移的演化,因此高斯脉冲的所有缺

点可由半高斯脉冲克服。然而为了消除其色散分量,对于大多数脉冲必须再加一个清除脉冲。半高斯脉冲期间没有显著的 J 耦合的演化,这意味着半高斯脉冲适合于在选择性激发后需要同相磁化的那些实验。

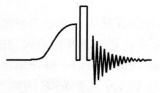

图 8.4.5　清除过的半高斯脉冲

半高斯脉冲对于 M_y 分量具有较好的选择性,但不幸的是对 M_x 分量却造成较宽的激发,这样会导致相位畸变。为了消除 M_x 分量,可在半高斯脉冲后再加一个 $\pi/2$ 硬脉冲,此脉冲称作清除脉冲(Purge Pulse),即清除掉 M_x 分量,而只剩下 M_y 分量,如图 8.4.5 所示,若半高斯脉冲的相位为 x,则设置 $\pi/2$ 的相位为 $\pm y$,然后两个 FID 相加就可消去 M_x 分量,而只留下 M_y 分量。

清除过的半高斯脉冲(Purged Half Gaussian Pulse)使获得高度选择性的吸收分量成为可能。由于选择的是吸收分量,因此理论上不需要进行任何一级相位校正。但由于脉冲宽度和相位设置得不理想可能会导致出现一些残余的色散分量,只需要通过较小的一级相位校正就可消除这种少量的色散分量。

3. 带选射频脉冲

前面所讨论的选择性脉冲适合于选择性激发单一频率的共振,并且会引入较大的相位梯度。在实际应用中,经常需要选择性地激发一个较宽的带,而不只是一个单一频率的共振,并且要在激发范围内具有均匀地激发和纯吸收相位的特点。BURP(Band-selective,Uniform Response,Pure-phase)脉冲就能满足上述要求。

BURP 脉冲包含两类,即初始磁化为 M_z 的状态和任意状态的两类。如果初始磁化为 M_z,那么带选的激发脉冲(90°)为 E-BURP,带选的翻转(180°)脉冲为 I-BURP;如果初始磁化为横向的,即 M_x 或 M_y,那么带选的激发脉冲(90°)为 U-BURP(U:universal),带选的(180°)脉冲为 RE-BURP(RE:refocusing)。

脉冲的设计思想是:先对激发带提出要求,如图 8.4.6 所示。脉冲形式表示为傅里叶级数,即

$$H_1(t) = \omega_1(t)I_x = \left\{A_0 + \sum_{n=1}^{\infty}\left[A_n\cos(n\omega t) + B_n\sin(n\omega t)\right]\right\}\omega I_x \qquad (8.4.5)$$

这里 ω_1 是射频场强,$\omega = 2/\tau$,τ 是脉冲长度。通过模拟退火方法,使上式中的系数 A_n,B_n 不断优化。在上式中的求和不可能到 ∞,实际上只求和到 n_{max}。

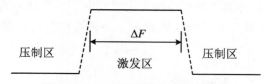

图 8.4.6　BURP 的激发区和压制区

在实际应用中是将整个脉冲期间 τ 分成 N_p 个等分,然后每一等分取一点,如取 $N_p = 64$ 或 256 个点。对应于各种 BURP 脉冲的系数列于表 8.4.1 中。

表 8.4.1　对应于不同 BURP 脉冲的系数 A_n, B_n

	E-BURP1		E-BURP2		I-BURP1		I-BURP2		U-BURP		RE-BURP	
n_{max}	8		10		9		11		20		15	
n	A_n	B_n	A_n	B_n	A_n	B_n	A_n	B_n	A_n	A_{10+n}	A_n	A_{10+n}
0	0.23	0.03	0.26	0	0.50	0	0.50	0	0.27		0.49	
1	0.00	0.03	0.91	−0.16	0.70	−1.54	0.81	−0.68	−1.42	−0.21	−1.02	−0.03
2	0.88	0.04	0.29	−1.82	−0.15	1.01	0.07	−1.38	−0.37	0.23	1.11	0.01
3	−0.40	−0.04	−1.28	0.18	−0.94	−0.24	−1.25	0.20	−1.84	−0.12	−1.57	−0.02
4	−1.04	−0.03	−0.05	0.42	0.11	−0.04	−0.24	0.45	4.40	0.07	0.83	0.00
5	−1.42	−0.02	0.04	0.07	−0.02	0.08	0.07	0.23	−1.19	−0.06	−0.42	−0.01
6	−0.24	0.00	0.02	0.07	−0.04	−0.04	0.11	0.05	0.00	0.06	0.26	
7	0.27	0.01	0.06	−0.01	0.01	−0.01	0.05	−0.04	−0.37	−0.04	−0.16	
8	0.14			−0.04	−0.02		−0.02	−0.04	0.50	0.03	0.10	
9	0.06		−0.02	0.00	−0.01	−0.01	−0.03	0.00	−0.31	−0.02	−0.07	
10			0.00	0.00			−0.02	0.01	0.18	0.02	0.04	
11							0.00	0.01				

注:在 U-BURP 和 RE-BURP 中,$B_n = 0$;A_n 分成了两列:第 1 列为 0～10,第 2 列为 11～n_{max}。表中数据适合于 $N_p = 256$ 点。

(1) E-BURP1,E-BURP2

E-BURP1 是选择性的(90°)激发脉冲,其初始磁化处在 z 方向。E-BURP1 可选择性地使 M_z 偏转 90°。在(8.4.5)式中的 $n_{max} = 8$。

图 8.4.7 给出了 E-BURP1 的脉冲形状(a)和其对应的频域激发分布图(b)。在图(a)中,脉冲宽度 $\tau = 10$ ms,于是在图(b)中的激发带宽的上部为 $4/\tau = 400$ Hz,下部为 $6/\tau = 600$ Hz。在图(b)中,实线为吸收分量,虚线为色散分量。

E-BURP2 类似于 E-BURP1,只是这里 $n_{max} = 10$。E-BURP2 好于 E-BURP1,因为其色散信号的激发相对于 E-BURP1 进一步减弱。

(2) I-BURP1,I-BURP2

I-BURP1 是选择性的(180°)翻转脉冲,其初始磁化处在 z 方向,即 I-BURP1 可选择性地使 M_z 翻转 180°,变成 $-M_z$,在(8.4.5)式中的 $n_{max} = 9$。

图 8.4.8 给出了 I-BURP1 脉冲的脉冲形状(a)和其对应的频域激发分布图(b)。在图(a)中,$N_p = 64$,脉冲宽度 $\tau = 10$ ms,于是在图(b)中的激发带下部为 $4/\tau = 400$ Hz,上部为 $6/\tau = 600$ Hz。

I-BURP2 类似于 I-BURP1,只是这里 $n_{max} = 11$。I-BURP1 和 I-BURP2 的激发没有明显的差别。

(3) U-BURP,REBURP

U-BURP 是选择性的 90°激发脉冲,与 E-BURP1 和 E-BURP2 不同,这里初始磁化处于旋转坐标系的 x 轴或 y 轴上。U-BURP 脉冲是对称的,因而在式中的 $B_n = 0$,这里 $n_{max} = 20$。

RE-BURP 是选择性的 180°翻转脉冲,这里初始磁化处于旋转坐标系的 x 轴和 y 轴上。

RE-BURP 脉冲也是对称的,因而在式中的 $B_n = 0$,这里 $n_{max} = 15$。

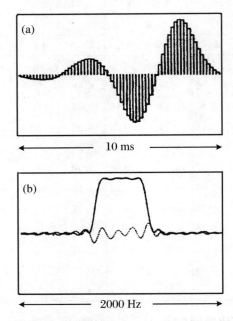

图 8.4.7 E-BURP1 脉冲的脉冲形状(a)和其对应的频域激发分布图(b)

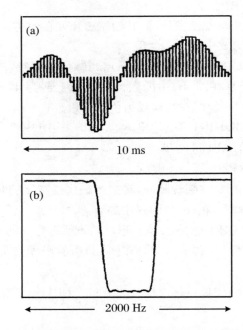

图 8.4.8 I-BURP1 脉冲的脉冲形状(a)和其对应的频域激发分布图(b)

第 9 章　二维磁共振波谱基本原理

9.1　引　　言

　　1953 年以 Watson 和 Crick 提出 DNA 双螺旋模型为标志的分子生物学的诞生引起了整个生物学的革命。对生物大分子结构和功能的研究是分子生物学的中心课题,大量实验表明生物大分子的功能不仅与其一级结构序列有关,而且与其三维空间结构有更密切的关联。对酶的催化机理、基因表达调控中的分子相互作用、胞膜的输运、肌肉的收缩和免疫机制等的理解,无一不要从空间结构的角度去探究。当今蛋白质工程的发展使人们有可能对蛋白质进行改造使其更好地为人类服务,这也要求人们具备蛋白质空间结构的知识。

　　虽然冷冻电镜解析生物大分子三维结构技术最近几年得到了迅猛的发展,其他如自由电子激光技术也方兴未艾,但不可否认的是,迄今为止,X 射线晶体衍射是阐明生物大分子空间结构最主要的技术,它可以提供在原子分辨率下有关蛋白质和核酸片段空间结构最完整的信息,它为分子生物学的发展作出了重大贡献。但是这一技术也有其固有的局限性,即:① 要求样品必须是晶体,但并非所有样品都易于结晶,且晶体状态并非生理状态。② 尽管 X 射线晶体衍射测到的温度因子可以反应分子柔性,但不能反映生物大分子动态变化的快慢。多少年来人们一直在致力寻求测定生物大分子溶液构象的方法,红外光谱、紫外光谱、CD、荧光光谱、激光拉曼光谱等都可以提供生物大分子溶液构象方面的信息。但是其中任何一种方法所得的结果都不能和 X 射线晶体衍射的结果相比拟。二维核磁共振波谱技术的发展提供了这方面的可能性。目前将 2D-NMR 和计算机模拟方法结合已实现不依赖于 X 射线晶体衍射独立测定分子量在 20000 以内甚至更大的蛋白质和核酸片段溶液三维空间结构的可能。瑞士苏黎世高工的 K. Wuthrich 和西德慕尼黑的马克思普朗克生化研究所的 R. Huber 分别用 2D-NMR 和 X 射线晶体衍射的方法独立测定 α-淀粉酶抑制剂 Tendamistat 在溶液和在晶体环境下的空间结构,二者得到的结果十分相似,两篇文章同时发表在《分子生物学杂志》1986 年 199 卷上,成为多维核磁共振应用于结构生物学研究的里程碑性工作。

　　二维核磁共振波谱的思想最早是由比利时科学家 Jeener 于 1971 年夏在南斯拉夫的国际暑假讲习班上提出的。1974~1975 年瑞士苏黎世物理学家 R. R. Ernst 对二维核磁共振波谱从理论到实验进行了仔细研究,他于 1976 年发表了用密度算符对二维核磁共振原理进行详尽的理论阐述的文章。自此 2D-NMR 的技术得到了非常迅速的发展。从 1979 年开始 K. Wuthrich 首先将 2D-NMR 的方法应用于蛋白质,于 1982 年发表了用 2D-NMR 对蛋白质[1]H 谱进行分析的系统方法。在此之后,K. Wuthrich 又发展了综合使用 2D-NMR 和距离几何计算方法得到蛋白质在溶液中的空间结构的方法。荷兰 W. F. Van Gunsteren 和 R. Kantein 则发展了将 2D-NMR 和计算机分子动力学模拟结合测定蛋白质和核酸溶液中空间结构的方法。

二维核磁共振波谱的基本思想如下:

现代核磁共振谱仪都是脉冲傅里叶变换核磁共振谱仪,即用矩形脉冲信号去激发处于外磁场下的核自旋系统,得到在时间域上的自由感应衰减信号 $S(t)$,再经过傅里叶变换后得到频率域上的核磁共振波谱 $S(\omega)$,信号包含了分子结构的信息。注意到 $S(t)$ 的相位及振幅与 $t=0$ 时刻之前核自旋系统的状态有关,若将前述 t 时间间隔改称为 t_2,在此之前再加上适当脉冲及 t_1 时间间隔,使核自旋系统在 t_2 时间内进行适当演化,并在适当范围内改变 t_1 的数值,则时间域上的自由感应衰减信号 $S(t_1,t_2)$ 是 t_1,t_2 的函数,在二次傅里叶变换之后,即得二维核磁共振波谱 $S(\omega_1,\omega_2)$,如图 9.1.1 所示。

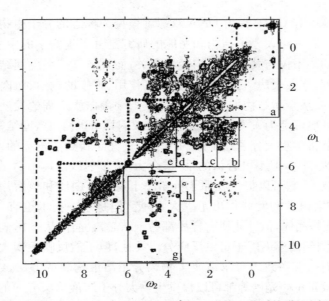

图 9.1.1　抑制剂 K(0.01 mmol · L⁻¹,pD 3.4,25 ℃,360 MHz,绝对值谱)重水溶液的[1]H COSY 谱

所有二维核磁共振波谱实验在时间域上都可分为四个时期,即准备期、演化期、混合期(可以没有)及检测期,如图 9.1.2 所示。

准备期一般比较长,使自旋系统达到热平衡。演化期,加上一个或多个射频脉冲使核系统演化。混合期包括脉冲和延迟时间。在检测期信号作为 t_2 的函数被检测,并以演化期的时间间隔 t_1 为参数。保持其余部分不变,而使演化期的时间 t_1 逐渐增加一个步长 Δt_1,重复多次实验,即可得到时间域的二维信号 $S(t_1,t_2)$,对此作二维傅里叶变换即得频率域的二维核磁共振谱 $S(\omega_1,\omega_2)$。

二维核磁共振波谱具有如下特点:

(1) $S(\omega_1,\omega_2)$ 并不是 $S(\omega_1)$ 和 $S(\omega_2)$ 的简单叠加,而包含了比一维谱丰富得多的信息。

以二维化学位移相关谱(COSY 谱)为例。对角峰对应于正常的一维谱,而交叉峰则反映了质子间的 J 耦合关系。

又如核欧沃豪斯效应相关谱(NOESY),对角峰也是对应于正常的一维谱,而交叉峰则

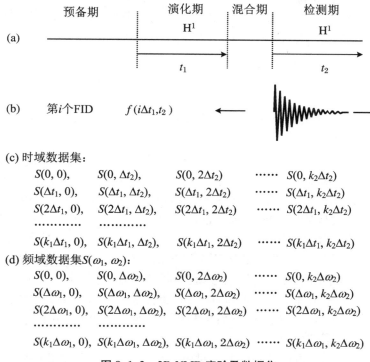

图 9. 1. 2 2D-NMR 实验及数据集

反映了质子间通过空间的核欧沃豪斯效应形成的关系。

而若用一维谱要得到上述信息,则需要做一系列同核去耦实验或核欧沃豪斯差谱实验,并且由于蛋白质谱峰重叠,上述信息一般是难以精确得到的。

（2）实验方法灵活多样。

R. R. Ernst 在 1976 年发表的文章奠定了用量子统计的系统理论描述 2D-NMR 原理的理论基础。2D-NMR 实验通常利用多脉冲序列对核自旋系统进行激发,观察在此多脉冲序列下核自旋系统的演化得到时间域上的信号,再经过二次傅里叶变换得到二维核磁共振波谱信号。而上述多脉冲序列下核自旋系统的演化过程完全可由核自旋系统的密度矩阵的运动方程,即刘维方程来描述,

$$\frac{\mathrm{d}\hat{\rho}}{\mathrm{d}t} = \frac{i}{\hbar}[\rho, \hat{H}]$$

为简化上述运算,1983 年 R. R. Ernst 又发表了以单自旋算符的乘积算符作为核自旋系统密度算符的基算符,从而使上述运算大为简化并且直观,在上述理论的基础上,人们设计了各种具有合适的哈密顿算符的多脉冲序列（包括其间的时间间隔）来产生各种有用的二维核磁共振波谱,上述方法被称为"自旋工程"（Spin Engineering）。目前 2D-NMR 和其他多维谱的新实验方法还在不断出现,目的是对复杂的波谱特别是生物大分子的核磁共振波谱进行分析。

（3）可以间接检测到在普通核磁共振实验中检测不到的跃迁,如多量子跃迁。

二维核磁共振谱可分为三类:

① 位移相关谱。这类实验可以将相互耦合的核或者是具有化学交换的核,或是有相互

弛豫的核的化学位移相关联。

② 2D-J 谱。在 J 谱中可将决定波谱共振位置的两个参数即标量耦合和化学位移分开。

③ 多量子谱。二维 NMR 实验可以用来检测和应用多量子跃迁。

9.2 2D-NMR 的 FT 及线型

对于一维 NMR 实验,最早出现的是采用单通道采样方式。由于单通道采样不能区分正负频率的共振,因此只好将发射机中心频率设置在谱的一端。为了能够调节 NMR 信号,即波谱的相位,对通过单通道采样的 FID 进行复数傅里叶变换,从而得到 NMR 谱的实部和虚部,它们分别对应于吸收信号和色散信号。通常由于仪器等原因,对得到的 FID 进行 FT 后,其实部并不全是吸收信号,虚部也并不全是色散信号。实际上,吸收信号和色散信号总是混在一起。为了能够得到纯的吸收信号,就需要调相,即将其实部和虚部重新组合,而得到纯的吸收信号。后来出现了双通道采样方式,能够区分共振的正负频率。但同样也要通过复数 FT,得到波谱的实部和虚部,然后再利用其实部和虚部进行调相。因此为了能够调相,FT 后的虚部是必不可少的。

对于 2D-NMR 实验,道理是一样的。对第一维和第二维,既要能够区分正负频率的共振,也要能够调相。因此问题变得比 1D-NMR 更复杂。

9.2.1 2D-NMR 的 FT

假设 2D-NMR 实验得到的 FID 为

$$f(t_1,t_2) = M_0 e^{-i\Delta\omega_1 t_1} e^{-i\Delta\omega_2 t_2} e^{-(t_1+t_2)/T_2} \tag{9.2.1}$$

在上式中假设在两维的自旋-自旋弛豫时间 T_2 相等。进行二维复数 FT 后,得到的波谱为

$$\begin{aligned}F(\omega_1,\omega_2) &= \int_0^\infty\int_0^\infty f(t_1,t_2)e^{i\omega_1 t_1}e^{i\omega_2 t_2}dt_1 dt_2\\ &= M_0(a_1+id_1)(a_2+id_2)\\ &= M_0[a_1 a_2 - d_1 d_2 + i(a_1 d_2 + a_2 d_1)]\end{aligned} \tag{9.2.2}$$

其中

$$a_1 = \frac{T_2}{1+(\omega_1-\Delta\omega_1)^2 T_2^2}, \quad d_1 = \frac{(\omega_1-\Delta\omega_1)T_2^2}{1+(\omega_1-\Delta\omega_1)^2 T_2^2}$$

$$a_2 = \frac{T_2}{1+(\omega_2-\Delta\omega_2)^2 T_2^2}, \quad d_2 = \frac{(\omega_2-\Delta\omega_2)T_2^2}{1+(\omega_2-\Delta\omega_2)^2 T_2^2}$$

我们分别对(9.2.2)式右边的前三项进行讨论。

1. $a_1 a_2$

$$a_1 a_2 = \frac{T_2}{1+(\omega_1-\Delta\omega_1)^2 T_2^2}\frac{T_2}{1+(\omega_2-\Delta\omega_2)^2 T_2^2} \tag{9.2.3}$$

显然,该项两维都是洛伦兹纯吸收线型,如图 9.2.1(a)、(b)所示。图 9.2.1(a)给出的是堆积图,而图 9.2.1(b)给出的是等高线图。

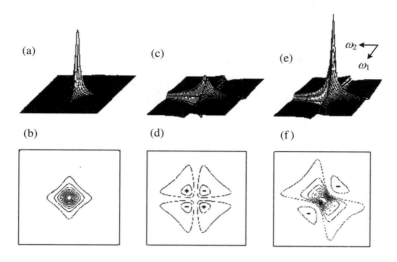

图 9.2.1　2D 谱的峰形

(a)和(b)为纯吸收 $a_1 a_2$，(c)和(d)为纯色散 $-d_1 d_2$，(e)和(f)为混合相位峰形
$a_1 a_2 - d_1 d_2$。(a)、(c)和(e)为堆积图，(b)、(d)和(f)为等高线图。

2. $-d_1 d_2$

$$- d_1 d_2 = - \frac{(\omega_1 - \Delta\omega_1) T_2^2}{1 + (\omega_1 - \Delta\omega_1)^2 T_2^2} \frac{(\omega_2 - \Delta\omega_2) T_2^2}{1 + (\omega_2 - \Delta\omega_2)^2 T_2^2} \qquad (9.2.4)$$

该项两维都是洛伦兹纯色散线型，如图 9.2.1(c)、(d)所示。图 9.2.1(c)给出的是堆积图，
而图 9.2.1(d)给出的是等高线图。

3. $a_1 a_2 - d_1 d_2$

该项是(9.2.3)式和(9.2.4)式的差，显然，既包含吸收信号，也包含色散信号，如
图 9.2.1(e)、(f)所示。图 9.2.1(e)给出的是堆积图，而图 9.2.1(f)给出的是等高线图。我
们把这种既有吸收信号又有色散信号的情况称为相位扭曲。

9.2.2　获得纯吸收信号的途径

从上面的分析可知，若进行通常的 2D-FT，那么得到的 2D 谱的峰形将是相位扭曲的，
不利于谱的解析。有几种方式可以得到纯的吸收线型，下面将分别予以介绍。

1. 调制方式

2D-NMR 在 t_1 期间的演化过程，也就是一种进行频率标记的过程，或者也可以认为是
对第二维的演化的一种调制过程。在二维 NMR 里，有两种调制方式：相位调制和幅度调
制。相位调制的形式为

$$\begin{aligned} f(t_1, t_2) &= M_0 e^{-i\Delta\omega_1 t_1} e^{-i\Delta\omega_2 t_2} e^{-(t_1+t_2)/T_2} \\ &= M_0 e^{-i\varphi} e^{-i\Delta\omega_2 t_2} e^{-(t_1+t_2)/T_2} = M_0 e^{-i(\Delta\omega_2 t_2 + \varphi)} e^{-(t_1+t_2)/T_2} \end{aligned} \qquad (9.2.5)$$

其中 $\varphi = \Delta\omega_1 t_1$。这就是说 F_1 维的演化等效于在改变 F_2 维演化的相位。

幅度调制的形式为

$$f(t_1, t_2) = M_0 \cos(\Delta\omega_1 t_1) e^{-i\Delta\omega_2 t_2} e^{-(t_1+t_2)/T_2} \qquad (9.2.6)$$

即 F_1 维的演化等效于一种对 F_2 维演化的幅度的改变。

这两种调制方式对 2D-FT 有不同的影响。

2. 取幅度谱的方法

对相位调制的 FID 有：

$$f(t_1, t_2) = M_0 \mathrm{e}^{-\mathrm{i}(\Delta\omega_1 t_1 + \varphi_1)} \mathrm{e}^{-\mathrm{i}(\Delta\omega_2 t_2 + \varphi_2)} \mathrm{e}^{-(t_1 + t_2)/T_2} \qquad (9.2.7)$$

进行 2D-FT 后得

$$F(\omega_1, \omega_2) = M_0(a_1 + \mathrm{i}d_1)(a_2 + \mathrm{i}d_2)\mathrm{e}^{-\mathrm{i}(\varphi_1 + \varphi_2)}$$

$$= M_0 \mathrm{e}^{-\mathrm{i}(\varphi_1 + \varphi_2)} \frac{T_2}{1 + \mathrm{i}(\omega_1 - \Delta\omega_1)T_2} \frac{T_2}{1 + \mathrm{i}(\omega_2 - \Delta\omega_2)T_2} \qquad (9.2.8)$$

显然,从上式得不到纯的吸收谱,因为其实部是相位扭曲的。但若对上式取绝对值,可以得到纯吸收峰形,

$$|F(\omega_1, \omega_2)| = M_0 \frac{T_2}{\sqrt{1 + (\omega_1 - \Delta\omega_1)^2 T_2^2}} \frac{T_2}{\sqrt{1 + (\omega_2 - \Delta\omega_2)^2 T_2^2}}$$

$$= M_0 T_2 \sqrt{a_1 a_2} \qquad (9.2.9)$$

图 9.2.2 给出了洛伦兹线型 a_1 和 $\sqrt{a_1}$ 的比较,其实线为 a_1 随频率的变化曲线,而虚线为 $\sqrt{a_1}$ 随频率的变化曲线。显然,后者比前者宽得多。

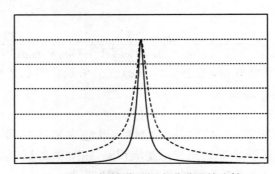

图 9.2.2 相敏谱和幅度谱谱形的比较

实线对应于 a_1,虚线对应于 $\sqrt{a_1}$。

3. TPPI 方法

对幅度调制的 FID 的第一维进行实变换,而对第二维进行复数变换可得：

$$F(\omega_1, \omega_2) = M_0 \int_0^\infty \int_0^\infty \cos(\Delta\omega_1 t_1) \mathrm{e}^{-\mathrm{i}\Delta\omega_2 t_2} \mathrm{e}^{-(t_1 + t_2)/T_2} \cos(\omega_1 t_1) \mathrm{e}^{-\mathrm{i}\omega_2 t_2} \mathrm{d}t_1 \mathrm{d}t_2$$

$$= M_0/2 [a_1(\Delta\omega_1) + a_1(-\Delta\omega_1)](a_2 + \mathrm{i}d_2) \qquad (9.2.10)$$

其中 $a_1(\Delta\omega_1)$、$a_1(-\Delta\omega_1)$ 表示为共振频率出现在 $\pm\Delta\omega_1$ 处的洛伦兹线,即

$$a_1(\Delta\omega_1) = \frac{T_2}{1 + (\omega_1 - \Delta\omega_1)T_2^2}, \quad a_1(-\Delta\omega_1) = \frac{T_2}{1 + (\omega_1 + \Delta\omega_1)T_2^2} \qquad (9.2.11)$$

由于第一维是实函数的实变换,类似于单通道采样的 FT,因此不能区分其正、负频率的共振。在 1D-NMR 里,若是双通道轮流采样,为了能区分其正、负频率的共振,通过将 FID 的离散点分别乘以 $1, 1, -1, -1, \cdots$ 使接收机的频率设置在谱的一端,从而避免这种不能区分其正、负频率的共振的缺点。

在二维谱里,也有类似的方法。这里不是将 FID 的离散点分别乘以 $1, 1, -1, -1, 1, 1,$

$-1,-1,\cdots$，而是改变二维实验脉冲序列的准备脉冲的相位，即通过 TPPI（Time Proportional Phase Increments），使其按 $0\ 1\ 2\ 3\ 0\ 1\ 2\ 3\cdots$ 循环变化。相位为 $0(0^\circ)$ 时，接收机接收的是实部信号 $[$ 如 $\cos(\Delta\omega_1 t_1)]$；相位为 $1(90^\circ)$ 时，接收机接收的是虚部信号 $[$ 如 $\sin(\Delta\omega_1 t_1)]$；相位为 $2(180^\circ)$ 时，接收机接收的是负的实部信号 $[$ 如 $-\cos(\Delta\omega_1 t_1)]$；相位为 $3(270^\circ)$ 时，接收机接收的是负的虚部信号 $[$ 如 $-\sin(\Delta\omega_1 t_1)]$。这样也就等效于将通常的 FID 的各离散点分别乘上了 $1,1,-1,-1,\cdots$。于是与 1D-NMR 里双通道轮流采样相似，将接收机的频率设置在谱的一端，从而避免这种不能区分其正、负频率的共振的缺点。

图 9.2.3 给出了 TPPI 方法区分正、负频率的共振峰的原理图。如果不进行 TPPI，那么得到的谱将如图 9.2.3(a) 一样，真实共振峰和其镜像混合在一起，不能被区分开来。但进行 TPPI 后，正像双通道轮流采样方式一样，在第一维将其真实共振峰的频率位移 $+sw/2$，而将其镜像位移 $-sw/2$。这样真实共振峰位于正频率端，而其镜像位于负频率端，且正、负两端完全对称，如图 9.2.3(b) 所示。

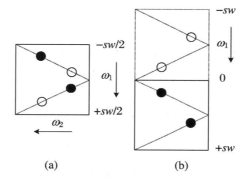

图 9.2.3　TPPI 方法区分正、负频率共振峰的原理图

● 表示真实共振峰，○ 表示其镜像。

4. 超复数 2D-FT 方法

前面说过，在一维谱里要进行调相，必须具有两个独立的分量，即一个实部和一个虚部。那么在二维谱里，若要对两维都进行调相，必须具有四个独立的分量。对于相位调制的 FID，二维 FT 后，只有两个分量，因此不能调相，只好用幅度谱；对于幅度调制的 FID，可用 TPPI 方法区分其正、负频率的共振以及调相。为了实现对二维谱的调相，还有另一种方法，即超复数 2D-FT 方法，或称之为 States-Haberkon-Ruben（SHR）方法。

SHR 方法的基本思想是做两个实验，这两个实验的准备脉冲的相位相差 90°，将这两个实验所获得的 FID 合起来，形成第一维的正交取数，

$$\text{实验 1} \begin{cases} \text{正交分量 } S_x : S_{rr}(t_1,t_2) \\ \text{正交分量 } S_y : S_{ri}(t_1,t_2) \end{cases}$$
$$(\varphi^{\text{prep}}=0^\circ)$$

$$\text{实验 2} \begin{cases} \text{正交分量 } S_x : S_{jr}(t_1,t_2) \\ \text{正交分量 } S_y : S_{ji}(t_1,t_2) \end{cases}$$
$$(\varphi^{\text{prep}}=90^\circ)$$

由上述两个实验所获得的四个分量，形成一个超复数，

$$S(t_1,t_2) = S_{rr}(t_1,t_2) + \mathrm{i}S_{ri}(t_1,t_2) + \mathrm{j}[S_{jr}(t_1,t_2) + \mathrm{i}S_{jr}(t_1,t_2)] \qquad (9.2.12)$$

这样就实现了在二维谱的两维都能进行正交取数的目的，因而两维都能调相。如：

$$f(t_1,t_2) = M_0 \mathrm{e}^{-\mathrm{j}\Delta\omega_1 t_1} \mathrm{e}^{-\mathrm{i}\Delta\omega_2 t_2} \mathrm{e}^{-(t_1+t_2)/T_2} \qquad (9.2.13)$$

2D-FT 后得到

$$F(\omega_1, \omega_2) = \int_0^\infty \int_0^\infty f(t_1, t_2) e^{j\omega_1 t_1} e^{i\omega_2 t_2} dt_1 dt_2$$
$$= M_0(a_1 + jd_1)(a_2 + id_2) \tag{9.2.14}$$

由于两维都有两个独立的分量,就可对两维分别进行调相。

9.3　异核化学位移相关谱

　　检测大分子质子谱的根本性困难在于:许多谱峰过分地拥挤在一个较小的频率范围,难以进行分析。过去,人们一直致力于不断地提高磁场强度,希望把化学位移分离得更大。后来,又探索另一种途径,即把谱分解成为较简单的部分谱。二维实验中引入另一个频率变量,为谱的分解打开了新的局面,使原来拥挤在一个线段上的密集谱线,现在可从容地分散在一个平面上。二维异核化学位移相关谱中用的最为广泛的是 $[^{15}N—^1H]$—HSQC 和 $[^{13}C—^1H]$—HSQC。这两种二维实验的脉冲序列有许多变种,但下面只介绍最简单的方案。

9.3.1　$[^{15}N—^1H]$—HSQC

　　HSQC 即异核单量子相关(Hetero-nuclear Single Quantum Correlation)。

　　在$[^{15}N—^1H]$—HSQC 实验脉冲序列中(图 9.3.1),^1H 的纵向磁化由前面的 INEPT 转移给^{15}N 核。随后,具有相位为 φ_1 的脉冲将^{15}N 的磁化翻转到横向;^{15}N 的磁化在 t_1 期间进行频率标记。t_1 期间的^1H 180°脉冲用于对^1H 去耦。具有相位为 φ_2 的脉冲将^{15}N 的已进行过频率标记的横向磁化翻转到纵向。最后一个反向 INEPT 将^{15}N 的磁化转移给^1H,随后^1H 的横向磁化在 t_2 期间进行频率标记并检测。这里为了压制水峰,用到了选择性 90°脉冲。这里的选择性 90°脉冲只激发水的信号,对别的质子信号没有影响。前面的两个选择性 90°脉冲是为了将水中^1H 的磁化翻转到纵向,以便减少水中质子与氨基质子的交换。最后用到了前面已介绍过的 WATERGATE。WATERGATE 对水峰有较好的压制效果。

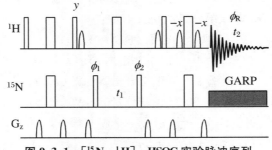

图 9.3.1　$[^{15}N—^1H]$—HSQC 实验脉冲序列
窄脉冲为 90°脉冲,宽脉冲则为 180°脉冲。$\varphi_1 = (x, -x)$;$\varphi_2 = (x, x, -x, -x)$;$\varphi_R = (x, -x, -x, x)$。缺省相位为 x。

在[^{15}N—^{1}H]—HSQC 谱里，每一个（已形成肽键）酰胺基（^{15}N—^{1}H）都有一个共振峰。在 F_1 方向（纵坐标），共振峰出现在 ^{15}N 的共振频率处；在 F_2 方向（横坐标），共振峰出现在 ^{1}H 的共振频率处。由于酰胺基处在不同的环境，它们的 ^{15}N 和 ^{1}H 有不同的共振频率，因而氨基的共振峰会出现在 2D[^{15}N—^{1}H]—HSQC 谱里的不同位置。对于某些侧链的 ^{15}N—^{1}H$_2$，在 2D[^{15}N—^{1}H]—HSQC 谱里，会出现两个共振峰。这两个共振峰具有相同的 ^{15}N 共振频率，不同的 ^{1}H 共振频率，所以这两个峰会出现在同一水平线上，在谱上容易区分。而且 ^{15}N—^{1}H$_2$ 由于其自身的屏蔽，它们的共振峰相对于 ^{15}N—^{1}H 应出现在高场端，因而 ^{15}N—^{1}H$_2$ 的共振峰都处在 2D[^{15}N—^{1}H]—HSQC 谱里的右上角区域。如图 9.3.2 所示。

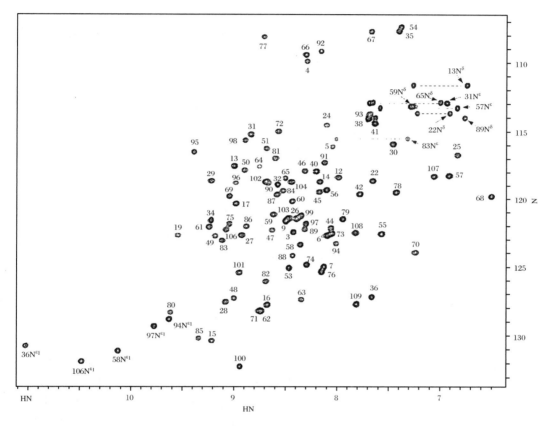

图 9.3.2　2D[^{15}N—^{1}H]—HSQC 谱

9.3.3　[^{13}C—^{1}H]—HSQC

[^{13}C—^{1}H]—HSQC 是用于建立侧链 ^{13}C、^{1}H 间的联系，每一个侧链碳氢基团在 2D[^{13}C—^{1}H]—HSQC 谱里都有一个对应的共振峰。

[^{13}C—^{1}H]—HSQC 实验脉冲序列类似于[^{15}N—^{1}H]—HSQC 脉冲序列。其差别在于以下三个方面：① 将[^{15}N—^{1}H]—HSQC 脉冲序列中的 ^{15}N 通道改为 ^{13}C 通道。② 增加对羰基 ^{13}C' 的去耦，这时由于羰基 ^{13}C' 对 ^{13}C$^\alpha$ 有较大的耦合。虽然 ^{15}N 对 ^{13}C$^\alpha$ 也有耦合，但是它们之间的耦合较小，所以不一定要去耦。当然也可增加一个通道用一个 180° 脉冲对 t_1 期间

的 ^{15}N 去耦。③ 压制水峰的方式不同。在 $2D[^{15}N—^1H]$—HSQC 实验里,由于氨基质子的共振峰的化学位移大于 7.5,远离水峰的共振位置(4.7),因此可用载频处在 4.7 处的选择性 90°脉冲来选择性翻转水的共振信号。但是在 $2D[^{13}C—^1H]$—HSQC 实验里,由于有一些 $^1H^\alpha$,其共振位置接近水峰的共振位置。因此选择性的 90°脉冲,不仅激发水峰的信号,而且对这些接近水峰共振位置的 $^1H^\alpha$ 也会有影响。所以在 $[^{13}C—^1H]$—HSQC 实验里不能使用载频在 4.7 处的选择性脉冲。为了压制水峰,在 t_1 的两端施加两个方向相反的梯度,将水的横向磁化打散以致均匀分布在 xy 平面上。为了进一步压制水峰,在检测前再加一个质子 90°脉冲。这个 90°脉冲可将剩余的水的横向磁化翻转到 z 方向以致检测不到。

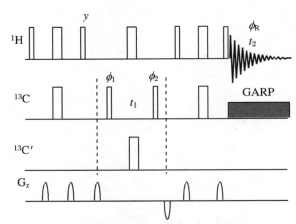

图 9.3.3 $[^{13}C—^1H]$—HSQC 实验脉冲序列

窄脉冲为 90°脉冲,宽脉冲则为 180°脉冲。$\varphi_1=(0,2)$;
$\varphi_2=(0,0,2,2)$;$\varphi_R=(0,2,2,0)$。缺省相位为 x。

图 9.3.4(a)是 ^{13}C 均匀标记的泛素(Ubiquitin)在 500 MHz 仪器上记录的 $2D[^{13}C—^1H]$—HSQC 谱。在这个 2D 谱里,脂肪碳的共振频率范围较大,谱宽为 9090.9 Hz(72.3)。为了提高数字分辨率,通常 ^{13}C 这一维的谱宽只设定为 3000~4000 Hz。于是在这一范围之外的共振峰将产生折叠。为了区分已被折叠的共振峰和未折叠的共振峰,可将 t_1 的起始延时(Delay)设为 $1/(2\times sw)$,这里 sw 为 ^{13}C 的谱宽(单位:Hz)。由采样定理知,$1/(2\times sw)$ 即是半个采样间隔。这样已被折叠的峰与未折叠的峰具有相反的符号,即若前者为正峰,则后者为负峰。但是这些正峰和负峰不会互相抵消,因为它们出现在谱的不同位置。图 9.3.4(b)为谱宽设为 3971.4 Hz 且 t_1 的起始延时设为半个采样间隔后所记录的 2D 谱。这时图 9.3.4(a)中两条虚线内的共振峰不产生折叠,还出现在图 9.3.4(b)中的原有共振频率处。但图 9.3.4(a)中上下两头的共振峰将被折叠。图 9.3.4(a)右上角的共振峰被折叠到图 9.3.4(b)中的右下角;图 9.3.4(a)中左下角的共振峰被折叠到图 9.3.4(b)的左上角。这就是在第 7 章曾介绍过的"反边折叠"。为了区分折叠共振峰与未折叠共振峰,在图 9.3.4(b)中,折叠过来的共振峰只用一圈等高线表示。这样,利用折叠技术可将数字分辨率提高近 3 倍。

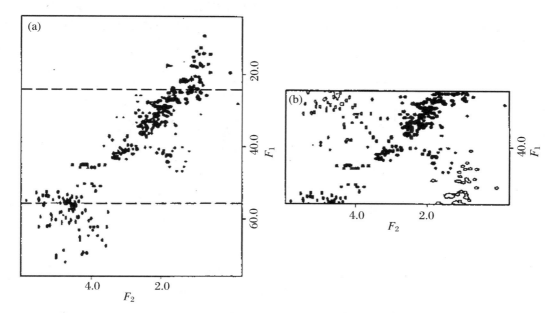

图 9.3.4 **(a)** ^{13}C 均匀标记的泛素在 **500 MHz** 仪器上记录的 2D[^{13}C—^{1}H]—HSQC 谱；**(b)** t_1 起始延时设为半个采样间隔且 ^{13}C 谱宽设为 33 后被折叠和未折叠的共振峰

9.4　同核化学位移相关谱

同核化学位移相关谱就是通过同核^{1}H—^{1}H 之间的 J 耦合或 NOE 效应来建立核与核之间的联系的 NMR 谱。同核化学位移相关谱可由 COSY（又分为相敏 COSY 和幅度 COSY）、DQF-COSY、TOCSY、NOESY 和 ROESY 等来实现。我们分别予以讨论。

9.4.1　相敏 COSY

COSY（Correlation Spectroscopy）表示化学位移相关谱。由本章 9.2 节可知要实现相敏 COSY，必须使 FID 的第一维变成幅度调制。图 9.4.1 给出了相敏 COSY 的脉冲序列和相位循环。

考虑 AX 体系，设 $\theta = 90°$，且 $\varphi_1 = \varphi_2 = \varphi_R = 0$，经计算可得

$$S \propto \frac{1}{4}\left[\sin(\Delta\omega_1 + \pi J)t_1 + \sin(\Delta\omega_1 - \pi J)t_1\right]\left[e^{i(\Delta\omega_1 + \pi J)t_2} + e^{i(\Delta\omega_1 - \pi J)t_2}\right]$$

$$- \frac{i}{4}\left[\cos(\Delta\omega_1 + \pi J)t_1 - \cos(\Delta\omega_1 - \pi J)t_1\right]\left[e^{i(\Delta\omega_2 + \pi J)t_2} - e^{i(\Delta\omega_2 - \pi J)t_2}\right] \quad (9.4.1)$$

为了得到两维都能调相的 COSY 谱，对第一维进行实的 cos 变换，由于实变换不能区分正、负频率的信号，因此用 TPPI 方法使谱的零频率点移到一边。cos 调制的 FID 的 cos 分量变换得到纯吸收信号 a_1；sin 调制的 FID 的 cos 分量变换得纯色散信号 d_1；第二维进行复

变换,得 $a_2+\mathrm{i}d_2$。于是对上式中的第二项进行 2D-FT 得 $\mathrm{i}a_1(a_2+\mathrm{i}d_2)$,取其虚部得 4 个正负交替的纯吸收峰;对上式中第一项进行 2D-FT 得 $d_1(a_2+\mathrm{i}d_2)$,同样取其虚部得 4 个纯色散峰。

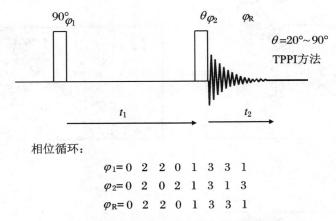

相位循环:

$\varphi_1=$ 0 2 2 2 0 1 3 3 1
$\varphi_2=$ 0 2 0 2 1 3 1 3
$\varphi_R=$ 0 2 2 2 0 1 3 3 1

图 9.4.1　相敏 COSY 的脉冲序列和相位循环

以上的结果是第一个核的磁化转移给第二个核所获得的,同样对于第二个核也有类似的计算过程,其结果只需把(9.4.1)式中的 $\Delta\omega_1$ 和 $\Delta\omega_2$ 互换。因此对于 AX 体系,其 COSY 谱共有 16 个峰,如图 9.4.2 所示。其中有 8 个峰称为交叉峰,另外 8 个峰称为对角峰。交叉峰就是由于相干转移产生的。

由图 9.4.2 可见,COSY 谱可通过 J 耦合建立起核与核之间的联系。对于通过 2 个键或 3 个键连接的质子,它们之间有较强的交叉峰。因此,反过来我们可认为,只要有交叉峰,那么这个交叉峰对应的 2 个质子一定是通过 2 个键或 3 个键连接的质子,即同碳或邻碳质子。当然对于共轭体系,由于其 π 电子的离域共轭作用,使得 4 个键连接的质子之间也有较强的 J 耦合,这时它们之间也可能出现交叉峰。

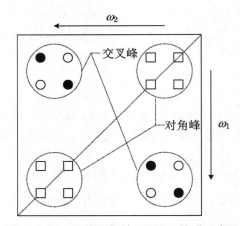

图 9.4.2　AX 体系相敏 COSY 二维谱示意图
● 表示正的纯吸收峰,○表示负的纯吸收峰,□表示纯色散峰。

图 9.4.3 是 2,3-二溴噻吩质子 AB 系统的 60 MHz 的相敏 COSY。显然,对角峰是纯色散的,而交叉峰是纯吸收的。在 $\omega_1=0$,且平行于 ω_2 轴的轴线上,共有 4 个峰,它们就是

轴峰。这里的轴峰是由 t_1 期间恢复的纵向磁化分量在第二个脉冲作用下转化为可观测量所引起的。显然其 $\omega_1 = 0$，即落在 $\omega_1 = 0$ 的轴线上。

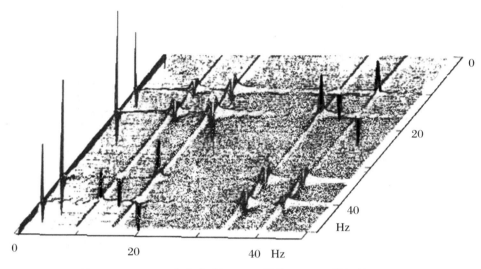

图 9.4.3　2,3-二溴噻吩质子 AB 系统的 60 MHz 的相敏 COSY

上面讨论的是 AX 自旋体系，对于别的自旋体系，将进一步产生自旋分裂。图 9.4.4 给出的是 BUSI 蛋白的 Cys-57 的酰胺基质子 NH 与 α-H 的相敏 COSY 的交叉峰精细结构。如果只考虑 NH-αH 之间的耦合，那么它们的交叉峰应该只有 4 个，但这里却有 8 个。这 8 个交叉峰是由于 β 质子对 α 质子的分裂产生的。如果我们考虑 NH-αH 的交叉峰，那么我们称酰胺基质子 NH 对 α-H 的耦合为主动耦合，而两个 β 质子对 α-H 的耦合为被动耦合。主动耦合产生的自旋分裂是反相的（由反相分量产生相干转移），被动耦合产生的分裂是同相的。从图 9.4.4(c) 的分裂可以了解图 9.4.4(b) 的交叉峰图形。设 $^1J_{\beta\alpha} > {}^1J_{\alpha N} > {}^1J_{\beta'\alpha}$，我们先考虑 $^1J_{\beta\alpha}$ 对 α-H 的耦合，由于是被动耦合，因而分裂成同相的两重峰；然后考虑 NH 对 α-H 的耦合，由于是主动耦合，因而对上述二重分裂，再产生反相分裂。这时出现四个峰，其相位为：+，-，+，-；如果还有 β 质子对 α-H 的耦合，将对上述四重峰进一步产生同相分裂，而形成八重峰。这时它们的相位为：+，+，-，-，+，+，-，-。这是图 9.4.4(c) 的纵向分裂情况。这就是说，α-H 由于 NH 和两个 β 质子的耦合而分裂成八重峰。另外，由于 β 质子相隔 NH 较远，因而对 NH 没有耦合。NH 的分裂是由于 α-H 对 NH 的耦合而产生的，并且由于是主动耦合而产生反相分裂。这样 NH 和 α-H 的交叉峰就是由 NH 的反相的二重峰与 α-H 的正负交替的八重峰的交叉产生的，所以应该共有 16 个交叉峰。但是由于 $^1J_{\beta'\alpha}$ 较小，它对 α-H 的分裂往往无法分辨，因而只能看到 8 个交叉峰，如图 9.4.4(b) 所示。图 9.4.4(a) 是图 9.4.4(b) 的一个截面，两个峰是反相的，其间隔就是 NH-αH 之间的耦合常数 $^1J_{\alpha N} = 55$ Hz。

图 9.4.5 给出了其他几种自旋系统的相敏 COSY 的交叉峰的精细结构。其中实心圆代表正峰，空心圆代表负峰，圆的大小代表峰的强度。

相敏 COSY 的特点及注意事项如下：

（1）获得的是相敏谱，即 F_1 和 F_2 维都可调相。2D-FT 对第一维进行实变换，第二维进行复变换。由于实变换不能区分正、负频率的共振峰，因而用 TPPI 方法将其正、负频率的共

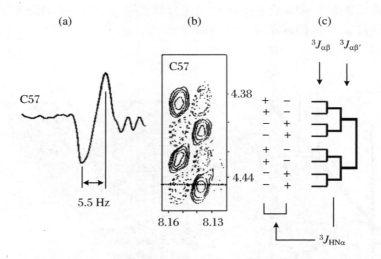

图 9.4.4　BUSI 的 Cys-57 的酰胺基质子 NH 与 α-H 的相敏 COSY 的交叉峰精细结构
（a）交叉截面；（b）NH-αH 的交叉峰的等高线图，其中实线为正峰，虚线为负峰；（c）自旋-耦合。

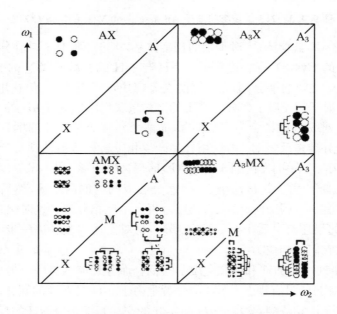

图 9.4.5　几种自旋系统的相敏 COSY 的交叉峰的精细结构

振峰向相反方向各位移了半个谱宽，从而使二者错开。相敏 COSY 的轴峰（平行于 F_2 频率轴）频率为零，TPPI 方法对其没有影响，因此 COSY 的轴峰最终将出现在正频率信号谱图的边框上，而不是 F_1 的中央，这样轴峰对谱图的影响可以忽略。对于 AX 体系，相敏 COSY 将有 16 个共振峰。若将其交叉峰调相为纯吸收峰（这时正、负交替），则对角峰为纯色散峰。由于其交叉峰是正、负交替的，其谱图数字分辨率要足够高，否则会出现正负抵消，而观测不到交叉峰。

（2）从（9.4.1）式可见交叉峰正比于 $\sin(\pi J t_1) \times \sin(\pi J t_2)$，而对角峰正比于 $\cos(\pi J t_1) \times \cos(\pi J t_2)$，因此可用正弦钟窗函数加强交叉峰，而削弱对角峰，因为我们最关心的是交叉峰,正是由于交叉峰给出了核与核之间的联系这一信息。也可用卷积差和准高斯型回波窗函数进行处理。图 9.4.6 所示是三环癸烷衍生物的相敏 COSY 谱。其中图(a)为未加权函数处理,记为 P 的信号是从两个对角峰重叠造成的假信号,清晰可见;图(b)为两维上用准高斯型回波滤波处理后得到的清晰谱图。同时为了减小对角峰,可将第二个脉冲的角度取小一些,通常取 $\theta = 45°$。

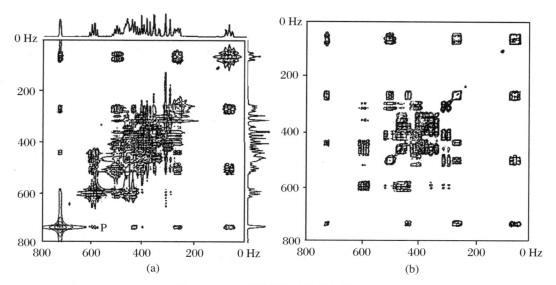

图 9.4.6　三环癸烷衍生物的相敏 COSY

(a) 未加权函数处理,记为 P 的信号是从两个对角峰重叠造成的假信号;

(b) 两维上用准高斯型回波滤波处理后得到的清晰谱图。

(3) 相敏 COSY 可给出同碳和邻碳上质子间的交叉峰,反过来只要有交叉峰,就可断定该交叉峰对应的两个质子是通过两个键或三个键连接的质子,或者至少它们之间有较强的 J 耦合。对于共轭体系,由于 π 电子的离域,使得远距 4 个或 5 个键的质子对仍有较强的耦合,因此它们之间也可能出现交叉峰。

(4) 相敏 COSY 及其他 COSY 方法,都会由于扫描重复率太快而产生 $\omega_1 = n\Delta\omega_1$ 的假峰。这些假峰可通过适当的相位循环而得到压制,但不可能完全消除。

9.4.2　幅度 COSY

幅度 COSY 获得的是幅度谱或绝对值谱。幅度 COSY 的脉冲序列如图 9.4.7 所示。幅度 COSY 的脉冲序列和相敏 COSY 一样,只是相位循环不同。

要获得幅度 COSY,必须获得 F_1 维相位调制的 FID。因此必须由两个 FID 才能合成一个 F_1 维相位调制的 FID。

考虑 AX 体系,设 $\theta = 90°$,经计算可得:

$$S \propto \frac{i}{4}\left[e^{-i(\Delta\omega_1+\pi J)t_1} + e^{-i(\Delta\omega_1-\pi J)t_1}\right]\left[e^{i(\Delta\omega_1+\pi J)t_2} + e^{i(\Delta\omega_1-\pi J)t_2}\right]$$

$$- \frac{i}{4}\left[e^{i(\Delta\omega_1+\pi J)t_1} - e^{i(\Delta\omega_1-\pi J)t_1}\right]\left[e^{i(\Delta\omega_2+\pi J)t_2} - e^{i(\Delta\omega_2-\pi J)t_2}\right] \tag{9.4.2}$$

在(9.4.2)式中,对角峰 F_1 维按负频率演化,这样在检测期将出现回波,如:

$$e^{i(\Delta\omega_1+\pi J)t_1}e^{-i(\Delta\omega_1+\pi J)t_2} = e^{-i(\Delta\omega_1+\pi J)(-t_1/t_2+1)t_2}$$

当 $t_2 = t_1$ 时,相位为零,场不均匀性引起的相位弥散(Phase Dispersion)也被会聚掉,即产生自旋回波。因而可消除场不均匀性的影响,使谱峰分辨率升高,信号强度也相应增加。

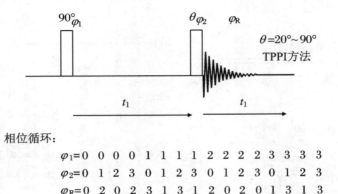

相位循环:

$\varphi_1=$ 0 0 0 0 1 1 1 1 2 2 2 2 3 3 3 3

$\varphi_2=$ 0 1 2 3 0 1 2 3 0 1 2 3 0 1 2 3

$\varphi_R=$ 0 2 0 2 3 1 3 1 2 0 2 0 1 3 1 3

图 9.4.7　幅度 COSY 的脉冲序列和相位循环

(9.4.2)式给出 8 个共振峰,像相敏 COSY 中所说的那样,如果从第二个核开始计算,将得到类似的结论,其结果只需将(9.4.2)式中的 $\Delta\omega_1$ 和 $\Delta\omega_2$ 互换。因此幅度 COSY 也有 16 个共振峰。由于是相位调制,为了能得到纯吸收线型,必须对(9.4.2)式进行 2D 的复数 FT,然后再取幅度谱,这样得到的共振峰较相敏 COSY 的要宽一些。对于 AX 体系,幅度 COSY 的谱形如图 9.4.8 所示。对于别的自旋体系,其幅度 COSY 的谱形与相敏 COSY 的一样,只是这里都为正峰。由于幅度 COSY 的谱峰比相敏 COSY 的宽一些,因此有些峰会重叠在一起而看不到它们的精细结构。

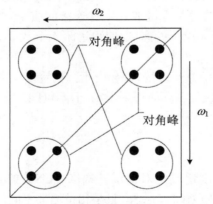

图 9.4.8　AX 体系幅度 COSY 的谱形

● 表示正峰。

图 9.4.9 给出的是 BPTI($0.02\ \text{mol} \cdot \text{L}^{-1}$,$H_2O$,pH 4.6,80 ℃,500 MHz)的幅度 COSY。其中图(a)是整个谱区的堆积图,图(b)是指纹区的扩展图。所谓指纹区,就是酰胺基质子 NH 与 α-H 的交叉峰区,落在 $\omega_1 = 1.8\sim6.0$,$\omega_2 = 6.7\sim10.3$ 范围。

幅度 COSY 的特点及注意事项如下:

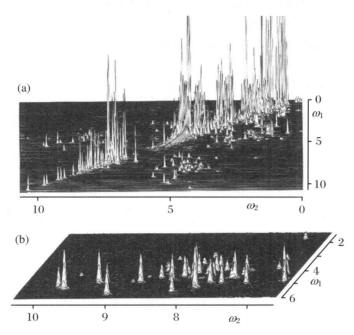

图 9.4.9　BPTI (0.02 mol·L^{-1},H$_2$O,pH 4.6,80 ℃,500 MHz) 的幅度 COSY

(a) 整个谱区的堆积图；(b) 指纹区的扩展图。

(1) 获得的是幅度谱，两维都不能调相。由于是相位调制，因此两维都进行复数 FT，然后取绝对值。幅度 COSY 的轴峰（$\omega_1 = 0$）在 2D 谱的中部，平行于 ω_2 频率轴。对于 AX 体系，幅度 COSY 也有 16 个共振峰，且都是同相吸收峰（绝对值谱）。幅度 COSY 的共振谱峰较相敏 COSY 的更宽。

(2) 与相敏 COSY 一样，也可用正弦钟窗函数来加强交叉峰，而压制对角峰。为了减小对角峰，通常取 $\theta = 45°$。

(3) 幅度 COSY 可给出同碳和邻碳上质子间的交叉峰，反过来只要有交叉峰，就可断定该交叉峰对应的两个质子是通过两个键或三个键连接的，或者至少它们之间有较强的 J 耦合。对于共轭体系，由于 π 电子的离域，使得远距 4 个或 5 个键的质子间仍有较强的耦合，因此它们之间也可能出现交叉峰。

(4) 对于幅度 COSY 的对角峰，F_1 维的相位调制和 F_2 维的相位调制相反，可在检测期形成回波，这样得到的灵敏度和分辨率都较好。

(5) 幅度 COSY 及其他 COSY 方法都会由于扫描重复率太快而产生 $\omega_1 = n\Delta\omega$ 的假峰。这些假峰可通过适当的相位循环而得到压制，但不可能完全消除。

9.4.3　DQF-COSY

DQF-COSY 即为双量子滤波 COSY(Double Quantum Filter COSY)。DQF-COSY 可用来压制水峰和测量 J 耦合常数。生物样品通常都是一种水溶液。水中质子的浓度大约为 110 M，而溶质浓度通常只有几毫摩尔每升(mM)，因此水峰一般比溶质峰大 4 个数量级。水中的两个质子是磁等性核，不可能转换成双量子，因此水峰不会出现在 DQF-COSY 谱里。

此外,相敏 COSY 的对角峰是纯色散的,又由于幅度 COSY 的对角峰是幅度谱,其谱峰特别宽,而 DQF-COSY 的对角峰却与其交叉峰一样也是正负交替的纯吸收峰。因此 DQF-COSY 对角线附近的谱峰分辨率比相敏 COSY 和幅度 COSY 好得多,适合于用来测量 J 耦合常数,从而确定与之相联系的化学键之间的二面角。

DQF-COSY 的脉冲序列和相位循环如图 9.4.10 所示。

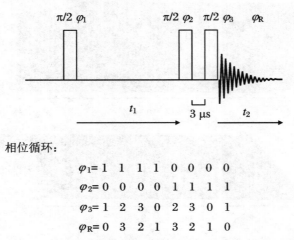

相位循环:

$$\varphi_1 = 1\ 1\ 1\ 1\ 0\ 0\ 0\ 0$$

$$\varphi_2 = 0\ 0\ 0\ 0\ 1\ 1\ 1\ 1$$

$$\varphi_3 = 1\ 2\ 3\ 0\ 2\ 3\ 0\ 1$$

$$\varphi_R = 0\ 3\ 2\ 1\ 3\ 2\ 1\ 0$$

图 9.4.10　DQF-COSY 的脉冲序列和相位循环

类似于相敏 COSY 和幅度 COSY,利用密度矩阵可获得 DQF-COSY 的信号(AX 系统)为

$$S \propto -\frac{i}{4}\big[\cos(\Delta\omega_1 + \pi J)t_1 - \cos(\Delta\omega_1 - \pi J)t_1\big]\big[e^{i(\Delta\omega_1+\pi J)t_2} - e^{i(\Delta\omega_1-\pi J)t_2}\big]$$

$$+ \frac{i}{4}\big[\cos(\Delta\omega_1 + \pi J)t_1 - \cos(\Delta\omega_1 - \pi J)t_1\big]\big[e^{i(\Delta\omega_2+\pi J)t_2} - e^{i(\Delta\omega2-\pi J)t_2}\big] \quad (9.4.3)$$

第一项产生对角峰,第二项产生交叉峰。类似于相敏 COSY 和幅度 COSY,将(9.4.3)式中的 $\Delta\omega_1$ 和 $\Delta\omega_2$ 互换可得另 8 个峰。显然对 DQF-COSY,其交叉峰和对角峰都是纯吸收的,且正、负交替,如图 9.4.11 所示。

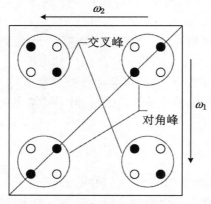

图 9.4.11　AX 体系 DQF-COSY 谱形

● 表示正峰;○ 表示负峰。

在 DQF-COSY 中,水峰的抑制是利用了水中质子不可能产生双量子相干这一特点而实现的。另外由于轴峰是 t_1 期间恢复的纵向磁化分量转化而来的,在第二个 90°脉冲后变成单量子相干,因此 DQF-COSY 也能有效地抑制轴峰。

DQF-COSY 的特点及注意事项如下:

(1) DQF-COSY 获得的是相敏谱, F_1 、 F_2 维都可调相,2D-FT 对 F_1 进行实变换,对 F_2 进行复变换;类似于相敏 COSY,也是用 TPPI 方法来区分 F_1 维的正负频率的信号的,与相敏 COSY 不同的是,DQF-COSY 的对角峰和交叉峰皆为正、负交替的纯吸收峰。另外,由于其对角峰和交叉峰都是正、负交替的,数字分辨率也需足够高,以免正、负频率的共振峰抵消。

(2) 类似于相敏 COSY 可用正弦钟,卷积差和准高斯型回波窗函数可以用来加强交叉峰,而削弱对角峰。

(3) DQF-COSY 可给出同碳和邻碳上质子间的交叉峰,反过来只要有交叉峰,就可断定该交叉峰对应的两个质子是由两个化学键或三个化学键连接的,或者至少它们之间有较强的 J 耦合。对于共轭体系,由于 π 电子的离域,使得远距 4 个或 5 个键的质子间仍有较强的耦合,因此它们之间也可能出现交叉峰。

(4) 由于是双量子滤波,因而可压制水峰及轴峰。

(5) 由于对角峰的谱线结构较好,可用来测量 J 耦合常数,得出耦合质子间相应化学键的二面角。

(6) DQF-COSY 及其他 COSY 方法,都会由于扫描重复率太快而产生 $\omega_1 = n\Delta\omega$ 和 $\omega_1 = 0$ 的假峰。这些假峰可通过适当的相位循环而得到压制,但不可能完全消除。

9.4.4　TOCSY

TOCSY 即全相关谱(Total Correlation Spectroscopy)。有时 TOCSY 也称为 HOHAHA。HOHAHA 是 Homonuclear Hartmann-Hahn Correlation Spectroscopy 的简写。COSY 可给出通过二键、三键连接的质子间的交叉峰。而 TOCSY 却可以给出自旋体系所有质子间的交叉峰。TOCSY 的脉冲序列和相位循环如图 9.4.12 所示。

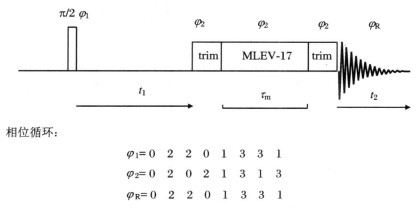

图 9.4.12　TOCSY 的脉冲序列和相位循环

在 TOCSY 中,要使相干在自旋体系中的所有核间传递,必须去掉化学位移。若化学位移为零,只剩下 J 耦合,那么化学位移不为零时的弱耦合($\Delta\nu > J$),在这里都成为强耦合($J \gg \Delta\nu$)。这样使得耦合系统内各自旋的能级间隔相同,满足 Hartmann-Hahn 能量交换匹配条件,因而耦合系统内的所有自旋,包括直接耦合和非直接耦合的质子的相干都发生交换。

当 $\tau_m = 1/(2J)$ 时,发生完全相干转移,即一个质子的磁化完全传给另一个质子。如果 τ_m 为别的值,那么就有同相分量和反相分量,2D-FT 后同相分量将产生纯吸收峰,反相分量产生纯色散峰,因此通常的交叉峰里会出现相位畸变。这可通过取不同的 τ_m 的值(τ_m = 25 ms,50 ms,75 ms,100 ms,125 ms,150 ms)获得一系列对应的 2D 谱进行叠加,这样就获得只剩下纯吸收峰的谱图了。

图 9.4.13 是 2,3-二溴噻吩在不同的混合时间 τ_m 的 TOCSY 的截面及二维谱。由于在混合期的相关传递涉及色散分量,因而获得的不是纯吸收谱,并且对角峰和交叉峰的强度也在变化。图 9.4.14 则是将图 9.4.13 中不同混合时间 τ 的 TOCSY 相加的结果。显然其对角峰和交叉峰都成了纯吸收峰。

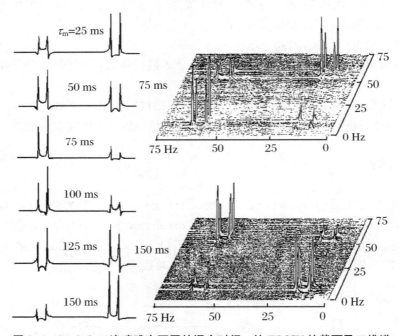

图 9.4.13　2,3-二溴噻吩在不同的混合时间 τ 的 TOCSY 的截面及二维谱

在一个耦合网络里,上述振荡交换发生于整个网络中,以致于净的磁化可转移到耦合系统的每一个自旋,因而可获得全相干谱。

另外,上面的相干转移是同相的,因而得到的谱无论是对角峰还是交叉峰都是正的纯吸收峰。当然,由于相干传递不完全,可能混有一些色散信号(相敏 COSY 的交叉峰和 DQF-COSY 中的对角峰及交叉峰是正、负交替的纯吸收峰)。

从图 9.4.12 可见,在混合期开始前,有一个清理脉冲(Trim Pulse),或称为自旋锁定脉冲,其长约 2.5 ms,用于锁定同相分量。由于反相分量与该脉冲垂直,因而很快衰减掉,这样只有幅度调制的同相分量在混合期交换。显然,在这里清理脉冲起清除反相分量只留下同相分量的作用。

混合期的 MLEV-17 是从 MLEV-16 加一个 π 脉冲演化来的，即

$$\text{MLEV-17} = \text{MLEV-16} + \pi\ \text{脉冲}$$

用来消除混合期的化学位移，使自旋系统成为强耦合，从而使相干在自旋系统内的所有质子间转移。在混合期 MLEV-17 循环 40 多次，即 τ_m 约为 50 ms。MLEV-16 在组合脉冲去耦中讨论过，这里不再讨论。

TOCSY 的特点及注意事项：

（1）TOCSY 获得的是相敏谱，两维谱都可调相，2D-FT 对 F_2 进行复变换；类似于相敏 COSY，也是用 TPPI 方法来区分 F_1 维的正、负频率的共振峰。与相敏 COSY 不同的是，TOCSY 的对角峰和交叉峰皆为正的纯吸收峰。当然有时也会混有一些色散信号。

（2）不同于 COSY 谱，这里相干转移是通过同相分量实现的，因此其对角峰和交叉峰都是正峰。J 耦合的调制也由于是同相分量的传递而变成 cos 型的，因此可用余弦窗函数加强交叉峰，而削弱对角峰。

（3）TOCSY 可给出自旋体系内所有质子间的交叉峰，反过来只要有交叉峰，就可断定该交叉峰对应的两个质子属于同一个自旋体系。TOCSY 被普遍用于氨基酸侧链的自旋系统识别。

（4）TOCSY 容易出现 COSY 型的假峰。

（5）混合时间 τ_m 的选取：

若想让氨基质子 $^1\text{H}_\text{N}$ 的磁化矢量，经 α-H，传递到 β-H 以及 γ-H 和 δ-H，可选 $\tau_m = 55$ ms；若 $\tau_m = 33$ ms，磁化矢量主要在三键连接的质子间传递，即 COSY 峰最强；若 $\tau_m = 70$ ms，磁化矢量经 α-H 传到 γ-H 和 δ-H，而 $^1\text{H}_{\text{N-}\alpha\text{-H}}$ 交叉峰就弱。

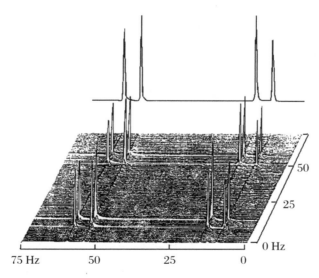

图 9.4.14　将图 9.4.13 中不同混合时间 τ_m 的 TOCSY 相加的结果

9.4.6　NOESY

NOESY（NOE（Nuclear Overhauser Effect）Spectroscopy）是将 NOE 转化为二维谱的一种实验方法。前面讨论的异核化学位移相关谱以及同核化学位移相关谱的相敏 COSY、

幅度 COSY、DQF-COSY 都是通过间接偶极-偶极耦合,即 J 耦合来建立核与核之间的联系的。核-核的相互作用有两种:其一是间接偶极-偶极相互作用,即 J 耦合,是通过成键电子对传递的;其二是直接偶极-偶极耦合,是通过空间传递的。那么 NOESY 就是通过直接偶极-偶极耦合来建立核与核之间联系的核磁实验,而且根据它的 NOE 信号强度,可得出核与核之间的距离。NOESY 实验的脉冲序列及相位循环如图 9.4.15 所示。通过正交检波获得的信号为

$$S \propto \frac{1}{4}\left[\cos(\Delta\omega_1 + \pi J)t_1 + \cos(\Delta\omega_1 - \pi J)t_1\right]\left[e^{i(\Delta\omega_1 + \pi J)t_2} + e^{i(\Delta\omega_1 - \pi J)t_2}\right]$$

$$- \frac{1}{4}\sigma_{NOE}\tau_m\left[\cos(\Delta\omega_2 + \pi J)t_1 + \cos(\Delta\omega_2 - \pi J)t_1\right]\left[e^{i(\Delta\omega_1 + \pi J)t_2} + e^{i(\Delta\omega_1 - \pi J)t_2}\right]$$

$$(9.4.4)$$

其中 σ_{NOE} 为交叉弛豫速率,τ_m 为混合延时。为了得到纯吸收谱,对 F_1 维进行实的 cos 变换,且利用 TPPI 方法区分其正、负频率的信号,对 F_2 维进行复数 FT,上式给出了 8 个共振峰,且都是同相的。将 $\Delta\omega_1$ 与 $\Delta\omega_2$ 对换可得另外 8 个峰,因此对于 AX 体系,共有 16 个共振峰。

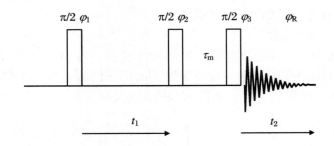

相位循环:

$\varphi_1 =$ 0 2 0 2 0 2 0 2 0 2 0 2 0 2 0 2

$\varphi_2 =$ 0 0 0 0 0 0 0 0 2 2 2 2 2 2 2 2

$\varphi_3 =$ 0 0 2 2 1 1 3 3 0 0 2 2 1 1 3 3

$\varphi_R =$ 0 2 2 0 1 3 3 1 2 0 0 2 3 1 1 3

图 9.4.15   NOESY 实验的脉冲序列及相位循环

通常 τ_m 较小,而 σ_{NOE} 则为

$$\sigma_{NOE} = W_2 - W_0 = \frac{\hbar^2 \gamma^4 \tau_c}{10 r^6}\frac{5 - 4\omega_0^2\tau_c^2}{1 + 4\omega_0^2\tau_c^2} \qquad (9.4.5)$$

对于小分子,由于 τ_c 较短,$\omega_0\tau_c \ll 1$,有 $\sigma_{NOE} > 0$;对于中等分子,若 $\omega_0\tau_c = 1.118$,则 $\sigma_{NOE} = 0$;对于大分子,由于其运动缓慢,τ_c 较长,即 $\omega_0\tau_c \gg 1$,有 $\sigma_{NOE} < 0$。由(9.4.5)式知,尽管对于对角峰或交叉峰,它们各自的裂分是同相的,但对于小分子,则交叉峰与对角峰反向;对于大分子,交叉峰与对角峰同相(如图 9.4.16 所示);对于中等大小的分子,如果 $\omega_0\tau_c = 1.118$,则交叉峰强度为零。

由于交叉峰强度正比于 $\sigma\tau_m$,因此交叉峰强度也正比于 $1/r^6$。只要 $r < 5$ Å,都可看到明显的交叉峰。显然,同碳质子距离最近,因而有最强的交叉峰。在确定质子间的距离时通常以同碳质子(如两个 β 质子)的距离 $r_{H-C-H} = 1.75$ Å 作为参考,通过信号强度比较得出

别的交叉峰对应的两个质子间的距离。交叉峰强度在 τ_m 较小时正比于 τ_m，即混合时间越长，信号越强。对于小分子，由于 σ_{NOE} 正比于 τ_c，因此交叉峰强度也正比于分子运动的相关时间 τ_c，温度升高时分子运动加剧，τ_c 变小，于是交叉峰强度变弱。

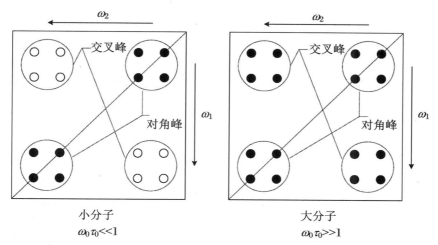

图 9.4.16　AX 体系幅度 NOESY 的谱形

● 表示正峰，○ 表示负峰。

上面说到 τ_m 较小时，交叉峰强度正比于混合时间 τ_m 及分子运动相关时间，即正比于 $\tau_m \tau_c / r^6$，那么是不是 τ_m 越长越好呢？ 不是！其一是因为 τ_m 较长时，交叉峰强度不再正比于 τ_m，而是服从指数规律；其二是因为如果 τ_m 过长会引起自旋扩散。如有 AMX 三自旋体系，如果 τ_m 较短，那么 A 与 M 之间的交叉峰强度（$\propto 1/r^6_{AM}$）可正确地给出 A 与 M 核之间的距离信息，对 M 与 X 核的交叉峰（$\propto 1/r^6_{MX}$）也是这样，但是如果 τ_m 再长一些，从 A 核转移给 M 核的纵向磁化（在 τ_m 期间由直接偶极相互作用，产生磁化转移）会进一步转移给 X 核，这样就会建立起 A 核与 X 核之间的联系，即 A 核与 X 核之间也出现交叉峰。显然，个交叉峰的强度不正比于 $1/r^6_{AX}$，因为 X 核的磁化是通过 M 核传递来的，可以说此时 A 核和 X 核的交叉峰的强度正比于 $(1/r^6_{AM})(1/r^6_{MX})$，因此若还用正比于 $1/r^6_{AX}$ 的规律来获得 A 核和 X 核间的距离，将得不到正确的结论。上述磁化的转移，即从 A 核传给 M 核，然后又由 M 核转移给 X 核的过程就称为自旋扩散。通常 NOE 都是较弱的，上述自旋扩散经过两次磁化转移，所以转移给 X 核的磁化更弱，因此自旋扩散是一种次级效应，如果 τ_m 较短，这种自旋扩散就可忽略。

NOESY 实验的特点及注意事项如下：

（1）NOESY 获得的是相敏谱，两维都可调相，2D-FT 对 F_1 进行实变换，对 F_2 进行复变换。类似于相敏 COSY，也是用 TPPI 方法来区分 F_1 维的正、负频率的共振峰的。与相敏 COSY 不同的是，NOESY 的对角峰和交叉峰皆为同相的纯吸收峰。

（2）不同于 COSY 谱，这里相干转移是通过同相分量实现的（与 TOCSY 相似），J 耦合的调制变成 cos 型的，因此可用余弦窗函数加强交叉峰，而削弱对角峰。

（3）NOESY 可给出距离在 5 Å 以内的质子间的交叉峰。反过来，只要有交叉峰，就可断定该交叉峰对应的两个质子的距离小于 5 Å。在 τ_m 较小时，交叉峰的强度正比于 $\tau_m \tau_c / r^6$。

（4）对于大分子，由于 $\sigma_{NOE}<0$，因而交叉峰与对角峰相位相同；对于中等大小的分子，交叉峰较小，若 $\omega_0\tau_c=1.118$，则无交叉峰；对于小分子，由于 $\sigma_{NOE}>0$，交叉峰与对角峰相位相反。

（5）混合时间 τ_m 不宜过长，否则将出现自旋扩散。一般来说，对于分子量在 10000 以下的蛋白质的 NOESY 实验，$\tau_m=150\sim200$ ms；而对于分子量超过 10000 的蛋白质的 NOESY 实验，$\tau_m<150$ ms。若 τ_m 过长，有些峰的强度将下降，即由自旋扩散所导致的。此时 NOESY 谱将出现一些由于自旋扩散而产生的假峰，而这些假峰不能提供正确的距离信息。

（6）核与核之间的距离的测量通常以亚甲基 CH_2 的两个质子的交叉峰强度作为参考。亚甲基 CH_2 的两个质子的距离为 1.75 Å，通过交叉峰强度的对比，就可得出任意质子间的距离。

9.4.7 ROESY

在 NOESY 实验中，对于中等分子，由于 σ 较小或为零，因此其交叉峰强度很弱或为零，这不利于中等分子质子间距离的获得。ROESY（Rotation Ovherhauser Effect Spectroscopy）是旋转坐标系里的 NOESY，就能克服 NOESY 的缺点，如图 9.4.17 所示是 ROESY 的脉冲序列和相位循环。

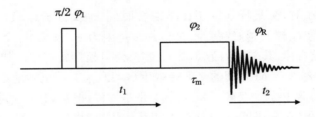

相位循环：

$$\varphi_1=\ 0\ 2\ 2\ 0\ 1\ 3\ 3\ 1$$
$$\varphi_2=\ 0\ 2\ 0\ 2\ 1\ 3\ 1\ 3$$
$$\varphi_R=\ 0\ 2\ 2\ 0\ 1\ 3\ 3\ 1$$

图 9.4.17 ROESY 的脉冲序列和相位循环

在旋转坐标里，自弛豫速率和交叉弛豫速率分别为

$$\rho=\frac{\gamma^4\hbar^2}{20r^6}\left(5\tau_c+\frac{9\tau_c}{1+\omega_0^2\tau_c^2}+\frac{6\tau_c}{1+4\omega_0^2\tau_c^2}\right) \tag{9.4.6}$$

$$\sigma_{ROE}=\frac{\gamma^4\hbar^2}{20r^6}\left(4\tau_c+\frac{6\tau_c}{1+\omega_0^2\tau_c^2}\right) \tag{9.4.7}$$

显然，不管 $\omega_0\tau_c$ 取什么值，σ_{ROE} 总是大于零，信号增强因子：

$$\eta_{ROE}=\frac{\sigma_{ROE}}{\rho}=0.385\rightarrow0.615 \tag{9.4.8}$$

而 NOE 的信号增强因子 $\eta_{NOE}=0.5\rightarrow-1$。由于 ROESY 实验里的 σ_{ROE} 总大于零，且能维持较大的值，所以 ROESY 实验特别适合于中等大小分子的质子间的距离的测定。

$$S \propto \frac{1}{4}\big[\sin(\Delta\omega_1 + \pi J)t_1 + \sin(\Delta\omega_1 - \pi J)t_1\big]\big[\mathrm{e}^{-\mathrm{i}(\Delta\omega_1 + \pi J)t_2} + \mathrm{e}^{-\mathrm{i}(\Delta\omega_1 - \pi J)t_2}\big]$$

$$- \frac{1}{4}\sigma_{\mathrm{ROE}}\tau_{\mathrm{m}}\big[\sin(\Delta\omega_2 + \pi J)t_1 + \sin(\Delta\omega_2 - \pi J)t_1\big]\big[\mathrm{e}^{-\mathrm{i}(\Delta\omega_1 + \pi J)t_2} + \mathrm{e}^{-\mathrm{i}(\Delta\omega_1 - \pi J)t_2}\big]$$

$$(9.4.9)$$

可对 F_1 进行实的 cos 变换,且利用 TPPI 方法区分其正负频,对 F_2 进行复数 FT,然后对 F_1 调相得到纯吸收谱,或者也可对 F_1 进行实的 sin 变换。显然,交叉峰和对角峰各自的裂分都是同相的,但交叉峰和对角峰之间是反相的(这里 σ_{ROE} 总是大于 0)。同样将 $\Delta\omega_1$ 与 $\Delta\omega_2$ 对调,可得到另外 8 个共振峰。一个 AX 体系的 ROESY 如图 9.4.18 所示。

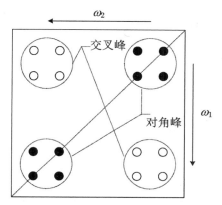

图 9.4.18　AX 体系幅度 ROESY 的谱形
● 表示正峰,○ 表示负峰。

ROESY 的特点和实验注意事项如下:

(1) ROESY 获得的是相敏谱,F_1、F_2 维都可调相,2D-FT 对 F_1 进行实变换,对 F_2 进行复变换。类似于相敏 COSY,也是用 TPPI 方法来区分 F_1 维的正、负频率的共振峰的。与相敏 COSY 不同的是,ROESY 的对角峰皆为正的纯吸收峰,交叉峰皆为负的纯吸收峰。

(2) 不同于 COSY 谱,这里相干转移是通过同相分量实现的(与 TOCSY、NOESY 相似),J 耦合的调制变成 cos 型的,因此可用余弦窗函数加强交叉峰,而削弱对角峰。

(3) ROESY 可给出距离在 5 Å 以内的质子间的交叉峰。反过来,只要有交叉峰,就可断定该交叉峰对应的两个质子的距离小于 5 Å。交叉峰的强度与 NOESY 一样,正比于 $\tau_{\mathrm{m}}\tau_{\mathrm{C}}/r^6$(在 τ_{m} 较小时)。

(4) 不管分子量的大小,对于 ROESY 实验,$\sigma_{\mathrm{ROE}}>0$,因而交叉峰与对角峰相位相反。

(6) 与 NOESY 实验一样,τ_{m} 也不宜过长,否则将出现自旋扩散效应。

(7) 核与核之间的距离的测量通常以亚甲基 CH_2 的两个质子的交叉峰强度作为参考。亚甲基 CH_2 的两个质子的距离为 1.75 Å,通过交叉峰强度的对比,就可得出任意质子间的距离。

(8) ROESY 谱容易出现 TOCSY 型假峰,可通过改变射频脉冲的频率,破坏 Hartmann-Harn 能量匹配条件进行压制。

9.4.8　同核相关谱谱形总结及实验设置

图 9.4.19 列出了本节讨论过的所有(AX 体系)同核化学位移相关谱的谱形。虽然每

组共振峰都有 4 个峰,但往往只有在 DQF-COSY 谱中能看到 4 个峰。对于本节已讨论过的其他几个 2D 谱,如幅度 COSY、TOCSY、NOESY 和 ROESY,由于分辨率较低,在实际谱图中,这 4 个共振峰往往合并成一个峰。

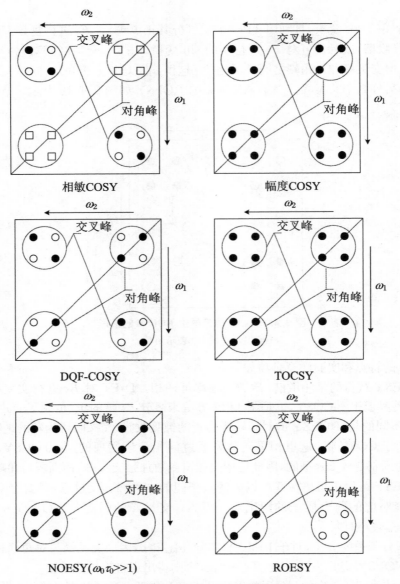

图 9.4.19　(AX 体系)同核化学位移相关谱的谱形

● 表示正峰;○ 表示负峰;□表示色散峰。

COSY 由于是幅度谱,因而是纯吸收的正峰,不过其共振峰较相敏谱的更宽一些,而且不能调相。

对于相敏 COSY 和 DQF-COSY,由于是通过反相分量产生相干转移而建立起核与核之间的联系(由交叉峰表现)的,因此其交叉峰是正、负交替的。

对于 TOCSY、NOESY 和 ROESY,由于是通过同相分量而建立起核与核之间的联系的,因此其交叉峰是同相的。

对于由反相分量而建立起联系的谱,如幅度 COSY、相敏 COSY、DQF-COSY,都可以用正弦钟窗函数进行处理,以便加强交叉峰,削弱对角峰。

对于由同相分量而建立起联系的谱,如 TOCSY、NOESY 和 ROESY,都可以用余弦窗函数进行处理,以便加强交叉峰而削弱对角峰。

同核相关实验的设置可参考下列安排:

幅度 COSY:采集 256 个 FID,零填充后谱由 1K×1K 个实数点组成。

相敏 COSY:采集 512 个 FID,零填充后谱由 2K×2K 个实数点组成。

DQF-COSY:采集 512 个 FID,零填充后谱由 2K×2K 个实数点组成。

TOCSY:采集 256 个 FID,零填充后谱由 1K×1K 个实数点组成,$\tau = 15\sim75$ ms。

NOESY:采集 256 个 FID,零填充后谱由 1K×1K 个实数点组成,$\tau = 150\sim250$ ms。

ROESY:采集 256 个 FID,零填充后谱由 1K×1K 个实数点组成,$\tau = 150\sim250$ ms。

以上数据适合于分子量小于 10000 的分子的实验。从中可看出,由于相敏 COSY 和DQF-COSY 的交叉峰是反相的,为了防止正负对消,因而所采集的数据集较大。

在进行这些 2D 实验时,接收机的增益(Receiver Gain)的设置需要特别注意。对于这三种 COSY 实验(幅度 COSY、相敏 COSY、DQF-COSY),由于它们的 FID 信号是 $\sin(\pi Jt_1)$调制的,因此前面的一些 FID 的信号会很弱,第一个 FID($t_1 = 0$)的信号强度为零,但会逐步增强。所以接收机增益的设置不能由前面的 FID 来确定,而只能由后面的 FID 来确定,否则会由于接收机增益太大而导致出现许多假峰。但对于 TOCSY、NOESY 和 ROESY 实验而言,由于它们的 FID 是 $\cos(\pi Jt_1)$ 调制的,因此第一个 FID 具有最强的信号强度,因此这三个实验的增益可由它们的第一个 FID 的强度来确定。

在上述实验中,NH-αH 交叉峰有可能缺失,导致 NH-αH 交叉峰缺失的原因和相应的解决方法如下:

(1) 由于水峰的饱和导致水峰附近的 αH 共振峰的饱和或部分饱和而引起 NH-αH 交叉峰缺失。这时可升高或降低温度 10 ℃,这时水峰移动显著,而 αH 共振峰化学位移基本不变。

(2) 由于 NH 与 H_2O 存在交换,当水峰饱和时,导致 NH 共振峰部分饱和因而导致其强度下降。这可通过改变压制水峰方法(如改用 $1\bar{1}$ 或 $1\,\bar{3}\,3\,\bar{1}$ 等)或降低温度和 pH 使交换变慢来避免。

(3) 由于 NH-αH 耦合常数较小或其共振峰线宽较大导致的反相信号的对消会引起该交叉峰的缺失。这可通过降低样品的黏度(如降低样品浓度或升高温度)而减小信号线宽来解决。

第 10 章　蛋白质结构测定

用二维核磁共振波谱结合计算机模拟解析蛋白质在溶液中的三维空间结构,一般按下述步骤进行:

(1) 选择最适的温度、pH 及溶剂条件,在 D_2O 和 H_2O 中分别进行 COSY、DQF-CO-SY、TOCSY 等一系列二维核磁共振波谱实验。

(2) 根据各种氨基酸残基核自旋系统的不同,进行残基自旋系统的识别。

(3) 根据蛋白质的一级结构与 COSY 谱以及其他谱中反映的 J 耦合关系和 NOESY 中反映的核欧沃豪斯效应关系进行蛋白质序列识别。

(4) 确定蛋白质的二级结构单元。

(5) 根据 NOE 关系中反映出的质子对距离的信息,利用距离几何等方法法搭建出初步的结构模型。

(6) 通过能量优化法或分子动力学方法的修正,获得最终结构。

上述方法可以成功地测定一些分子量在 20000 以下的蛋白质和核酸片段的空间结构,并用来研究蛋白质和核酸的相互作用。

下面就对上述几个步骤简单地加以说明。

10.1　残基自旋系统的识别

表 10.1.1 是常见的 20 种氨基酸残基侧链的自旋系统。

表 10.1.2 是常见的 20 种氨基酸残基在无规卷曲肽段中的质子的化学位移分布统计。

表 10.1.3 是在无规卷曲肽段中常见氨基酸残基含氢原子基团的质子的化学位移分布范围。

为了使波谱简化,易被解析,核磁共振波谱实验首先在 D_2O 中进行。在 D_2O 中主链上酰胺基团质子及侧链上的活泼氢都会被氘代,从而使自旋系统得以简化。常见的 20 种氨基酸残基中的不活泼的质子的自旋系统如表 10.1.1 所示,它们在 COSY、Relay 及 TOCSY 谱中表现的 J 耦合的连接情况如图 10.1.1 所示。

进一步的实验需要在 H_2O 中进行,在偏酸性的水溶液中主链上的酰胺质子以及 Arg、Lys、Asn、Gln 和 Trp 等残基侧链上的 NH、NH_2 或 NH_3 质子和水交换较慢从而被观察到。在 H_2O 中采集的核磁共振波谱将呈现氨基酸残基中酰胺质子和其他质子之间的 J 耦合关系。其中主链 NH 质子和 α 质子交叉峰所在的区域被称为指纹区。在这一区域,除第一个残基和甘氨酸残基外,每一个残基都有一个对应的交叉峰。对甘氨酸残基来说,一个残基有两个交叉峰。

表 10.1.1　20 种常见氨基酸残基侧链不活泼氢原子的自旋系统

H	CH₃	O—CH₂	S—CH₂
Gly, G	Ala, A	Ser, S	Cys, C
AX	A₃X	AMX	AMX
CH₃ CH₃ C—H	O—CH₃ C—H	O=C—O CH₂	O=C—NH₂ CH₂
Val, V	Thr, T	Asp, D	Asn, N
A₃B₃MX	A₃MX	AMX	AMX
CH₃ CH₃ C—H CH₂	CH₃ CH₂ H—C—CH₃	NH₃⁺ CH₂ CH₂ CH₂	NH₂ NH₂ N—H CH₂ CH₂
Leu, L	Ile, I	Lys, K	Arg, R
A₃B₃MPTX	A₃MPT(B₃)X	A₂(F₂T₂)MPXᶜ	A₂(T₂)MPXᶜ
O=C—O CH₂ CH₂	O=C—NH₂ CH₂ CH₂	CH₃ S CH₂ CH₂	CH₂ CH₂ CH₂ —N—αCH—
Glu, E	Gln, Q	Met, M	Pro, Pᵈ
AM(PT)X	AM(PT)X	AM(PT)X+A₃	A₂(T₂)MPXᶜ

$$\text{Leu, L: } A_3B_3MPTX \qquad \text{Ile, I: } A_3MPT(B_3)X \qquad \text{Lys, K: } A_2(F_2T_2)MPX^C \qquad \text{Arg, R: } A_2(T_2)MPX^C$$

$$\text{Glu, E: } AM(PT)X \qquad \text{Gln, Q: } AM(PT)X \qquad \text{Met, M: } AM(PT)X+A_3 \qquad \text{Pro, P}^d\text{: } A_2(T_2)MPX^C$$

His, H	Phe, F	Tyr, Y	Trp, W
AMX+AXᵉ	AMX+ AMM′XX′	AMX+AA′XX′	AMX+A(X)MP+A

　　说明:在某些条件下用 NMR 能在水溶液中观测到的活泼质子用带点的圆圈表示,通常观测不到的活泼质子用"•"表示。

表 10.1.2 20 种常见氨基酸残基在无规卷曲肽段中的质子的化学位移

残基	NH	αH	βH	其他
Gly	8.39	3.97		
Ala	8.25	4.35	1.39	
Val	8.44	4.18	2.13	γCH₃ 0.97,0.94
Ile	8.19	4.23	1.90	γCH₂ 1.48,1.19;γCH₃ 0.95,δCH₃ 0.89
Leu	8.42	4.38	1.65,1.65	γH 1.64;δCH₃ 0.94,0.90
Pro		4.44	2.28,2.02	γCH₂ 2.03,2.03;δCH₃ 3.68,3.65
Ser	8.38	4.50	3.88,3.88	
Thr	8.24	4.35	4.22	γCH₃ 1.23
Asp	8.41	4.76	2.84,2.75	
Glu	8.37	4.29	2.09,1.97	γCH₂ 2.31,2.28
Lys	8.41	4.36	1.85,1.76	γCH₂ 1.45,1.45;δCH₂ 1.70,1.70 εCH₂ 3.02,3.02;εNH₃⁺ 7.52
Arg	8.27	4.38	1.89,1.79	γCH₂ 1.70,1.70;δCH₂ 3.32,3.32 NH 7.17,6.62
Asn	8.75	4.75	2.83,2.75	γNH₂ 7.59,6.91
Gln	8.41	4.37	2.13,2.01	γCH₂ 2.38,2.38;δNH₂ 6.87,7.59
Met	8.42	4.52	2.15,2.01	γCH₂ 2.64,2.64;εCH₂ 2.13
Cys	8.31	4.69	3.28,2.96	
Trp	8.09	4.70	3.32,3.19	2H 7.24;4H 7.65;5H 7.17 6H 7.24;7H 7.50;NH 10.22
Phe	8.23	4.66	3.22,2.99	2,6H 7.30;3,5H 7.39;4H 7.34
Tyr	8.18	4.60	3.13,2.92	2,6H 7.15;3,5H 6.86
His	8.41	4.63	3.26,3.20	2H 8.12;4H 7.14

表 10.1.3 在无规卷曲肽段中常见氨基酸残基含氢原子基团的质子的化学位移分布范围

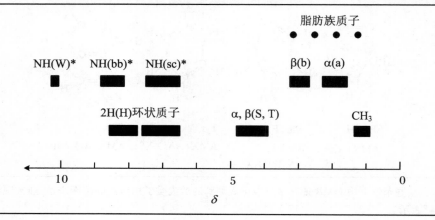

续表

符号	δ	说明
CH_3	0.9～1.4	甲基
$\beta(a)$	1.6～2.3	氨基酸残基 V,I,L,E,Q,M,P,R,K 的 βH
$\beta(b)$	1.7～3.3	氨基酸残基 C,D,N,F,Y,H,W 的 βH
⋯	1.2～3.3	其他脂肪族（aliphatic）CH
$\alpha,\beta(S,T)$	3.9～4.8	氨基酸残基 S 和 T 的所有 αH,βH
环（ring）	6.5～7.7	氨基酸残基 F,Y,W 的芳香族 CH；氨基酸残基 H 的 4H
2H(H)	7.7～8.6	pH 在 1～11 范围,氨基酸残基 H 的 2H
NH(sc)*	6.6～7.6	氨基酸残基 N,Q,K,R 的侧链 NH
NH(bb)*	8.1～8.8	主链 NH
NH(W)*	10.2	W 的 NH

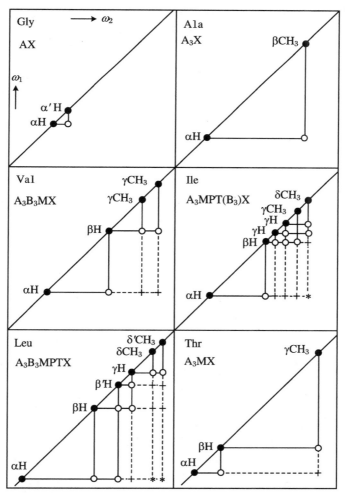

图 10.1.1　常见的 20 种氨基酸残基中不活泼质子的自旋系统及在 COSY、Relay、TOCSY 谱中表现的 J 连接图
○为 COSY 谱中的交叉峰；○,＋为 Relay 谱中的交叉峰；○,＋,＊为 TOCSY 谱中的交叉峰；●为对角峰。

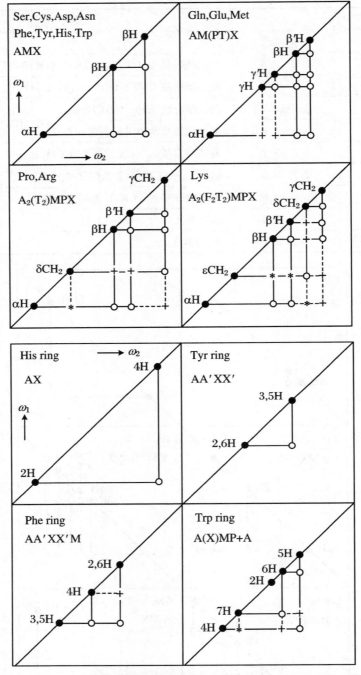

图 10.1.1　常见的 20 种氨基酸残基中不活泼质子的自旋系统及在
COSY、Relay、TOCSY 谱中表现的 J 连接图(续)

○ 为 COSY 谱中的交叉峰；○，+ 为 Relay 谱中的交叉峰；○，+，* 为 TOCSY 谱中的交叉峰；● 为对角峰。

在 20 种残基中有 15 种残基,一个残基就是一个自旋系统;而另外 5 种残基中,Met 由于一个硫原子导致其 εCH₃ 不与 αCH—βCH₂—γCH₂ 部分相连,而对于 4 种芳香族氨基酸残基(His、Tyr、Phe、Trp),其环上质子不与 αCH—βCH₂ 部分相连。对于这些残基来说,一个残基包括两个自旋系统。

　　Gly、Ala、Val、Leu、Ile 及 Lys 的质子以及 Tyr、His、Trp 的芳环质子,其自旋系统是独特的,每一种残基所属的自旋系统和其他残基的不一样。另外有 8 个残基同属 AMX 自旋系统,3 个残基同属 AM(PT)X 自旋系统,两个残基同属 $A_2(T_2)MPX$ 自旋系统,见表 10.1.1。

　　在蛋白质的 D_2O 溶液中,Gly 的 αCH_2 基团给出 AX 谱,它们之间的邻位质子耦合常数可高达到 15 Hz,在 DQF-COSY 谱中这种大的谱线裂分及二重峰的反相,使其交叉峰呈现非常独特的方阵模式,因此很容易被人识别。当然如果 Gly 的两个 α 质子的化学位移相同或十分接近,那么仅靠 D_2O 中的 DQF-COSY 谱有时还不能确定 Gly,这时必须做水中的 DQF-COSY 谱。Gly 是唯一的一种残基,其一个 NH 质子和两个 $C_\alpha H$ 质子有 J 耦合关系。或者也可以做 DQ 谱,在这个谱中 $\omega_2 = \delta(NH)$,$\omega_1 = 2\delta(\alpha H)$ 位置可观察到交叉峰。

　　AMX 自旋系统原则上可以从 COSY 谱上识别出来,属于 AMX 系统的氨基酸残基的 β 质子,其化学位移一般低于 2.5,根据这一特征可以把它们和长链残基的 β 质子区分开来。一旦 AMX 自旋系统已经得到识别,进一步的问题就是要区分同属于 AMX 自旋系统的 8 种不同氨基酸残基。其中有 4 种残基属于芳香族氨基酸残基,因为芳环质子的自旋系统特殊,而且化学位移远离其他质子,所以很容易识别。针对不同构象下芳环质子和 βCH_2 质子间的距离的研究结果表明,对于 Phe、Tyr 和 Trp 来说,至少有一个 β 质子和芳环质子之间的距离小于 0.3 nm;而对 His 来说,这个值在 0.23~0.38 nm 范围。这意味着,从 NOESY 谱上芳环质子和 β 质子间的 NOE 连接可以找到相应残基的 β 质子,进而根据 β 质子和 α 质子的耦合关系,α 质子和 NH 质子的耦合关系,从 COSY 谱上就可以确定 $C_\alpha H$ 和 NH,从而完成自旋系统的完全识别。Ser 残基一般可根据其 β 质子化学位移特别低场以及 β 质子间邻位耦合常数特别小($^2J_{\beta\beta'}$)的特点而确定。Asn 的识别主要基于如下事实:对不同构象下 β 质子和 δNH 质子距离的研究,发现至少有一个 βCH 和 δNH 质子距离比较短。因此在 H_2O 中的 NOESY 谱上,Asn 的 βCH 和 δNH_2 之间一般都有很强的交叉峰,如图 10.1.2 所示。

　　Asp 残基的确定,在原则上可以做 pH 滴定,通过观察 β 质子化学位移与 pH 的依赖关系来确定。但实际上 Asp 残基和 Cys 残基的区分往往要等到顺序识别阶段才能完成。

　　Ala 和 Thr 残基的甲基质子峰为双重峰,在 COSY 谱上它们和低场区的质子之间有很强的交叉峰;而其他含甲基的氨基酸残基的甲基质子和低场质子之间不存在直接的耦合,因此在 COSY 谱上没有交叉峰,根据这点,可把 Ala 和 Thr 残基识别出来。Thr 和 Ala 的区分在于 Thr 中还有第三类质子,而 Ala 没有。另外,还可通过比较 Ala 的 $C_\alpha H—C_\beta H_3$ 和 Thr 的 $C_\beta H—C_\gamma H_3$ 交叉峰的精细结构加以区别。

　　Val、Leu 及 Ile 是三个长链的含有甲基的氨基酸残基,利用 COSY、Relay、TOCSY 谱可以将这三个残基的自旋系统完全加以识别。在 TOCSY 谱中有 $\alpha H—\beta H$、$\alpha H—\gamma H$、$\alpha H—\delta CH_3$ 质子的交叉峰,在 Relay 谱中有 $\alpha H—\beta H$、$\alpha H—\gamma H$ 质子的交叉峰,而在 COSY 中只有直接成键的 $\alpha H—\beta H$ 的交叉峰,将这几种谱综合起来考虑,就可得到全部自旋系统的解析。Val 容易和 Leu 及 Ile 区分,因为它的 βH 的化学位移比 Leu 及 Ile βH 的化学位移低场;另外,它不存在 δ 质子。要将 Ile 和 Val 及 Leu 区分开,可基于如下事实:Val 和 Leu 的甲基以及 Ile 的 $C_\gamma H_3$ 都是二重峰,只有 Ile 的 $C_\delta H_3$ 质子,因为与两个 γ 质子相耦合而成为三重峰,因此可以通过 J 谱来识别 Ile。

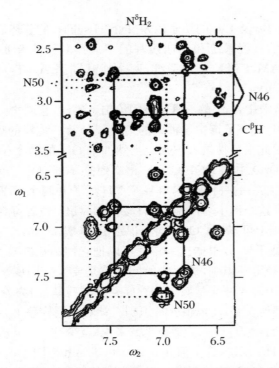

图 10.1.2 H₂O 中记录到的 NOESY 谱中，Asn 残基 βCH 和 δNH₂ 之间的强的交叉峰

用 COSY、Relay、TOCSY 谱可识别 Glu、Gln 和 Met 残基的 αH、βH 及 γH。在无规肽段中只有这三种残基的 γ 质子的化学位移比 β 质子的化学位移低场，并且也比 Pro、Lys 和 Arg 的 γ 质子的化学位移低场。根据上述事实可将这三种残基与其他长链氨基酸残基区分开来。在原则上 Glu 可根据 γ 质子的化学位移的 pH 依赖关系来识别；Gln 可根据 H₂O 中 NOESY 谱中强的 γCH₃—εNH 交叉峰来识别，而实际上这一类识别往往要留待后一阶段的序列认证中才能完成。蛋白质中若含有两个或两个以上的 Met，目前尚无直接的核磁谱技术可以确定哪一个 εCH₃ 与哪一组 α、β、γ 质子属于同一种氨基酸残基。

在 H₂O 中记录到的 COSY 谱的指纹区中不存在 Pro 的 NH—αH 交叉峰，根据这一点可把 Pro 和其他具有长的侧链的残基加以区分。除此而外，Pro 和 Arg 是仅有的两种残基，其 δ 质子的化学位移低于 γ 质子的化学位移，且非常低场，由于下面要谈到 Arg 可根据另外的特征来确定，剩下的残基就是 Pro。

Lys 和 Arg 的确定主要靠在水中的 TOCSY 实验。在低场区可以观察到 Arg 胍基上的 HN 和 δCH₂、γCH₂ 及 βCH₂ 的 J 耦合的交叉峰，以及 Lys 的 εCH₂ 和 εCH₂、δCH₂、γCH₂ 的 J 耦合的交叉峰。再根据键上酰胺质子和侧链质子的耦合关系，可将全部自旋系统确定下来。

10.2　通过 ^{1}H—^{1}H 欧沃豪斯效应的顺序识别

前面所说的残基自旋系统的识别只确定了质子属于 20 种氨基酸残基中的哪一种残基，进一步的工作是要确定质子属于蛋白质一级结构中哪一个残基，这叫作顺序认证。顺序认证是在已知蛋白质一级结构的基础上进行的。为了达到顺序认证的目的，首先需要选择适当的 pH 和温度条件，记录 H_2O 中的 NOESY 谱，使得在这种条件下主链酰胺质子和溶剂的交换速率足够慢，以至全部主链酰胺质子都能被观察到。分析 H_2O 中记录到的 NOESY 谱，特别是 $\omega_1 = 1.0 \sim 11.0$，$\omega_2 = 7.0 \sim 11.0$ 区域。观察 NH_{i+1}—αH_i，NH_{i+1}—NH_i，NH_{i+1}—βH_i 之间的交叉峰，这些交叉峰反映出相邻残基质子之间距离的信息，$d_{\alpha N} = d(\alpha H_i, NH_{i+1})$，$d_{NN} = d(NH_i, NH_{i+1})$，$d_{\beta N} = d(\beta H_i, NH_{i+1})$，如图 10.2.1 所示。

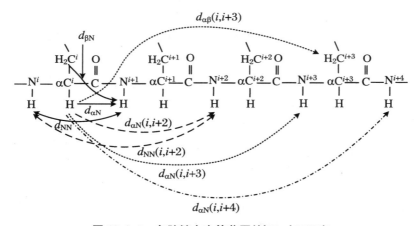

图 10.2.1　多肽链中中等范围的 ^{1}H—^{1}H 距离

具体做法是沿着多肽链的主链，交替使用 COSY 谱中残基内的 NH_i—αH_i 耦合交叉峰及 NOESY 谱中第 i 个残基的 $C_\alpha H_i$ 和第 $i+1$ 个残基的 NH_{i+1} 之间的 NOE 交叉峰。这可根据 COSY 谱和 NOESY 谱固有的对称性，将一个 NOESY 谱的左上三角形和一个 COSY 谱的右下三角形拼在一起，分析这个 COSY-NOESY 连接图。我们可以从经过残基自旋系统识别已确定的第 i 个残基在 COSY 谱上的 NH_i—αH_i 交叉峰出发，作垂直线和水平线，它们和图中对角线的交点分别是该残基的 αH_i 及 NH_i 质子的化学位移，然后再以 αH_i 质子化学位移为出发点作水平线，在 NOESY 谱中寻找 αH_i 和 NH_{i+1} 之间的 NOE 交叉峰。一旦找到这个交叉峰，通过该峰作垂线，该垂线与对角线的交点就是 NH_{i+1} 的化学位移，从这个 NH_{i+1} 的对角峰出发，在 COSY 谱上作水平线即可找到 NH_{i+1} 和 $C_\alpha H_{i+1}$ 之间 J 耦合的交叉峰，如此继续下去，只要这个蛋白质的一级序列清楚，就可以完成整个多肽链质子的顺序识别。如图 10.2.2 所示。

当然也可不用 COSY - NOESY 连接图，而只把 COSY 图中 NH_i—αH_i 之间的 J 耦合交叉峰的位置标在 NOESY 谱中，也一样可以进行顺序认证。

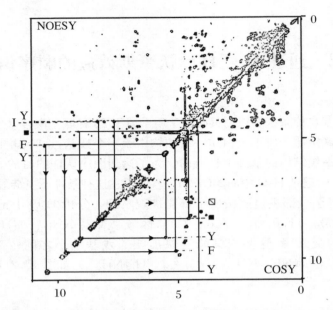

图 10.2.2 用于顺序识别的 BPTI 在 D_2O 溶液中($0.02\ mol \cdot L^{-1}$,pD 4.6,
24 ℃,360 MHz,$\tau_m = 100\ ms$)的 NOESY-COSY 连接图

在顺序认证的过程中,除利用 NOESY 谱中 αH_i 和 NH_{i+1} 质子的交叉峰外,还可利用 NH_i 和 NH_{i+1} 的交叉峰及 βH_i 和 NH_{i+1} 质子的交叉峰来帮助认证。

原则上蛋白质中 ^1H 的顺序识别可通过上述方法完成,但实际上往往会遇到许多困难。困难主要来自于几个残基的 NH 质子或 αH 质子的化学位移往往相同,即化学位移简并,以至从某一对角峰出发作水平线或垂直线,遇到的交叉峰将不止一个。在这种情况下,往往要参考前面所作的残基自旋系统的识别及已知的一级结构而加以判别。

另一个困难来自 Pro 残基。Pro 残基没有 NH 基团,在顺序识别过程中,需要用 Pro 的 αH 来代替 NH 基团。在顺式 X_{xx}-Pro 序列中,αH_i 和 αH_{i+1} 以及 NH_i 和 αH_{i+1} 间距离较短,在 NOESY 谱上可观测到它们的交叉峰;而在反式 X_{xx}-Pro 序列中,αH_i 和 $\delta CH_{2(i+1)}$ 之间的距离较短,可以观测到它们之间的交叉峰。利用上述交叉峰可进行顺序识别。

10.3　确定二级结构单元

顺序认证完成之后,下一步的工作就是要确定蛋白质中规则的二级结构单元。

10.3.1　规则的二级结构中顺序识别的 ^1H—^1H 短距离所引起的 NOE

二级结构单元的确定,主要依据的是规则的二级结构中顺序认证的 ^1H—^1H 短距离所引起的 NOE。观测蛋白质中规则的二级结构单元,发现各种不同的二级结构单元都有其具特征的^{1}H—^{1}H 之间的短距离,而这些短距离足以在 NOESY 谱上引起 NOE 交叉峰。见表 10.3.1。

表 10.3.1　在多肽链二级结构中短程($\leqslant$0.45 nm)的、顺序的及中等范围的^{1}H—^{1}H 距离

距离	α-螺旋	3_{10}-螺旋	β	β_p	折角 I	折角 II
d_{aN}	3.5	3.4	2.2	2.2	3.4,3.2	2.2,3.2
$d_{aN}(i,i+2)$	4.4	3.8			3.6	3.3
$d_{aN}(i,i+3)$	3.4	3.3			3.1~4.2	3.8~4.7
$d_{aN}(i,i+4)$	4.2					
d_{NN}	2.8	2.6	4.3	4.2	2.6,2.4	4.5,2.4
$d_{NN}(i,i+2)$	4.2	4.1			3.8	4.3
$d_{\beta N}$	2.5~4.1	2.9~4.4	3.2~4.5	3.7~4.7	2.9~4.4 3.6~4.6	3.6~3.6 3.6~4.6
$d_{a\beta}$	2.5~4.4	3.1~5.1				

　　例如,在 α 螺旋中,第 i 个残基和第 $i+3$ 个残基以及第 i 个残基和第 $i+4$ 个残基间存在短距离。而在 3_{10} 螺旋中,短距离主要在残基 i 和($i+3$)及残基 i 和($i+2$)之间,如图 10.3.1 所示。

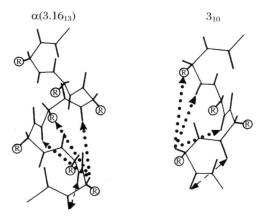

α(3.16$_{13}$)　　　　　　3_{10}

图 10.3.1　在 α 螺旋和 3_{10} 螺旋中短程和中等范围的^{1}H—^{1}H 距离
－－－指 d_{NN};……指 $d_{aN}(i,i+3)$,$d_{aN}(i,i+3)$ 及 $d_{aN}(i,i+4)$
[α 螺旋]或者是 $d_{aN}(i,i+2)$[3_{10} 螺旋]

　　而在 β 折叠中,因为肽链处于几乎完全伸展状态,除顺序 d_{aN} 几乎完全存在外,还存在链间^{1}H—^{1}H 的短距离,如图 10.3.2 所示。

　　至于第 I 类和第 II 类 β 折角中^{1}H—^{1}H 之间的距离如图 10.3.3。

　　螺旋的判断,常常需要根据连续的 5~7 个残基的质子间的 NOE 交叉峰情况加以判断,如图 10.3.4 所示。

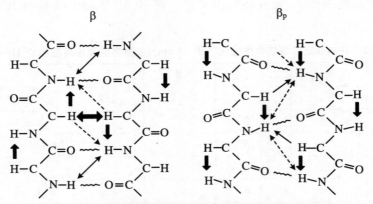

图 10.3.2　在 β 折叠中短程的及长范围内的 ^{1}H—^{1}H 距离

波折线指键间氢键；在反平行的 β 折叠中，粗的水平箭头指链间的距离 $d_{\alpha\alpha}(i,j)$，细的实线箭头指 $d_{NN}(i,j)$，细的虚线箭头指 $d_{\alpha N}(i,j)$；在平行的 β 折叠中，粗的实线箭头指 $d_{\alpha N}(i,j)$，虚线箭头指 $d_{NN}(i,j)$

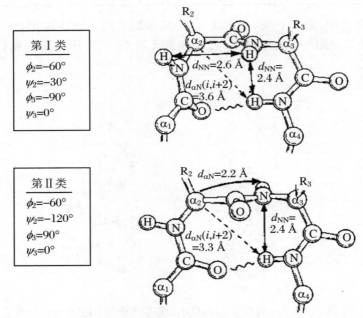

图 10.3.3　在第 I 类和第 II 类 β 折角中短程和中等范围的 ^{1}H—^{1}H 距离

～～～ 表示氢键。

10.3.2　二面角的确定

除了具特征的 NOE 交叉峰外，二级结构单元的确定还可以根据 Bystrov 和 Pardi 等所研究的多肽链的二面角 ϕ 和 ${}^3J_{HN\alpha H}$ 之间的关系来确定二面角：

$$^3J_{HN\alpha H} = 6.4\cos^2\theta - 1.4\cos\theta + 1.9$$

这里 $\theta = |\phi - 60°|$，如图 10.3.5 所示。

使用上述关系时所遇到的主要困难是一个耦合常数往往对应于四个二面角值，因而构

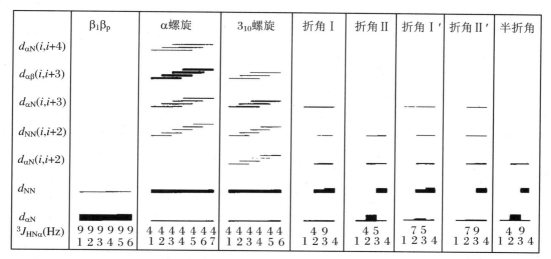

图 10.3.4　在二级结构单元中顺序的和中等范围的 ^1H—^1H NOE 以及自旋-自旋耦合常数 $^3J_{HN\alpha H}$
最下面的数字代表了二级结构单元中的残基数及 $^3J_{HN\alpha H}$ 的值，短的 ^1H—^1H 距离用残基间连线表示，
线的宽度正比于 r^{-6}，因此代表了 NOESY 谱中交叉峰的强度。

象不能确定。幸运的是，在多肽链中，除甘氨酸外，所有 L-型氨基酸残基的二面角都在
$-180°$～$-30°$ 范围内，因而减少了 ϕ 角的可能性。利用上述方程得到下述规则的二级结构
单元中的 $^3J_{HN\alpha H}$ 值：

右手 α 螺旋	$^3J_{HN\alpha H}\approx3.9\,Hz$	（$\phi=-57°$）
3_{10} 螺旋	$^3J_{HN\alpha H}\approx4.2\,Hz$	（$\phi=-60°$）
反平行 β 折叠	$^3J_{HN\alpha H}\approx8.9\,Hz$	（$\phi=-139°$）
平行 β 折叠	$^3J_{HN\alpha H}\approx9.7\,Hz$	（$\phi=-119°$）

这些数值构成了通过测量 $^3J_{HN\alpha H}$ 来确定二级结构单元的基础，如图 10.3.5 所示。

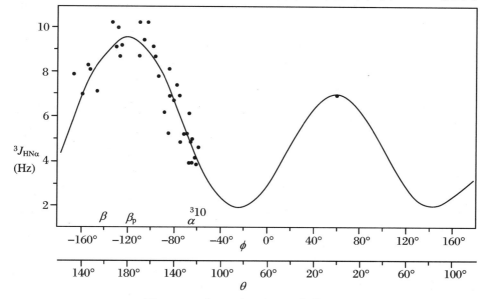

图 10.3.5　$^3J_{HN\alpha H}$ 和 θ 角及 ϕ 角的关系
规则的二级结构的 ϕ 值用 α，3_{10}，β 和 β_p 表示。

耦合常数 $^3J_{HN\alpha H}$ 的测量主要用 H_2O 中记录的 DQF-COSY 谱。

10.3.3 氢键的确定

第三个用来判断二级结构单元的根据是在规则的二级结构单元中主链酰胺质子和羰基氧之间形成的特定氢键。在 α 螺旋和 3_{10} 螺旋中 CO_i—NH_{i+4} 以及 CO_i—NH_{i+3} 之间形成氢键,在 β 折叠中相邻肽链之间形成氢键网络。在规则的二级结构单元中,除了 α 螺旋中头 4 个残基,3_{10} 螺旋中前三个残基以及在 β 折叠中外面一条肽链的每两个残基中的一个残基外,所有的残基上的酰胺质子都涉及氢键。

氢键的测定一般采用下述方法:首先在 H_2O 中调好 pH 值,然后将样品冻干,冻干后的样品在 4 ℃下迅速重新溶解在 D_2O 中,然后将样品加热到一定温度,加热后即将样品放入 20 ℃的探头内,记录 DQF-COSY 谱或 NOESY 谱。改变加热时间,对不同的加热时间分别做核磁实验,从而得到一系列的 DQF-COSY 谱或 NOESY 谱。然后用相同参数来处理这一系列谱的数据,最后用最小二乘法去拟合 DQF-COSY 谱或 NOESY 谱中 NH 质子交叉峰强度随时间衰减的指数曲线,即可得到质子交换速率,具有慢交换速率的质子一般是形成氢键的质子。

二级结构还可由下一节将介绍的化学位移标志(Chemical Shift Index,CSI)来确定。

下面给出一个用 NMR 研究蛋白质 BUSI 二级结构的实例,BUSI 是一个具有 57 个氨基酸残基的小蛋白质。图 10.3.6 是用于二级结构确定的实验数据的展示。强的序列的 NOE,$d_{\alpha N}$,表明多肽片段 4—7、14—26、29—33 和 49—55 具有扩展的构象。对于这些残基

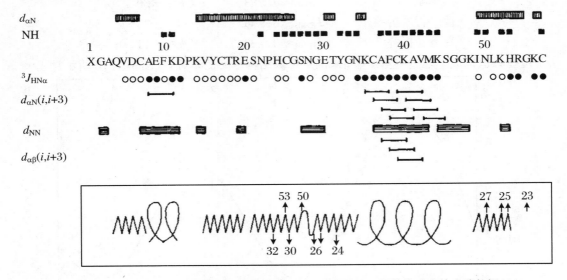

图 10.3.6 BUSI 的氨基酸序列(X=焦谷氨酸)和用于二级结构确定的实验数据
对于 $d_{\alpha N}$ 和 d_{NN},短棒表示观测到强的 NOE;对于 NH,正方形表示慢的 NH 交换;对于 $^3J_{HN\alpha}$,空心圆表示 $^3J_{HN\alpha} > 7.0$ Hz,实心圆表示 $^3J_{HN\alpha} < 7.0$ Hz;对于 $d_{\alpha N}(i,i+3)$ 和 $d_{\alpha\beta}(i,i+3)$,用一条线连接已观测到 NOE 的两个残基。最下面的部分描述二级结构:锯齿线表示扩展链;螺旋线表示螺旋二级结构;对于那些涉及 β 折叠的扩展链部分,箭头位置的残基的酰胺基质子形成跨 β 折叠的氢键,箭头上的数字表示氢键中的羰基氧所在的残基位置。

的大部分,上面的结论可由它们具有大的 $^3J_{HN\alpha}$ 耦合得到进一步证实。此外,长程 NOE 和图 10.3.6 底部的氢键表明,片段 23—27,29—32 和 50—55 形成一个三股的 β 折叠。处在三股 β 折叠的中间的 23—27 片段,它们的酰胺基质子具有慢交换。从这些数据及图 10.3.7 所给出的 NOE 对角图,我们可准确地确定二级结构。

用 NOE 数据绘制的对角图可以完整地表示出在蛋白质中所测量到的距离约束。如图 10.3.7 所示,在这个图上螺旋区由平行于对角线并和对角线之间的距离为三个位置的直线表示;规则的反平行 β 折叠表现为连续的垂直于对角线的直线;而平行的 β 折叠则表现为平行于对角线的直线,这条直线距对角线的距离由这两股肽链在序列上的位置决定。

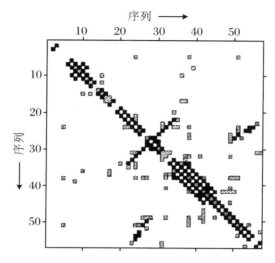

图 10.3.7 根据 NOE 数据绘出的对角图

两条轴都表示氨基酸的序列;■ 主链质子间的 NOE;▨ 主链质子和侧链质子间的 NOE;▧ 两侧链质子之间的 NOE。

10.4 化学位移与二级结构单元的关系

10.4.1 二级结构位移

自从开始用 NMR 波谱研究蛋白质的空间结构以来,就出现了一个非常奇怪的现象:在所有已知的 NMR 参量中,化学位移虽然是一个最古老、最基本的参量,但在确定蛋白质的空间结构中却毫无作用。也就是说,我们从化学位移参量得不到有用的确定蛋白质结构的信息。然而,人们早已知道,在蛋白质中的某一残基的某一质子的化学位移在不同的二级结构单元中是不同的。尽管如此,还是不能将这种化学位移的不相同转化为结构信息,如核间距离、键角或扭角等。

在以往的 NMR 溶液构象研究中,是通过 NOE 和 J 耦合来对 ^1H 进行识别的,也是由

NOE 和 J 耦合获得结构信息。具有巨大信息含量的化学位移却对构象研究无能为力。然而实际上,化学位移对空间和电子密度等造成的影响,特别是对蛋白质中二级结构和三级结构造成的影响是非常敏感的。蛋白质的折叠会导致同类残基中相同核的化学位移不相等,而且这种差别还是相当大的。例如,在 S. Nase 中的 Val39 和 Val99 的 ^{15}N 的化学位移之差就高达 32。化学位移的确与核所处的蛋白质的二级结构单元有密切的关系,而且化学位移的测量,比其他的 NMR 参量的测量更加精确。因此,人们自然要问:既然化学位移具有许多好的特征,为什么在生物大分子的溶液构象研究中,化学位移没有用处? 目前大家比较认同的看法是,不像 NOE 和耦合常数,化学位移并不只依赖于某一特定的因素,而是涉及许多因素的贡献。缺乏精确的理论来解释这些对化学位移的各种贡献,是阻止化学位移有效地应用于构象研究的最大的也是唯一的障碍。

二级结构位移(Secondary Structure Shift,有时称构象位移),$\Delta\delta_{ss}$,定义为

$$\Delta\delta_{ss} = \delta_{obs} - \delta_{r.coil}$$

其中 δ_{obs} 为实验中观测到的样品的化学位移,$\delta_{r.coil}$ 为在无规卷曲状态中测得的化学位移。

近年来,由于大量的已识别的共振峰的化学位移数据的积累,阻止化学位移应用于溶液构象研究的障碍开始动摇。从这些大量的数据当中,可以归纳总结出化学位移与蛋白质二级结构的关系(表 10.4.1),由此可快速地确认二级结构单元。

Jimenez 等在 1987 年报道了已完全识别的五个蛋白的质子化学位移数据的统计结果。他们发现,对于 α 螺旋,H_α 二级结构化学位移的平均值为 -0.35,对于 β 折叠,H_α 平均二级结构化学位移为 0.4。

表 10.4.1　^{1}H、^{13}C 和 ^{15}N 的平均二级结构位移(来自不同作者)

共振核	α 螺旋	β 折叠片
$^1H_\alpha$	-0.35	0.40
	-0.38	0.38
	-0.41	0.38
	-0.30	0.36
$^1H_\beta$	-0.01	-0.12
	≈ 0.10	-0.10
^1H_N	-0.19	0.29
	-0.22	0.26
$^{13}C_\alpha$	2.6	-1.4
	3.1 ± 1.00	-1.5 ± 1.2
$^{13}C_\beta$	-0.4 ± 0.8	2.2 ± 1.9
$^{13}C\!=\!O$	1.7	-1.4
^{15}N	-1.7	1.2
	$\approx -5\pm3$	4 ± 3

目前为止,Wishart 已对蛋白质中的化学位移数据进行了广泛的收集和统计。他们的 ^{1}H 数据库从已识别的 78 个多肽和蛋白(序列长度从 18 到 184 个氨基酸残基)中收集了 5000 个 H_N 和 H_α 化学位移和大约 14000 个侧链共振的化学位移。以往得到的 H_α 化学位移

对二级结构的依赖性已完全得到证实。在螺旋区,高场的二级结构位移分布在 $-0.60 \sim$ -0.15 的范围,平均值为 -0.39;在 β 折叠区,低场的二级结构位移分布在类似的幅度范围,平均值为 $+0.37$。而且上述结论适合于所有的 20 个氨基酸残基。

根据 6 个蛋白的 ^{13}C 化学位移,Wishart 等将螺旋、折叠和无规卷曲环境下的所有 20 种氨基酸的 C_α 和 C'(羰基 C)的化学位移进行列表(表 10.4.2),可看到 ^{13}C 化学位移显著的构象依赖性。C_α 和 C' 共振在螺旋区具有低场位移,在 β 折叠区具有高场位移。获得的平均二级结构位移是:C_α:3.09 ± 1.0(α 螺旋),-1.48 ± 1.23(β 折叠);C_β:-0.38 ± 0.85(α 螺旋),2.16 ± 1.91(β 折叠)。平均的肽链扭角为:在 α 螺旋区$\langle \phi \rangle = -62° \pm 8°$,$\langle \psi \rangle = -42° \pm 10°$;在 β 折叠区$\langle \phi \rangle = -114° \pm 32°$,$\langle \psi \rangle = 142° \pm 20°$。

表 10.4.2　用化学位移标志识别二级结构单元所采用的化学位移参考值

残基	$^1H_\alpha$	$^{13}C_\alpha$	$^{13}C_\beta$	$^{13}C=O$
Ala	4.35 ± 0.10	52.5 ± 0.7	19.0 ± 0.7	177.1 ± 0.5
Cys(还原型)	4.65 ± 0.10	58.8 ± 0.7	28.6 ± 0.7	174.8 ± 0.5
Cys(氧化型)		58.0 ± 0.7	41.8 ± 0.7	175.1 ± 0.5
Asp	4.76 ± 0.10	54.1 ± 0.7	40.8 ± 0.7	177.2 ± 0.5
Glu	4.29 ± 0.10	56.7 ± 0.7	29.7 ± 0.7	176.1 ± 0.5
Phe	4.66 ± 0.10	57.9 ± 0.7	39.3 ± 0.7	175.8 ± 0.5
Gly	3.97 ± 0.10	45.0 ± 0.7		173.6 ± 0.5
His	4.63 ± 0.10	55.8 ± 0.7	32.0 ± 0.7	175.1 ± 0.5
Ile	3.95 ± 0.10	62.6 ± 0.7	37.5 ± 0.7	176.8 ± 0.5
Lys	4.36 ± 0.10	56.7 ± 0.7	32.3 ± 0.7	176.5 ± 0.5
Leu	4.17 ± 0.10	55.7 ± 0.7	41.9 ± 0.7	177.1 ± 0.5
Met	4.52 ± 0.10	56.6 ± 0.7	32.8 ± 0.7	175.5 ± 0.5
Asn	4.75 ± 0.10	53.6 ± 0.7	39.0 ± 0.7	175.5 ± 0.5
Pro	4.44 ± 0.10	62.9 ± 0.7	31.7 ± 0.7	176.0 ± 0.5
Gln	4.37 ± 0.10	56.2 ± 0.7	30.1 ± 0.7	176.3 ± 0.5
Arg	4.38 ± 0.10	56.3 ± 0.7	30.3 ± 0.7	176.5 ± 0.5
Ser	4.50 ± 0.10	58.3 ± 0.7	62.7 ± 0.7	173.7 ± 0.5
Thr	4.35 ± 0.10	63.1 ± 0.7	68.1 ± 0.7	175.2 ± 0.5
Val	3.95 ± 0.10	63.0 ± 0.7	31.7 ± 0.7	177.1 ± 0.5
Trp	4.70 ± 0.10	57.8 ± 0.7	28.3 ± 0.7	175.8 ± 0.5
Tyr	4.60 ± 0.10	58.6 ± 0.7	38.7 ± 0.7	175.7 ± 0.5

在大量数据的基础上,Wishart 等考察了 ^{15}N 的化学位移的分布,发现 ^{15}N 化学位移显示出与 H_N 化学位移同样的趋势,即对 α 螺旋区中的残基为高场位移,对于 β 折叠区的残基则为低场位移。而且 ^{15}N 的化学位移表现出它与 ^1H 的化学位移的相关性。但是对于某些氨基酸残基(如 Ala、Thr、Tyr),螺旋和 β 折叠结构之间的二级结构位移之差可忽略不计。

通过对单个蛋白(132个残基)数据的考察,T. Yamazaki 得到了如下结论:对于螺旋区和
β折叠区的残基,分别具有−4.5±3.4和1.1±4.0的^{15}N二级结构位移,显然这个误差较大。

10.4.2 化学位移标志和二级结构单元的快速识别方法

蛋白质和多肽的二级结构单元(α螺旋、β折叠和β转角)的识别,传统上是依赖 NOESY
实验测量。然而,要进行 NOESY 数据分析,首先需要识别所有的质子共振峰,这种识别通
常是非常费时和较为困难的,而且这种识别需要专门的知识和训练。这就是为什么相对简
单的光谱学技术(如 CD、IR、Raman)在蛋白质的二级结构确定中仍然受到欢迎的原因。上
面讨论的构象依赖的化学位移为这一问题提供了一种方便的解决途径。利用在螺旋、β折叠
和无规卷曲区域的^{1}H 化学位移的统计结果,Wishart 等提出了一种简单的估计这些二级结
构单元的方法。

为了利用二级结构位移的优点识别二级结构单元和确定它们的序列位置,Wishart 等引
进了另一种方法:化学位移标志(Chemical Shifts Index,CSI)。要使用这种方法,必须先完
成序列认证。化学位移标志先是从 H_α 化学位移开始的。任何大于或小于化学位移标志参
考±0.1(表10.4.2)的 H_α 化学位移,分别被指定一个+1或−1的标志。处在化学位移标
志参考±0.1以内的化学位移被指定一个0标志。任何4个(未被+1标志打断的)及以上
的(可以是不连续的)−1标志对应一个螺旋构象,同样任何3个及以上的+1标志对应于
一个β折叠片段。所有别的组合都对应于无规则卷曲构象。两个蛋白的 H_α 化学位移标志
图如图10.4.3所示。螺旋或β折叠的终点被定义为两个相反符号标志第一次出现的位置
或者连续的0值标志第一次出现的位置。在测试了大约50个蛋白以后,发现这一识别方法
具有90%~95%的精确度。但有两种情形可导致错误的结论:

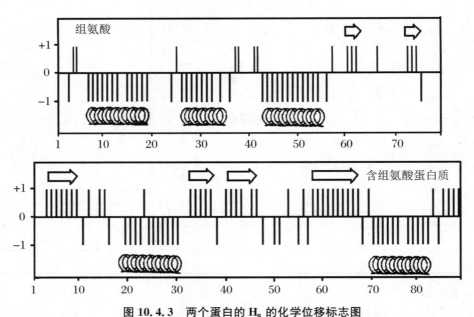

图10.4.3 两个蛋白的 H_α 的化学位移标志图
弹簧状的和箭头状的图形分别表示螺旋和β折叠二级结构单元。

（1）当使用极端实验条件（pH<3 或 pH>8，T<15 ℃ 或 T>80 ℃）获得的实验数据时。

（2）当考察顺磁蛋白特别是接近顺磁中心的残基时。

用 ^1H 的化学位移标志来确定二级结构单元的方法可自然地推广到别的核。

10.5　三级结构的测定

要得到蛋白质三级结构，主要根据 NOE 起始的增长速率和两个质子距离的 6 次方成反比这一事实。为此需要在 20～200 ms 范围内选择不同的混合时间作一系列的 NOESY 谱。然后作 NOE 交叉峰的强度随 τ_m 变化的曲线，选择适当混合时间的 NOESY 谱，它的混合时间选择上，既不会由于时间过短导致 NOE 信号强度偏弱，又不至于由于混合时间过长导致自旋扩散而影响 NOE 交叉峰的强度。然后，根据这样的 NOESY 谱中交叉峰的强度及蛋白质结构中的标准距离，得到一个蛋白质中几十对、甚至几百对质子和质子之间距离的上限，至于质子和质子之间的距离的下限则为两原子的范德华半径之和。

从 NOESY 谱得到质子间距离约束的信息过程中，最大的困难是得不到立体专一性共振峰的识别，譬如对 Val 残基来说，在共振峰识别时无法确定两个甲基间的相对立体化学关系，而这一点对以后的结构修正的计算却是必需的。为了解决这个问题，定义了一套假想结构（Pseudo Structure），当 NOE 涉及一个或多个质子时，如果它们的共振峰不能进行立体专一性识别，就在这些原子位置之间定义一个假想的原子（Pseduo Atom）来代替。因为实验中测出的 NOE 是对真实原子的而不是对假想原子的，所以要将外加的校正加到距离约束上去。根据这些从 NOE 得到的距离约束的数据，来决定蛋白质的三级结构。目前采用下面一些方法：

（1）在已知二级结构单元的基础上，根据 NOESY 谱提供的远程的 ^1H—^1H 距离的信息，来确定二级结构单元之间的相对距离，然后用计算机图形系统或球棒搭出模型来。

（2）用距离几何的方法，在欧几里得空间得到一个满足所有距离约束的近似模型，获得每个原子的笛卡尔坐标。目前有两种算法：一种是程序 DISGEO 中用的 Metricmatrix 方法，它是距离几何算法 EMBED 的推广；另一种是变目标函数法，用于程序 DISMAN。在 DISMAN 中固定键长、键角，以二面角为独立变量，随机选取起始构象，然后通过使目标函数极小化来使蛋白质构象满足所有的距离约束条件。

（3）用距离约束的分子动力学模拟方法和升温退火的方法结合，进行结构修正。

分子动力学方法是一种重要的统计物理学方法，该方法的基本原理是：在准各态历经假设下，任何力学量对系综的平均等于该力学量对时间的平均，而力学量对时间的平均可以从经典运动方程所决定的运动轨迹得到。具体来说，是在一定的初始条件 $\{r_i(0)\}$，$\{v_i(0)\}$ 下，解蛋白质中所有原子的运动方程组：

$$\frac{d^2 r_i}{dt^2} = F_i(r_1, r_2, r_3, \cdots, r_n)/m_i, \quad i = 1, 2, 3, \cdots, n$$

其中 r_i 是第 i 个原子的位移矢量，m_i 是第 i 个原子的质量，F_i 是第 i 个原子所受到的作用力：

$$F_i(r_1, r_2, r_3, \cdots, r_n) = - \nabla V_i(r_1, r_2, r_3, \cdots, r_n), \quad i = 1, 2, 3, \cdots, n$$

V_i 是半经验的势函数：

$$V_i = \sum_{\text{键长}} \frac{1}{2} K_b (b - b_0)^2 + \sum_{\text{键角}} \frac{1}{2} K_\theta (\theta - \theta_0)^2$$

$$+ \sum_{\text{非正常二面角}} \frac{1}{2} K_\xi (\xi - \xi_0)^2 + \sum_{\text{正常二面角}} K_\varphi [1 + \cos(n\varphi - \delta)]$$

$$+ \sum_{i,j} \left[\frac{C_{12}}{r_{ij}^{12}} - \frac{C_6}{r_{ij}^6} + \frac{q_i q_j}{4 n \varepsilon \varepsilon_0 r_{ij}^2} \right]$$

式中，第一项为共价键的振动能，第二项为键角振动能，第三项、第四项为二面角扭转能，第五项为范德华相互作用能，第六项为静电相互作用能。

在将分子动力学方法和二维核磁共振结合进行结构测定时，在势函数中要再加一项距离约束项：

$$V_{\text{dc}}(r_{ij}, r_{ij}^0) = \begin{cases} \dfrac{1}{2} K_{\text{dc}} (r_{ij} - r_{ij}^0)^2, & \text{若 } r_{ij} > r_{ij}^0 \\ 0, & \text{若 } r_{ij} \leqslant r_{ij}^0 \end{cases}$$

r_{ij}^0 是两原子 i, j 距离的上限：

$$V_{\text{dc}}(r_{ij}, r_{ij}^{0'}) = \begin{cases} 0 & \text{若 } r_{ij} \geqslant r_{ij}^{0'} \\ \dfrac{1}{2} K_{\text{dc}} (r_{ij} - r_{ij}^{0'})^2, & \text{若 } r_{ij} < r_{ij}^{0'} \end{cases}$$

模拟从伸展的肽链出发，或者从用计算机图形系统或距离几何法搭出的粗结构模型出发，以此为初位移，再指定一个温度，按照此温度下的麦克斯韦速率分布，给原子赋予一定的初速度。然后用计算机对运动方程作数值积分，得到每个原子的运动轨迹，即每个原子的位移矢量的时间序列，对该时间序列进行时间平均相当于对该体系作系综平均，即可得到蛋白质满足距离约束条件的平均构象。在修正过程中，为了在更大的空间中寻求，可以升高温度然后再降低温度，或者改变力常数等。

第 11 章　异核三维核磁共振波谱学

11.1　引　　言

　　二维核磁共振波谱学与计算机模拟的结合，极大地扩展了核磁共振技术在结构生物学的应用。但是通过同核核磁技术往往只能解析一些分子量相对较小的蛋白质（<10 kDa）以及中等长度的核酸（<20 nt）。当生物分子的分子量变大时，其在溶液中的布朗运动速度会明显变慢，衡量其运动随机性的相关时间 τ_C 也会明显变大，导致横向弛豫速率（$R_2 = 1/T_2$）变大。一方面核磁信号会以指数方式迅速衰减，另一方面核磁信号的线宽也会线性增加。因为蛋白质分子通常折叠成近似球形，所以它的信号衰减以及线宽增宽相比于采用线性折叠的核酸分子要慢。虽然通过提高样品的温度增加分子热运动能够缓解这种衰减和增宽效应，但是一般的蛋白分子在温度超过 25 ℃ 时很容易因为变性而沉淀，而核酸分子在高温时，由于活泼氢原子与溶剂中氢原子的交换速率增加，信号会大大减弱。这些原因使得分子量相对较大的蛋白质以及核酸的二维谱图信号堆积严重，谱图质量下降。

　　1980 年，Ernst 等提出了三维核磁共振波谱的概念，并随后开发了一些基于 NOE 效应以及 J 耦合传递的三维核磁共振脉冲技术，这些技术使得核磁共振技术可以解析的蛋白质和核酸分子量上限增加到 12 kDa。1990 年 Ad Bax 等首次将三共振脉冲技术应用到 $^{13}C/^{15}N$ 同位素同时标记的 16.7 kDa 的钙调蛋白上，真正意义上实现了至今仍然被广泛使用的异核三维核磁共振实验。随后大量的三维核磁脉冲技术开始涌现。1992 年 Lewis Kay 等提出了间接维共演化的四维核磁共振脉冲技术，虽然这种四维核磁共振实验并非真正意义上的四维实验，但是这个发明推动了更高维核磁共振波谱学实验的发展。进入 21 世纪以后，基于非均匀采样以及重建的信号处理技术快速发展，常规的三维以及四维核磁共振实验的时间被大大缩短，通过非均匀采样以及重建的三维以及四维核磁共振实验被广泛应用。此外，由于高场谱仪投入使用、超低温探头技术以及选择性同位素标记方法的不断发展，三维乃至更高维的核磁共振波谱技术已被广泛地应用于各种大蛋白甚至膜蛋白以及超大分子复合物的结构解析和功能研究上。

11.2 异核三维核磁共振波谱学简介

异核三维核磁共振谱指的是通过标量 J 耦合或者空间偶极-偶极相互作用建立起来的三个参与化学位移演化的不同原子核之间的相关关联。常规的三维核磁共振波谱信号可以用如下公式表征：

$$f(t_1, t_2, t_3) = M_0 e^{-i\Delta\omega_1 t_1} e^{-i\Delta\omega_2 t_2} e^{-i\Delta\omega_3 t_3} e^{-(t_1+t_2+t_3)/T_2} \tag{11.1.1}$$

相比于二维核磁共振波谱信号，它多了一个时间函数调制。图 11.2.1 描述了二维核磁共振波谱与三维核磁共振波谱的关系。底层平面是一个经过离散傅里叶变换后的频域二维谱，上层的立方体是一个与 F_1 维 F_2 维二维谱相同但是多了一个 F_3 维的频域三维谱。实际上，二维谱可以等效为三维谱沿着 F_3 维的加和投影，三维谱则可以看成是沿着 F_3 维一系列不同调制的二维谱平面构成的集合。因为多了一个间接维演化维度，三维核磁共振波谱具有更高的空间分辨率，可以将原先二维谱中堆积的核磁共振信号通过另一个间接维区分开来。

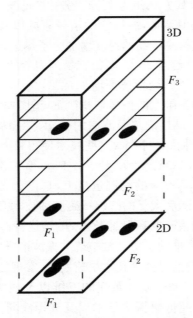

图 11.2.1　三维核磁共振波谱模型

三维核磁共振波谱的信号采集与二维类似，通过对 F_3 维时间轴进行离散化采样来获得一系列不同时间点调制的二维时域信号。第三个时间轴的引入一方面增加了额外的信号传递时间，另一方面大大增加了核磁共振实验耗费的时间，因此三维核磁共振波谱实验的信号灵敏度相比于二维实验往往要低一个数量级左右。所以一个三维核磁共振实验所需的样品浓度要比二维高 3～5 倍以上。三维谱的处理与二维谱十分类似，对于第三维的处理，一般可以通过矩阵转置的方法沿着 F_3 维度读入一个一个的二维 FID，然后分别对这些 FID 进行填零、调相、傅里叶变换等。

为了更加方便和统一地去描述常规的三维核磁共振波谱实验,我们将通常使用的同位素标记原子 $^1H^N$、^{15}N、$^1H^\alpha$、$^{13}C^\alpha$、^{13}CO、$^1H^\beta$、$^{13}C^\beta$、$^1H^\gamma$、$^{13}C^\gamma$、$^1H^\delta$、$^{13}C^\delta$、$^1H^\epsilon$、$^{13}C^\epsilon$ 等分别用 HN、N、HA、CA、CO、HB、CB、HG、CG、HD、CD、HE、CE 等表示。三维核磁实验可以按照传递路径的原子进行命名,不参与化学位移演化的原子用括号分隔。如图 11.2.2 所示是一个常规的异核三维核磁实验的传递流程。t_1,t_2,t_3 代表进行化学位移演化的原子的时间轴。

$$^1H^N \longrightarrow {}^{15}N \longrightarrow {}^{13}CO \longrightarrow {}^{13}C^\alpha \longrightarrow {}^{13}CO \longrightarrow {}^{15}N \longrightarrow {}^1H^N$$

$$(t_1) \qquad\qquad\qquad (t_2) \qquad\qquad\qquad\qquad (t_3)$$

图 11.2.2　HN(CO)CA 传递图

按照传递的流程和化学位移演化的原子,这个实验可以命名为 (HN)N(CO)CA(CO)(N)HN。但是因为这个实验采用了"传出—回传"的传递方式,所以可以简写为 HNN(CO)CA。另外,$^1H^N$ 是唯一直接与 ^{15}N 相连的氢原子,HN 可以简写为 H 而不产生歧义。因此这个实验最终被命名为 HN(CO)CA。其他实验的命名方式与此类似,不再赘述。

生物大分子的三维核磁共振波谱实验按照实际用途可以大致分为三类:① 用来进行主链认证的三维核磁实验。② 用来进行侧链认证的三维核磁实验。③ 用来提供空间信息的三维核磁实验。有些时候这些类型的划分并不十分严格,比如某些侧链认证的实验 HCCH-COSY、HCCH-TOCSY 在蛋白质主链认证中也经常被使用到。而核酸的主链认证则主要依赖于提供空间信息的二维以及三维异核编辑的 NOE 实验。

异核三维核磁共振波谱在结构生物学上有着非常广泛的应用,它可以用来解析大分子蛋白质以及核酸的三维空间结构,可以通过指认信息结合一些二维的异核实验来研究超大分子复合物之间的相互作用和结构模型,还可以通过一些特殊的脉冲技术去研究蛋白质以及核酸的激发态结构信息。本章主要以蛋白质为例,介绍如何利用多维核磁共振技术解析生物大分子结构。

11.3　多维核磁共振方法解析蛋白质结构

蛋白质结构解析指的是确定某段蛋白质序列三维空间结构的过程。因为溶液核磁共振技术解析的蛋白质样品一般为溶液状态,因此相比于 X 射线晶体衍射以及冷冻电子显微镜而言更加接近生理状态。利用多维核磁共振方法解析蛋白质的结构主要分为三个步骤:

(1) 蛋白质主链认证,即确定主链肽平面各个原子化学位移的过程。

(2) 蛋白质侧链序列认证,即确定侧链上各个碳原子、氮原子以及氢原子化学位移的过程。

(3) 蛋白质结构构建,即以同源建模、随机建模或其他建模方法为基础,利用一些 NOE 信息、J 耦合信息、化学位移信息或者一些其他的残留偶极耦合信息、顺磁弛豫增强信息或者赝接触化学位移信息,在计算机模拟软件的辅助下进行结构解析的过程。

图 11.3.1 是由哈佛大学 James Chou 实验室解析的目前利用多维核磁共振方法解析出的最大的蛋白质结构。这个蛋白在溶液中是一个同源五聚体,整体分子量达 90.4 kDa。

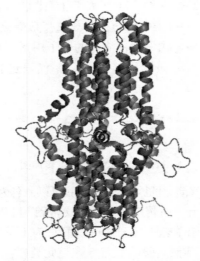

图 11.3.1 线虫线粒体钙转运体(MCU)孔洞结构域溶液状态结构

11.3.1 主链序列认证

主链序列认证即确认主链酰胺的氮、氢等原子化学位移的过程。传统的主链认证依赖于二维以及三维的同核或者异核编辑的 NOESY 谱。这种基于 NOESY 的主链结合侧链自旋体系的认证策略能有效地区分序列临近残基间以及序列相距较远残基间的 NOE 信号。但是当分子量比较大时,由于 $^1H^N$ 和 $^1H^\alpha$ 化学位移的高度简并和重叠,很难利用这种方法进行主链认证。为了克服这种困难,Ad Bax 等率先提出了利用异核三维核磁共振波谱进行主链指认的策略,这也是目前使用最为广泛的主链认证手段。图 11.3.2 列出了 10 种目前使用最多的进行主链指认的异核三维核磁共振实验。这 10 种异核三维实验可以两两组合成五组实验来行主链认证。下面将根据研究的蛋白质的分子量大小来介绍几种常规的主链认证方法。

1. 分子量较小的蛋白质的主链认证

分子量在 15 kDa 以下的蛋白质在溶液中如果不出现聚集,我们通常能够得到质量较好的 CBCA(CO)NH 和 CBCANH 实验谱图,或者与这两个实验类似的 HN(CO)CACB 和 HN(CACB)实验的谱图。图 11.3.3 列出了形式最为简单的 CBCA(CO)NH 和 CBCANH 实验的脉冲序列模块图。如图 11.3.3(a)以及图 11.3.2 所示,在 CBCA(CO)NH 实验中磁化矢量从 $^1H^\alpha$ 传递给 $^{13}C^\alpha$,进行 t_1 维化学位移演化,然后再传递给蛋白质序列中下一个残基的 ^{13}CO,接着传递给该残基的 ^{15}N 进行 t_2 维化学位移演化,最后传递到 $^1H^N$ 进行观察。因此 CBCA(CO)NH 实验能建立残基 i 的 $^{13}C^\alpha$、$^{13}C^\beta$ 原子与残基 $i+1$ 的 ^{15}N、$^1H^N$ 原子之间的关联。除了脯氨酸和序列末端的残基,理想情况下,每个氨基酸残基在 CBCA(CO)NH 的谱图中都会出现一对峰,分别对应该残基的 $^{13}C^\alpha$ 和 $^{13}C^\beta$ 的信号,如图 11.3.4(a)所示。如图 11.3.2 以及图 11.3.3(b)所示,在 CBCANH 实验中,磁化矢量也从 $^1H^\alpha$ 传递给 $^{13}C^\alpha$,进行 t_1

实验名称	标记原子	磁化矢量传递图
HNCA	$^1H_i^N$—$^{15}N_i$—$^{13}C_i^\alpha$ $^1H_i^N$—$^{15}N_i$—$^{13}C_{i-1}^\alpha$	
HN(CO)CA	$^1H_i^N$—$^{15}N_i$—$^{13}C_{i-1}^\alpha$	
H(CA)NH	$^1H_i^\alpha$—$^{15}N_i$—$^1H_i^N$ $^1H_i^\alpha$—$^{15}N_{i+1}$—$^1H_{i+1}^N$	
H(CA)(CO)NH	$^1H_i^\alpha$—$^{15}N_{i+1}$—$^1H_{i+1}^N$	
HNCO	$^1H_i^N$—$^{15}N_i$—$^{13}CO_{i-1}$	
HN(CA)CO	$^1H_i^N$—$^{15}N_i$—$^{13}CO_i$ $^1H_i^N$—$^{15}N_i$—$^{13}CO_{i-1}$	
CBCA(CO)NH	$^{13}C_i^\beta/^{13}C_i^\alpha$—$^{15}N_{i+1}$—$^1H_{i+1}^N$	
CBCANH	$^{13}C_i^\beta/^{13}C_i^\alpha$—$^{15}N_i$—$^1H_i^N$ $^{13}C_i^\beta/^{13}C_i^\alpha$—$^{15}N_{i+1}$—$^1H_{i+1}^N$	
HNCACB	$^1H_i^N$—$^{15}N_i$—$^{13}C_i^\alpha/^{13}C_i^\beta$ $^1H_i^N$—$^{15}N_i$—$^{13}C_{i-1}^\alpha/^{13}C_{i-1}^\beta$	
HN(CO)CACB	$^1H_i^N$—$^{15}N_i$—$^{13}C_{i-1}^\alpha/^{13}C_{i-1}^\beta$	

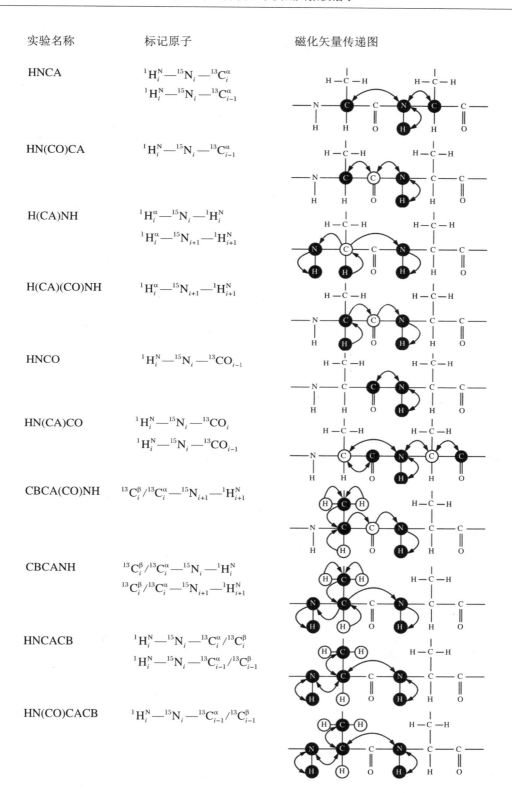

图 11.3.2　几种常规的用于蛋白质主链认证的异核三维核磁共振实验

维化学位移演化,接着 $^{13}C^{\alpha}$ 的磁化矢量会同时直接传递给当前氨基酸残基以及下一个氨基酸残基的 ^{15}N,进行 t_2 维的化学位移演化,最后传递到它们各自的 $^1H^N$ 进行观察。因此 CBCANH 实验能建立残基 i 的 $^{13}C^{\alpha}$、$^{13}C^{\beta}$ 原子与残基 i 以及残基 $i+1$ 的 ^{15}N、^1HN 原子之间的关联。除了脯氨酸以及序列末端的残基,每个氨基酸残基在 CBCANH 的谱图中都会出现两对峰,其中一对对应当前氨基酸残基的 $^{13}C^{\alpha}$、$^{13}C^{\beta}$ 信号,另一对则对应序列中下一个氨基酸残基的 $^{13}C^{\alpha}$、$^{13}C^{\beta}$,如图 11.3.4 所示。实际上这两对峰中其中一对峰的化学位移信息与 CBCA(CO)NH 谱图中的信号完全相同。一般的实验中为了更好地区分 $^{13}C^{\alpha}$、$^{13}C^{\beta}$ 原子的信号,可以合理地设置图 11.3.3(b) 中的 T_{AB} 时间参数,从而使得 $^{13}C^{\alpha}$、$^{13}C^{\beta}$ 的信号相位发生反转,在谱图中出现一正一负的情况。

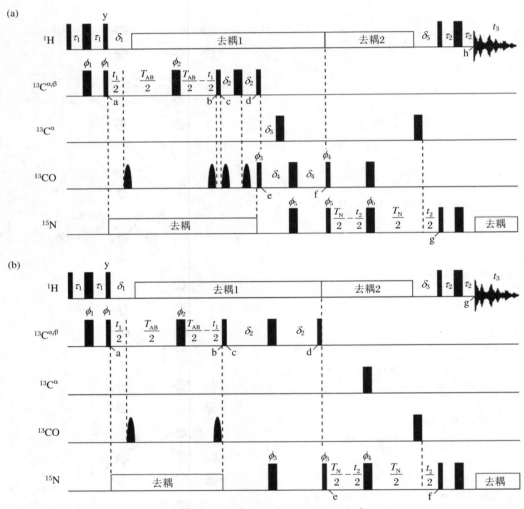

图 11.3.3　CBCA(CO)NH(a)和 CBCANH(b)实验脉冲序列模块图
黑色窄矩形以及宽矩形分别代表 90°以及 180°硬脉冲;黑色半椭圆形代表 180°成形脉冲;白色方块代表宽带去耦脉冲。

使用 CBCA(CO)NH 和 CBCANH 对分子量较小的蛋白质的主链进行认证利用了这两

个实验交替建立的残基间和残基内原子的关联。一般主链认证会从具有特殊化学位移的残基开始,以便于准确鉴定氨基酸残基的类型。比如甘氨酸的 $^{13}C^\alpha$ 和 $^{13}C^\beta$ 化学位移相等,一般在 45 左右;丙氨酸的 $^{13}C^\beta$ 化学位移在 18 左右,比其他氨基酸的 $^{13}C^\beta$ 化学位移都要小;丝氨酸和苏氨酸的 $^{13}C^\beta$ 化学位移要大于 $^{13}C^\alpha$ 化学位移,而且苏氨酸的 $^{13}C^\beta$ 化学位移在 70 左右。如图 11.3.5 所示的泛素蛋白质 P19-D24 氨基酸序列主链认证过程,选取了丝氨酸作为主链认证的起点。如果按照序列从 N 端到 C 端的方向进行认证,可以选取如图所示 CBCA(CO)NH 中 S20-P19 峰以及 CBCANH 中 S20 峰作为起始点。根据图 11.3.4(b)可知 CBCANH 谱图包含了 CBCA(CO)NH 的信息,但是实际实验过程中设置参数时会优化 CBCANH 谱图而非 CBCA(CO)NH 峰中的信号强度,总体使得 CBCANH 中残基内关联的峰强于残基间关联的峰。根据 CBCANH 中 S20 氨基酸的残基内信号峰的 $^{13}C^\alpha$ 和 $^{13}C^\beta$ 化学位移可以在 CACA(CO)NH 谱图中搜索到与之化学位移匹配的残基间信号峰。如果这样的峰无法搜索到,可能是这个残基后为脯氨酸或者发生信号重叠或缺失。根据这种认证方式可以按照蛋白质的序列进行依次认证。如果按照相反的方向进行认证,只需要在化学位移搜索时将 CBCA(CO)NH 中信号峰的 $^{13}C^\alpha$ 和 $^{13}C^\beta$ 化学位移作为索引值,在 CBCANH 中搜索匹配的峰即可。一般这种主链认证过程需要借助某些软件来完成,目前最常用的软件包括 SPARKY 3.0、NMRviewJ 以及 CARA 等。

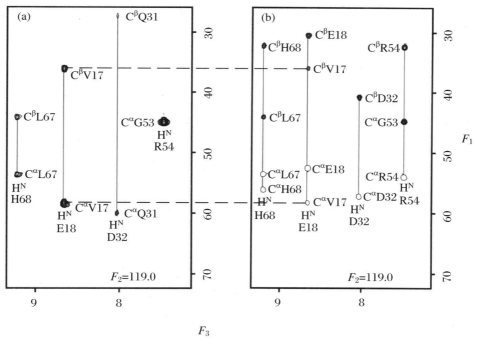

图 11.3.4 $^{15}N/^{13}C$ 同位素标记的泛素蛋白的 CBCA(CO)NH(a)和 CBCANH(b)实验谱图
选取的 ^{15}N 维的截面化学位移为 119.0。● 代表正峰,○ 代表负峰。

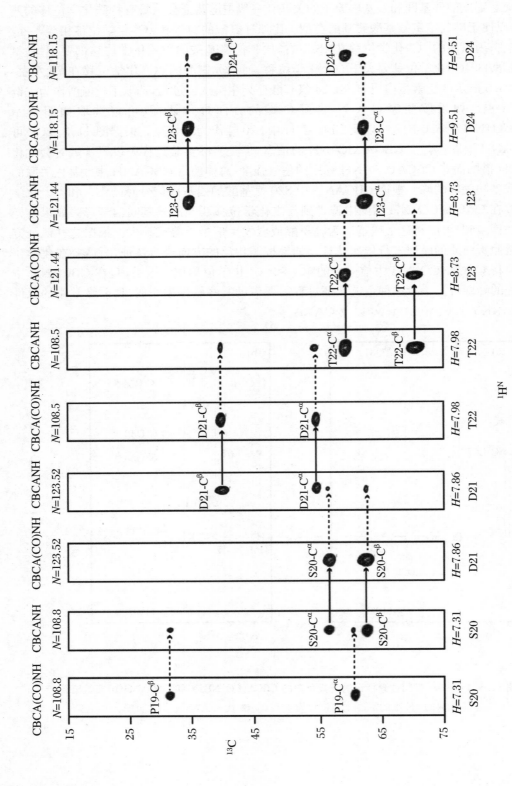

图 11.3.5 ^{15}N/^{13}C 同位素标记的泛素蛋白 P19-D24 氨基酸序列的主链认证流程图

2. 分子量在 15～30 kDa 分子量的蛋白质主链认证

当蛋白分子量在 15 kDa 以上时，因为 $^{13}C^\beta$ 原子快速的横向弛豫速率以及样品浓度的限制，我们很难采集到完整的 CBCA(CO)NH 和 CBCANH 谱图。这种情况下，我们往往需要一些具有高灵敏度的三维核磁共振实验来进行辅助，比如 HN(CO)CA/HNCA、HNCA(CO)/HNCO、HCANH/HCA(CO)NH 等。下面我们以 HN(CO)CA/HNCA 和 HNCA(CO)/HNCO 这两组实验为例介绍 CBCA(CO)NH/CBCANH 信号缺失时进行主链认证的方法。图 11.3.6 列出了形式最为简单的 HN(CO)CA/HNCA 和 HNCO/HN(CA)CO 的脉冲序列模块图。

如图 11.3.2 和图 11.3.6(a)所示，在 HN(CO)CA 实验中，磁化矢量从 $^1H^N$ 依次传递给残基自身的 ^{15}N、上一个残基的 ^{13}CO 以及 $^{13}C^\alpha$ 并且在 $^{13}C^\alpha$ 上进行 t_1 维的化学位移标记。接着磁化矢量从 $^{13}C^\alpha$ 开始回传，经过 ^{13}CO 传回到 ^{15}N 进行 t_2 维的化学位移演化，最后经 ^{15}N 传回到 $^1H^N$ 进行观察。这种传递方式由 $^1H^N$ 出发，最终又回到 $^1H^N$ 进行观察，所以被称为"传出—回传"。这种磁化矢量的传递方式，使得 HN(CO)CA 建立了氨基酸残基 i 的 $^1H^N$ 和 ^{15}N 原子与 $i-1$ 残基的 $^{13}C^\alpha$ 之间的关联，因此在 HN(CO)CA 谱图中除了脯氨酸和末端的氨基酸残基外，每个残基都有一个相对应的峰，如图 11.3.7(a)所示。如图 11.3.6(b)以及 11.3.2 所示，在 HNCA 实验中，磁化矢量从 $^1H^N$ 传递给 ^{15}N，然后经由 ^{15}N 同时直接传递给自身以及上一个残基的 $^{13}C^\alpha$，进行 t_1 维的化学位移演化。然后磁化矢量由自身以及上一个氨基酸残基的 $^{13}C^\alpha$ 回传给 ^{15}N 进行 t_2 维的化学位移演化，最后由 ^{15}N 传递到 $^1H^N$ 进行观察。这种磁化矢量传递方式，使得 HNCA 建立了氨基酸残基 i 的 $^1H^N$ 和 ^{15}N 原子与 i 以及 $i-1$ 残基的 $^{13}C^\alpha$ 之间的关联，因此在 HNCA 谱图中除了脯氨酸和末端的氨基酸残基外，每个氨基酸残基都有两个相对应的峰，其中一个峰的信息与 HN(CO)CA 完全相同，如图 11.3.7(b)所示。

如图 11.3.2 和图 11.3.6(c)所示，在 HNCO 实验中，磁化矢量从 $^1H^N$ 依次传递给残基自身的 ^{15}N 以及上一个残基的 ^{13}CO 并进行 t_1 维的化学位移演化。接着磁化矢量从 ^{13}CO 回传到 ^{15}N 并进行 t_2 维的化学位移演化。最后传递到 $^1H^N$ 进行观察。这种磁化矢量传递方式，使得 HNCO 实验建立了氨基酸残基 i 的 $^1H^N$ 和 ^{15}N 原子与 $i-1$ 残基的 ^{13}CO 之间的关联，因此在 HNCO 谱图中除了脯氨酸和末端的氨基酸残基外，每个氨基酸残基都有一个相对应的峰，如图 11.3.7(c)所示。如图 11.3.6(d)和 11.3.3 所示，在 HN(CA)CO 实验中，磁化矢量从 $^1H^N$ 传递给 ^{15}N，然后经由 ^{15}N 直接传递给自身以及上一个残基的 $^{13}C^\alpha$，接着经由 $^{13}C^\alpha$ 同时传递给各自的 ^{13}CO 并进行 t_1 维的化学位移演化。然后磁化矢量经由 $^{13}C^\alpha$ 回传到 ^{15}N 并进行 t_2 维的化学位移演化，最后由 ^{15}N 传递给 $^1H^N$ 进行观察。这种磁化矢量传递方式，使得 HN(CA)CO 建立了氨基酸残基 i 的 $^1H^N$ 和 ^{15}N 原子与 i 以及 $i-1$ 残基的 ^{13}CO 之间的关联，因此在 HN(CA)CO 谱图中除了脯氨酸和末端的氨基酸残基外，每个残基都有两个相对应的峰，其中一个峰的信息与 HNCO 完全相同，如图 11.3.7(d)所示。

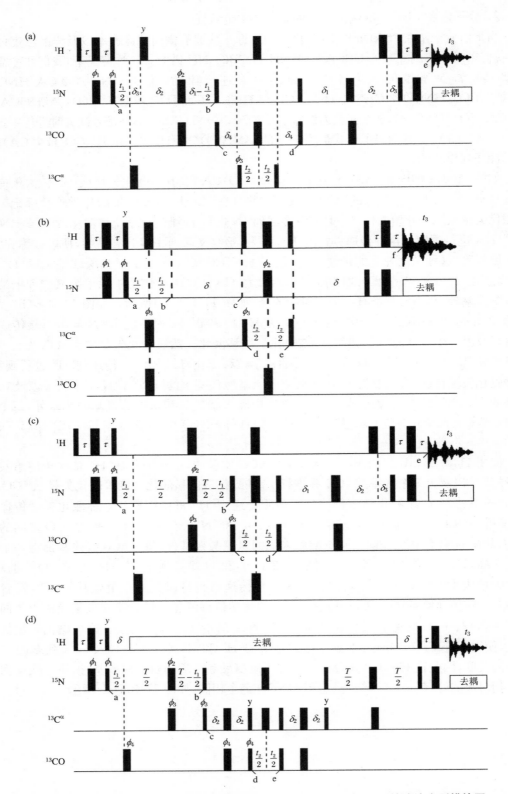

图 11.3.6　HN(CO)CA(a)、HNCA(b)、HNCO(c)以及 HN(CA)CO(d)的脉冲序列模块图

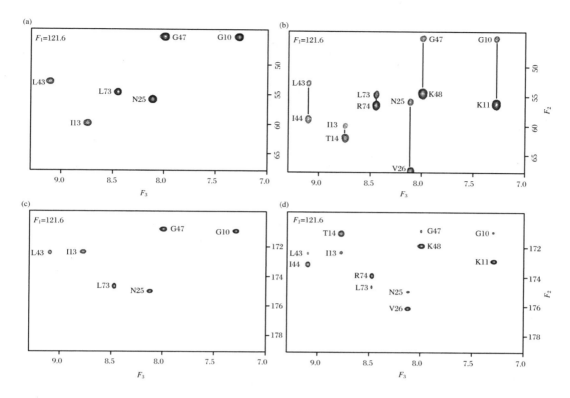

图 11.3.7　^{15}N/^{13}C 同位素标记的泛素蛋白在^{15}N＝121.6 界面的
HN(CO)CA、HNCA、HNCO 以及 HN(CA)CO 谱图

　　HN（CO）CA/HNCA 和 HNCO/HN（CA）CO 实验进行主链认证的基本原理与 CBCA(CO)NH/CBCANH 实验类似，但是由于在磁化矢量传递路径中不包含或者较少利用^{13}C$^{\beta}$，实验信号受^{13}C$^{\beta}$ 横向弛豫的影响较小，因此比 CBCA(CO)NH/CBCANH 实验的信号更强。不过由于一般氨基酸的^{13}C$^{\alpha}$ 和^{13}CO 的化学位移分布很窄而且缺乏特征性的化学位移，因此认证时只能选取某几种特定的氨基酸残基作为起始点，比如甘氨酸的^{13}C$^{\alpha}$ 在 45 左右，丙氨酸的^{13}C$^{\alpha}$ 在 52 左右，处于螺旋状态下的缬氨酸化学位移值在 63 左右等。由于这种很窄的化学位移分布以及较多的信号峰，在主链认证的过程中如果仅仅利用其中一组实验将会有大量的不明确认证，因此认证过程中通常需要将这几组实验综合利用起来，来排除认证中的不确定性。图 11.3.8 展示了^{15}N/^{13}C 同位素标记的泛素蛋白氨基酸片段 G10-T12 利用 HN(CO)CA/HNCA 和 HNCO/HN(CA)CO 认证的流程图。具有特殊化学位移的 G10 被选择作为认证的起始点，利用 HNCA 谱图中残基内关联的信号峰的^{13}C$^{\alpha}$ 化学位移以及 HN(CA)CO 谱图中残基内关联的信号峰的^{13}CO 化学位移进行索引，可以搜索到与之匹配的 HN(CO)CA 和 HNCO 的信号峰，然后按照蛋白质序列可以依次进行认证。如果单独只利用其中一组实验，比如 HNCO/HN(CA)CO 进行认证，因为^{13}CO 化学位移分布范围比较窄，会产生一系列的认证不确定性，如图中的 F45 和 I3 残基。具体根据化学位移的简并情况，可能会利用额外的实验组，比如 HCA(CO)NH/HCANH 帮助进行认证。

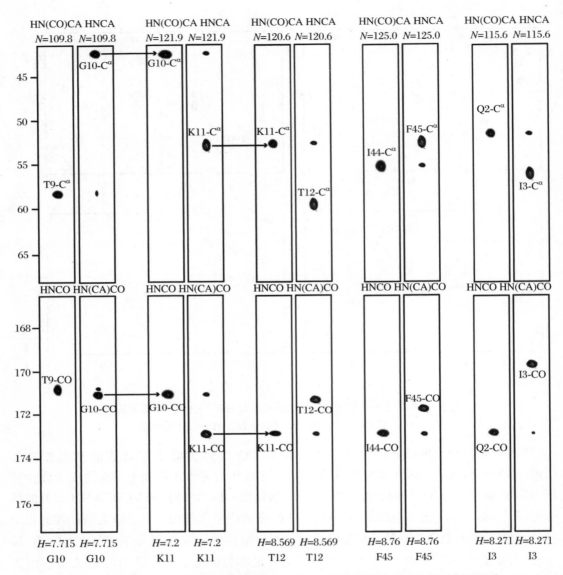

图 11.3.8 $^{15}N/^{13}C$ 同位素标记的泛素蛋白 G10-T12 片段利用 HN(CO)CA/HNCA 和 HNCO/HN(CA)CO 实验进行主链认证的流程图

3. 分子量在 30 kDa 以上蛋白质的主链认证

当蛋白质的分子量进一步增大时,一方面由于氨基酸残基数目增多,化学位移简并和谱峰重叠变得更为严重;另一方面由于横向弛豫速率增加,信号减弱十分明显,因此通过上面的方法很难完成主链认证过程。目前主要使用下列方法来辅助主链认证。

(1) 质子氘代的方法。在通常的三维核磁共振实验中,信号的衰减主要来源于 $^{13}C^\beta$ 和 $^{13}C^\alpha$ 原子核,而 $^{13}C^\beta$ 和 $^{13}C^\alpha$ 的弛豫速率主要来源于与 $^1H^\beta$、$^1H^\alpha$ 以及其他空间临近的氢原子之间的偶极-偶极相互作用。通过质子氘代的方法将氢原子替换成氘原子能显著降低横向弛豫速率。由于 $^1H^\beta$、$^1H^\alpha$ 等氢原子为非活泼氢原子,$^1H^N$ 原子为活泼氢原子,这样将氘代的蛋白质样品再通过变复性的方法,将原先连接在 N 原子上的氘原子替换为氢原子而保持连接在$^{13}C^\beta$和$^{13}C^\alpha$原子上的为氢原子,从而达到增强主链信号强度的目的。

（2）横向弛豫优化的波谱(TROSY)脉冲技术。在 12.2 节中我们将会具体讲到如何利用横向弛豫优化的波谱脉冲技术来增强异核三维核磁谱的灵敏度以及分辨率。在酰胺基团中氮原子以及氢原子的化学位移各向异性(CSA)与氮氢偶极-偶极(DD)的互相关弛豫可以抵消掉大部分 CSA 和 DD 的自相关弛豫,这样使得氮原子和氢原子的两个裂分峰中的其中一个峰的横向弛豫速率大大减弱。通过特定的相循环技术,可以选择出氮氢相关形成的四个裂分峰中弛豫速率最小的一个组分,这个组分虽然信号总强度不如原先去耦形成的非裂分峰,但线宽会窄很多,而且由于这种线宽变窄,峰的高度会增强很多。这种脉冲技术可以用来构建具有优秀分辨率和灵敏度的异核三维核磁实验。

（3）提高浓度和温度。核磁共振信号的强度与总的观测原子数目成正比,因此提高浓度能线性地增强信号强度。另外,温度的提高能增强分子的布朗运动,从而减小弛豫速率。一般温度提高 5 ℃左右,信号便会有很明显的增强。但是这种方法受到蛋白质本身性质的影响。

11.3.2　侧链认证

相较于蛋白质的主链认证过程而言,侧链认证要简单很多。基本思路是利用侧链的^{13}C以及^1H原子和主链的氮氢原子或者$^{13}C^\alpha$和$^1H^\alpha$原子的关联,然后再结合主链认证的信息来完成认证。因为侧链原子的核磁共振信号信息可以用来确定氨基酸残基的类型,因此侧链认证也通常用来辅助主链认证。图 11.3.9 列出了 4 种常用的用来进行侧链认证的三维核磁共振实验,CCH-COSY 和 CCH-TOCSY 因为与 HCCH-COSY 和 HCCH-TOCSY 形式类似,因此没有列出。其中 HCCH-COSY/CCH-COSY 和 HCCH-TOCSY/CCH-TOCSY 实验关联了所有侧链的碳氢原子,而 H(CCO)NH-TOCSY 和 CC(CO)NH-TOCSY 实验关联了侧链的碳氢原子与主链的氮氢原子。下面将就这两种类型的实验分别进行说明。

1. 利用 H(CCO)NH-TOCSY 和 CC(CO)NH-TOCSY 实验进行侧链认证

图 11.3.10 列出了由 Ad Bax 实验室开发的最早的 H(CCO)NH-TOCSY 和 CC(CO)NH-TOCSY 实验的脉冲序列模块图。结合图 11.3.9 与图 11.3.10(a)可知,H(CCO)NH-TCOSY 实验关联了侧链的氢原子与主链的氮氢原子,因此通过主链认证的信息和侧链氢原子化学位移的分布范围就可以对侧链的各个氢原子进行认证。图 11.3.11(a)是$^{15}N/^{13}C$同位素标记的磷酸酶 B 氨基酸序列 G121-L129 的 H(CCO)NH-TCOSY 实验谱图及侧链氢原子认证结果。由于亚甲基的两个氢为手性氢,因此在 H(CCO)NH-TCOSY 谱图中亚甲基会存在两个峰,而且这两个峰的具体旋光性无法区分。有些时候,由于化学位移的简并和谱图的分辨率的问题,这两个峰可能重叠成一个峰。同理,对于某些具有手性甲基基团的氨基酸残基,比如亮氨酸和缬氨酸等,它们的两个手性甲基也会出现两个峰,如 L124。结合图 11.3.9 与图 11.3.10(b)可知,CC(CO)NH-TOCSY 实验关联了侧链的碳原子与主链的氮氢原子,同理,通过侧链碳原子的化学位移分布范围即可对侧链的碳原子进行认证。

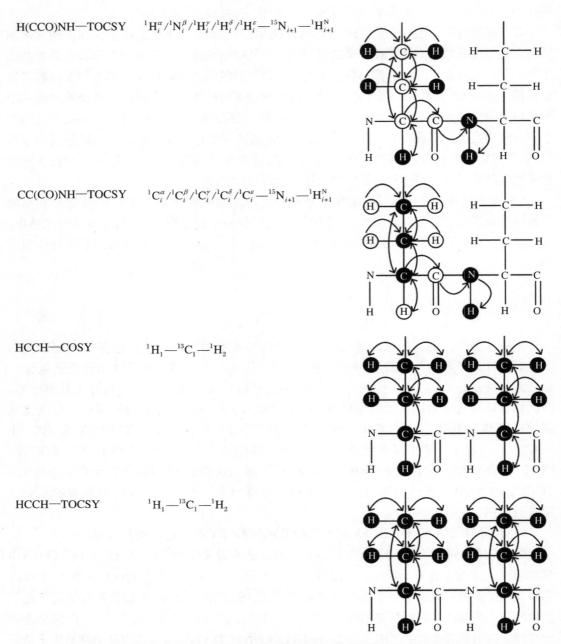

H(CCO)NH—TOCSY $\quad {}^{1}H_{i}^{\alpha}/{}^{1}N_{i}^{\beta}/{}^{1}H_{i}^{\gamma}/{}^{1}H_{i}^{\delta}/{}^{1}H_{i}^{\varepsilon}—{}^{15}N_{i+1}—{}^{1}H_{i+1}^{N}$

CC(CO)NH—TOCSY $\quad {}^{1}C_{i}^{\alpha}/{}^{1}C_{i}^{\beta}/{}^{1}C_{i}^{\gamma}/{}^{1}C_{i}^{\delta}/{}^{1}C_{i}^{\varepsilon}—{}^{15}N_{i+1}—{}^{1}H_{i+1}^{N}$

HCCH—COSY $\quad {}^{1}H_{1}—{}^{13}C_{1}—{}^{1}H_{2}$

HCCH—TOCSY $\quad {}^{1}H_{1}—{}^{13}C_{1}—{}^{1}H_{2}$

图 11.3.9　常规的用来进行侧链认证的核磁共振波谱实验及其磁化矢量传递流程图

图 11.3.11(b)是磷酸酶 B 氨基酸序列 G121-L129 的 CC(CO)NH-TOCSY 实验谱图及侧链碳原子认证结果。对于某些具有手性甲基基团的氨基酸残基,两个手性甲基会出现两个峰,而且由于侧链碳原子的化学位移分布范围比侧链氢原子要大很多,因此 CC(CO)NH-TOCSY 实验谱图的分辨能力总体要比 H(CCO)NH-TCOSY 好很多。有一点值得注意的是,虽然借助这两个实验能分别完成对侧链氢原子以及碳原子的认证,但是对于某些化学位移很接近的碳以及氢原子,认证过程可能会出现误差,比如两个手性甲基。虽然我们分别认证了两个甲基的氢原子和碳原子,具体哪个碳与哪个氢组合,还需要

借助于其他核磁共振谱图,比如利用 ^{13}C-HSQC 来进行组合。此外,利用 H(CCO)NH-TOCSY 和 CC(CO)NH-TOCSY 实验进行侧链认证有个明显的缺点,即当某个氨基酸残基后面连着脯氨酸时,这个氨基酸残基的信号就会消失。因此还需要借助于其他实验来进一步完善主链认证,比如下面要介绍的 HCCH-COSY/CCH-COSY 和 HCCH-TOCSY/CCH-TOCSY 实验。

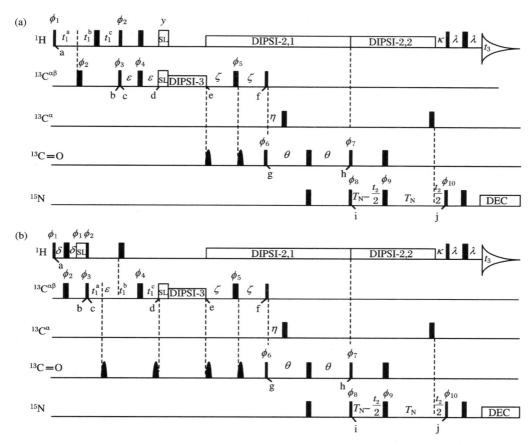

图 11.3.10　H(CCO)NH-TOCSY 和 CC(CO)NH-TOCSY 实验脉冲序列模块图
SL,DIPSI-2,1(2),DIPSI-3 分别代表压水峰的自旋锁定场、氢通道去耦脉冲以及碳通道 TOCSY 混合脉冲。

2. 利用 HCCH-COSY/CCH-COSY 以及 HCCH-TOCSY/CCH-TOCSY 实验进行侧链认证

图 11.3.12 是常规的三维恒时 HCCH-COSY 以及普通 HCCH-TOCSY 实验的脉冲序列模块图。结合图 11.3.9 和图 11.3.12 可知,HCCH-COSY 和 HCCH-TOCSY 实验关联了所有侧链的碳氢原子,因此通过主链认证过程中获得的 ^{1}H$^{\alpha}$/^{13}C$^{\alpha}$ 或者 ^{1}H$^{\beta}$/^{13}C$^{\beta}$ 的化学位移归属信息以及侧链氢或者碳原子化学位移的分布范围就可以对侧链的各个氢原子进行认证。对于侧链碳原子的认证则需要 CCH-COSY 以及 CCH-TOCSY 实验,这里不再赘述。图 11.3.13 显示了 ^{15}N/^{13}C 同位素标记的泛素蛋白部分氨基酸残基的 HCCH-COSY 和 HCCH-TOCSY 谱图以及认证结果。

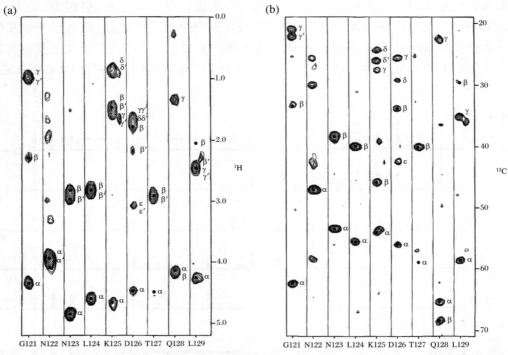

图 11.3.11 ^{15}N/^{13}C 同位素标记的磷酸酶 B 氨基酸残基序列 G121-L129 的 H(CCO)NH-TOCSY 和 CC(CO)NH-TOCSY 实验谱图及侧链认证结果

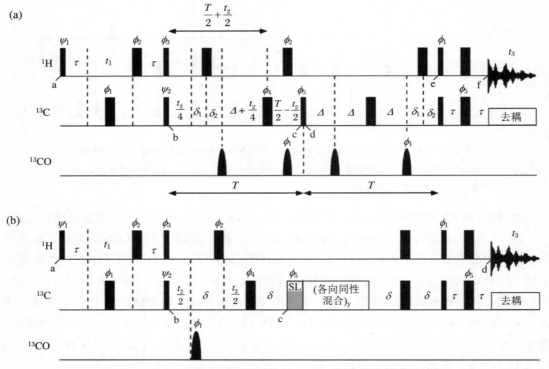

图 11.3.12 HCCH-COSY 以及 HCCH-TOCSY 脉冲序列模块图

白色矩形代表碳通道的去耦脉冲,灰色矩形代表 TOCSY 混合脉冲。

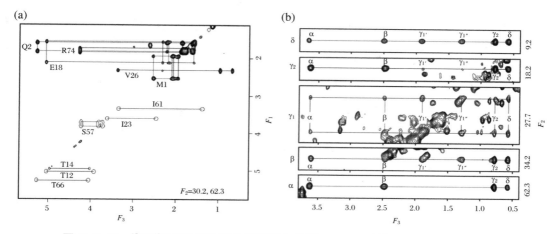

图 11.3.13　^{15}N/^{13}C 同位素标记的泛素蛋白 HCCH-COSY 以及 HCCH-TOCSY 谱图
（a）HCCH-COSY 在 $F_2 = 30.2$ 截面的谱图，因为谱图折叠的原因，$F_2 = 62.3$ 处的信号
（单等高线峰）折叠在 30.2 处。（b）I23 的 HCCH-TOCSY 指认谱图，纵轴是不同侧链原
子的化学位移，氢原子的化学位移未标注。

11.3.3　蛋白质结构构建

利用核磁共振信息进行蛋白质结构解析的算法很多，大部分的算法都直接依赖于核磁
共振技术提供的距离或者二面角信息，而且结构的质量与约束信息的多少有着密切的关联，
当平均每个氨基酸残基的约束数目在 5 个时，只能得到粗糙的结构，当平均约束在 15 个左
右时，可以得到 RMSD 在 0.5 Å 左右的精细结构。如 10.2～10.5 节所述，可以提供结构约
束的核磁共振信息很多，最主要的是 NOE 衍生的距离信息、化学位移衍生的二面角信息、
J 耦合常数衍生的二面角信息以及下一章要介绍的基于残余偶极耦合（RDC）的化学键取向
信息、基于顺磁弛豫增强（PRE）的距离信息等。此外，还有一些其他的技术，比如基于活泼
氢原子交换速率的信息、反式氢键 J 耦合常数等。

1. 利用三维及四维 NOESY 核磁共振谱获取蛋白质内原子距离信息

第 4.3 节介绍了瞬态 NOE 效应正比于两个原子核之间距离的倒数的六次方，因此在瞬
态 NOE 谱图中，理想的交叉峰的强度正比于距离的倒数的六次方。如果某两个原子之间的
距离信息已知，那么可以根据 NOESY 谱交叉峰的强度反过来推导出其他所有原子间的距
离大小。以往的二维 ^{1}H—^{1}H NOESY 实验虽然能够提供数目很多的距离信息，但是因为化
学位移简并和重叠，这其中很大一部分信息很难归属，而且 NOE 交叉峰通过积分获得的强
度信息也有很大的误差。三维 NOESY 实验虽然就灵敏度而言不如二维的 NOESY 实验，
但是因为多了一个编辑维度，分辨率较二维 NOESY 要高很多，而且对于 NOE 交叉峰强度
的估算也要准确很多，因此可以得到更多准确和专一性的认证信息。下面是几种蛋白质结
构解析中常用的三维 NOESY 实验。

（1）三维 NOESY-HSQC 以及 HSQC-NOESY 实验。

如图 11.3.14 所示是 ^{13}C/^{15}N 编辑的三维 NOESY 实验的基本脉冲序列模块图，通过调
节间隔 τ 的值以及加上相应的去耦模块，可以改写成完整的 ^{13}C/^{15}N 编辑的三维 NOESY 序

列。这两个脉冲序列都提供了$^1H^C/^1H^N$与其他所有氢原子之间的 NOE 信息。但是这两个实验各有特点,HSQC-NOESY 的编辑维度在 NOE 混合之前,而观测的为所有的氢原子,因此比 NOESY-HSQC 具有更高的分辨率,但是这种序列在^{15}N编辑的三维 NOESY 实验中,会因为序列中使用水峰抑制导致$^1H^N$传递给$^1H^α$的 NOE 信息丢失。

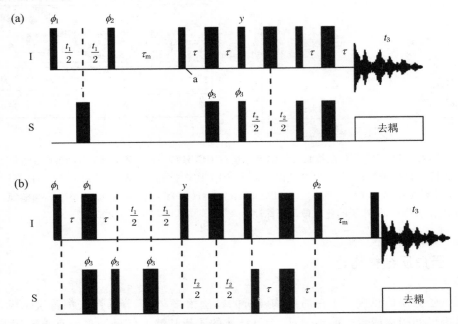

图 11.3.14　三维 NOESY-HSQC(a)以及三维 HSQC-NOESY(b)的脉冲序列基本模块图

（2）异核双编辑三维或者四维 NOESY 实验。

图 11.3.15 是混合前后均进行异核编辑的三维或者四维 NOESY 实验。图 11.3.15(a)是$^{15}N/^{15}N$双编辑的三维 HMQC-NOESY-HMQC 实验,它提供了^1H到$^1H^N$的 NOE 信息。同理,这个三维实验可以修改为三维$^{15}N/^{13}C$或者$^{13}C/^{13}C$编辑的 HMQC-NOESY-HMQC 实验,从而提供从$^1H^N$到$^1H^C$或者从$^1H^C$到$^1H^C$的 NOE 信息。

在实际使用中,三维异核编辑的 NOESY 实验也会因为分辨率的问题而影响 NOE 指认,因此$^{15}N/^{15}N$、$^{13}C/^{15}N$以及$^{13}C/^{13}C$编辑的四维 HMQC-NOESY-HMQC 实验也常常使用,尤其是在自动结构解析中。

2. 基于化学位移信息的二面角约束

第 2.1 节和 2.2 节介绍了化学位移的产生原理,化学位移对局部结构和构象非常敏感,虽然这种相关关系很难被解释。但是$^1H^α$、^{15}N、^{13}CO、$^{13}C^α$、$^{13}C^β$等核的化学位移在蛋白不同的二级结构中有明显的区别。NMRPIPE 的 TALOS 插件能够根据这些原子的化学位移信息来产生二面角约束。

3. 基于J耦合常数的二面角约束

第 3.3 节介绍了J耦合常数与二面角之间的关系,因此通过测量J耦合常数的值,可以得到二面角相关的信息。

4. 基于 RDC 和 PRE 的约束信息

后面第 12.2 节及 12.4 节将会详细介绍这两种方法产生化学键取向以及距离约束信息

的基本原理。

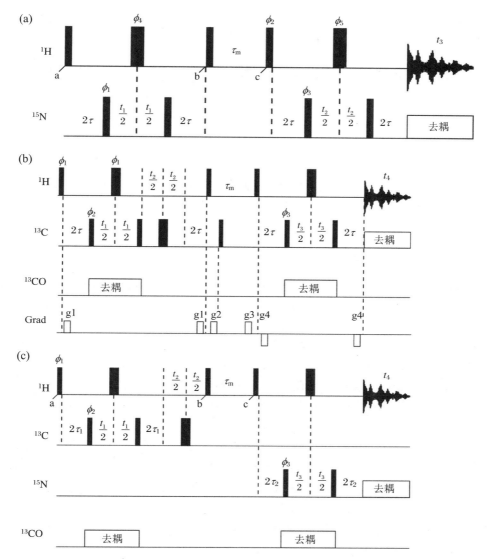

图 11.3.15 ^{15}N/^{15}N 编辑的三维 HMQC-NOESY-HMQC 实验(a),^{13}C/^{13}C 编辑的四维 HMQC-NOESY-HMQC 实验(b),以及 ^{13}C/^{15}N 编辑的四维 HMQC-NOESY-HMQC 实验(c)

第 12 章　核磁共振新技术与新方法

12.1　引　言

　　21 世纪以来,随着三维核磁共振波谱学的发展,利用核磁共振技术进行生物分子结构与功能的研究逐渐趋于成熟。对于更大分子量的生物分子以及生物分子激发态的结构与功能研究开始成为热点。随着生物分子分子量的增加,一方面横向弛豫速率会明显增大,使得核磁共振信号衰减十分严重,另一方面结构解析所需要的约束条件更多,仅仅利用 NOE 以及化学位移等约束信息很难得到收敛的结构。

　　1982 年 Botherner 等发现具有高磁化率的分子在静磁场中会采取偏好的取向,这说明在溶液中偶极-偶极相互作用并非总是为零的。1995 年 Ad Bax 等准确地测量了抗磁性泛素蛋白 $^1J_{NH}$ 的残留偶极耦合常数(RDC),虽然这种残留偶极耦合值仅有 $-0.09\sim0.10$ Hz。随后利用液晶态介质实现分子定向排列的技术开始出现,这种数值很大的 RDC 值使得通过测量 RDC 值来获取分子取向成为可能,RDC 约束信息开始被应用于结构解析。与此同时,基于顺磁弛豫增强(PRE)以及赝接触化学位移(PCS)的约束信息也开始被用于结构解析。1997 年 Wüthrich 和 Pervushin 等提出了 ^{15}N 和 ^{1}H^N 横向弛豫优化的波谱学技术(TROSY),这种技术能够分离出 ^{15}N 以及 ^{1}H^N 信号中的由于偶极-偶极和化学位移各向异性互相关弛豫与偶极-偶极自相关弛豫以及化学位移各向异性互相关弛豫相互抵消产生的慢弛豫组分,从而大大提高了核磁共振技术所能解析的蛋白质分子量大小。1998 年 Pervushin 和 Wüthrich 等又在苯环的 ^{13}C 和 ^{1}H^C 上发现了这种 TROSY 效应。2003 年 Tugarinov 和 Lewis E. Kay 等在甲基基团上发现了这种类似的由于偶极-偶极互相关弛豫与偶极-偶极自相关弛豫相互抵消的甲基 TROSY 效应,使得利用核磁共振技术研究超大分子复合物成为可能。

　　一般的结构生物学手段往往只能对生物分子的基态结构和功能进行研究,但是激发态的结构对于很多的生物学过程有着重要的意义,比如配体识别、酶促反应、蛋白折叠以及物质转运等,对激发态的研究有利于我们更好地去了解这些化学反应以及生物学过程的基本原理。20 世纪 90 年代,基于对激发态研究的核磁共振脉冲技术开始出现,如基于 Carr-Purcell-Meiboom-Gill(CPMG)的弛豫扩散实验、ZZ-exchange 实验、R1ρ 实验以及测量偶极-偶极和化学位移各向异性互相关弛豫的实验,这些实验使得探测激发态成为可能。2011 年 Fawzi 和 Clore 等开发了 DEST(Dark State Exchange Saturation Transfer)脉冲技术,使得探测超大分子激发态动力学信息成为可能。随后 Lewis E. Kay 等开发了类似的激发态化学交换的饱和转移实验(CEST),使得探测激发态分子的化学位移信息成为可能。这些技术的不断发展和完善,使得利用核磁共振技术研究生物分子激发态的结构和功能更加健全和高效。

12.2　TROSY 以及甲基 TROSY 技术

12.2.1　主链氮氢以及苯环碳氢的 TROSY 效应

假想一个 I 核和 S 核弱耦合的双核体系,它们的旋磁比 γ_I、γ_S 以及标量耦合常数 $^1J_{IS}$ 满足 $\gamma_I > \gamma_S > 0$,$^1J_{IS} > 0$,这种双核耦合体系可以用通常的四能级图进行描述,如图 12.2.1 所示,这 4 个能级的单量子跃迁对应 4 条核磁共振谱线,我们以 $I_{13}^\pm$,$I_{24}^\pm$,$S_{12}^\pm$,$S_{34}^\pm$ 表示,这 4 条谱线对应的角频率分别为 ω_I^{13},ω_I^{24},ω_S^{12},ω_S^{34},满足:

$$\omega_I^{13} = \omega_I + \pi J_{IS}, \quad \omega_I^{24} = \omega_I - \pi J_{IS}$$
$$\omega_S^{12} = \omega_S + \pi J_{IS}, \quad \omega_S^{34} = \omega_S - \pi J_{IS} \tag{12.2.1}$$

其中 ω_I、ω_S 分别为 I 核和 S 核的进动频率。

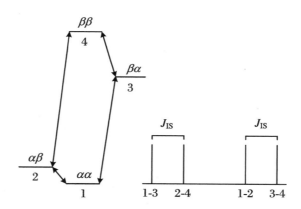

图 12.2.1　双核 IS 弱耦合体系能级谱及谱线位置

假设除 I 外的其他核对 S 核的弛豫速率贡献可以忽略不计,而且化学位移各向异性的主轴分量与 IS 化学键方向平行,那么在抗磁性蛋白中 S 核的两条单线的横向弛豫速率 R_S^{12},R_S^{34} 可以由以下公式表述:

$$R_S^{12} = (p - \delta_S)^2 [4J(0) + 3J(\omega_S)]$$
$$+ p^2 [J(\omega_I - \omega_S) + 3J(\omega_I) + 6J(\omega_I + \omega_S)] + 3\delta_I^2 J(\omega_I) \tag{12.2.2}$$
$$R_S^{34} = (p + \delta_S)^2 (4J(0) + 3J(\omega_S))$$
$$+ p^2 [J(\omega_I - \omega_S) + 3J(\omega_I) + 6J(\omega_I + \omega_S)] + 3\delta_I^2 J(\omega_I) \tag{12.2.3}$$

其中偶极偶极相互作用 p 与化学位移各向异性 δ_S 和 δ_I 的 Hamiltonian 系数如以下公式 (12.2.4)~(12.2.6):

$$p = \frac{1}{2\sqrt{2}} \gamma_I \gamma_S \hbar / r_{IS}^3 \tag{12.2.4}$$

$$\delta_S = \frac{1}{3\sqrt{2}} \gamma_S B_0 \Delta\delta_S \tag{12.2.5}$$

$$\delta_I = \frac{1}{3\sqrt{2}} \gamma_I B_0 \Delta\delta_I \tag{12.2.6}$$

其中$\hbar$为普朗克常数除以2π,r_{IS}为 I 核与 S 核的核间距,B_0 为静磁场磁感应强度,$\Delta\delta_I$ 和 $\Delta\delta_S$ 分别为 I 核和 S 核的化学位移各向异性,定义为

$$\Delta\delta = \sigma_{11} - (\sigma_{22} + \sigma_{33})/2 \tag{12.2.7}$$

其中 σ_{11}、σ_{22}、σ_{33} 分别为化学位移张量的三个主轴分量。$J(\omega)$ 为谱密度函数,假设蛋白为各项同性翻滚的刚性模型 $J(\omega)$ 可以用下式表征:

$$J(\omega) = \frac{2\tau_c}{5(1 + (\tau_c\omega)^2)} \tag{12.2.8}$$

假设静磁场的强度比较大,而且生物分子的分子量也比较大,那么对于异核 IS 体系,只有 $J(0)$ 项的值占主导,R_S^{12}、R_S^{34} 主要受第一项影响。当 $p \approx \delta_S$ 时,R_S^{12} 的值将非常小,即 $S_{12}^{\pm}$ 单线的横向弛豫速率非常小,通过特定的脉冲技术,我们可以选择性地保留这条横向弛豫速率比较小的单线,这种脉冲技术成为 TROSY。对于 I 核也可以做同样的分析。

这种 TROSY 现象的产生,需要 DD 与 CSA 的交叉弛豫速率与 DD、CSA 互相关弛豫速率的加和近似相等,这样 I 核和 S 核的横向弛豫速率主要来源于与其他核的相互作用。1997 年及 1998 年 Pervushin 和 Wüthrich 等在主链的酰胺氮氢以及苯环的碳氢体系中发现了这种现象的存在。

1. 主链酰胺的^{15}N—^{1}H TROSY

在 ^{15}N—^{1}H 基团中,$\Delta\delta_H = -16$,$\Delta\delta_H = -160$,$r_{IS} = 0.101$ nm,氢原子 CSA 的张量主轴与氮氢键夹角在 $10°$ 左右,氮原子 CSA 张量的主轴与氮氢键夹角在 $20°$ 左右。由(12.2.5)式可知,CSA 弛豫速率正比于磁感应强度,因此只有当磁场强度足够高时,CSA 弛豫速率与偶极-偶极弛豫速率才可比。理论计算表明,当磁感应强度在 1.1 GHz 时,$p \approx \delta_S(\delta_I)$,此时 H 原子弛豫速率主要来源于与其他远程质子间的偶极-偶极相互作用,而氮原子的弛豫速率主要来源于与氮原子通过化学键链接的 ^{13}CO 以及 ^{13}C$^\alpha$ 原子间的偶极偶极相互作用,如果通过质子氘代的方法将碳氢质子替换成氘,氢原子的弛豫速率可以大大减小。

图 12.2.2(a)是一个最原始的 TROSY-^{15}N-HSQC 的脉冲序列模块图,图 12.2.2(b)是其与普通的 HSQC 的谱图比较,可以看出,即使在小蛋白上,TROSY 的灵敏度和线宽也要明显好于普通的 HSQC。TROSY 通过特定的脉冲技术选择性地保留了 ^{15}N—^{1}H 的四个裂分组分中弛豫速率最小的组分,这个组分位于 4 个裂分组分的右下角。如图 12.2.3 所示是钙结合蛋白的某个氨基酸残基的正常 4 个裂分组分(a)、无裂分信号(b),以及 TROSY 保留的信号组分(c),可以看出 TROSY 组分具有最高的信噪比和分辨率。

2. 苯环^{13}C—^{1}H TROSY

在苯环上,受到苯环共轭环流效应的影响,碳有很大的化学位移各项异性,$\delta_C = -172$,CSA 张量的主轴方向与碳氢键大致平行,在适当的磁感应强度下,$p \approx \delta_C$。但是因为氢原子的弛豫速率依然很大,这种芳环上的 TROSY 效应的应用不如 ^{15}N—^{1}H 的 TROSY 效应广泛。图 12.2.4(a)是一个常规的两维芳环 ^{13}C-^{1}H-TROSY 脉冲序列模块图,图 12.2.4(b)

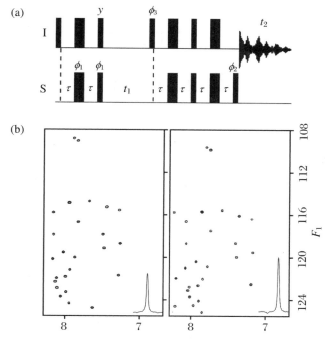

图 12.2.2　(a) 原始的 TROSY-¹⁵N-HSQC 脉冲序列图；(b) ¹⁵N 标记
的泛素蛋白的普通 ¹⁵N-HSQC(左侧)与 TROSY-¹⁵N-HSQC
(右侧)谱图比较

(b)中两个谱图采用同样的方式采集了相同的时间。右
下角的峰为其中某个峰的信号强度。

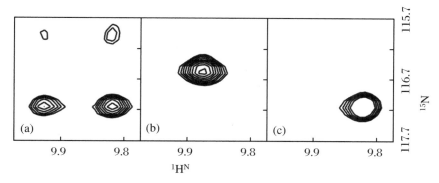

图 12.2.3　钙结合蛋白的某个氨基酸残基 ¹⁵N—¹H 基团的正常 4 个裂分信号(a)、无
裂分信号(b)以及 TROSY 信号(c)

是 ¹³C 标记的芳环蛋白普通的 ¹³C-¹H-COSY 与 TROSY-¹³C-¹H-COSY 的比较谱图。可以
明显看出，应用了 TROSY 效应的谱图信噪比和分辨率要明显强于普通的谱图。

12.2.2　甲基 TROSY

甲基 TROSY 效应与 ¹⁵N—¹H 的 TROSY 效应原理类似，但是具体机制存在本质的区

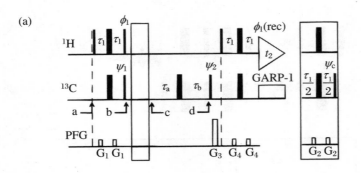

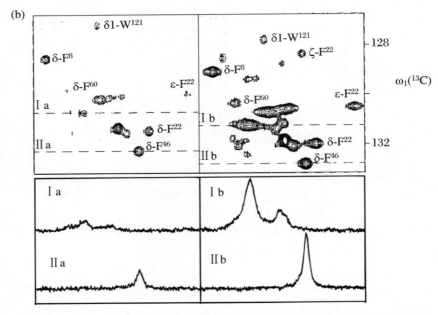

图 12.2.4 （a）常规 TROSY-^{13}C-^{1}H-COSY 脉冲序列模块图；（b）^{13}C 标记的芳环
蛋白普通 ^{13}C-^{1}H-COSY 以及 TROSY-^{13}C-^{1}H-COSY 谱图，平面下方是
谱图中标注位置的一维截面图

别。在甲基基团中对于氢原子而言，氢氢之间的偶极-偶极自相关弛豫速率会与氢氢偶极互
相关弛豫速率相互抵消，从而使得氢原子的 2 条裂分单线其中一条的弛豫速率 $R_{2,f}$ 明显低
于另一条的弛豫速率 $R_{2,s}$。对于碳原子而言，碳氢偶极-偶极自相关弛豫速率会与碳氢偶极
互相关弛豫速率相互抵消，从而使得碳原子的 4 条裂分单线中化学位移位于内侧的 2 条单
线弛豫速率 $R_{2,L2}$ 仅为位于外侧的两条单线 $R_{2,L1}$ 的 1/9 左右。在大分子量蛋白质的条件限制
下，如果不考虑甲基外部的其他原子的影响，这 4 种弛豫速率可由公式（12.2.9）~（12.2.12）
表征：

$$R_{2,L1} = \frac{1}{5} \frac{S_{axis}^2 \gamma_H^2 \gamma_C^2 \hbar^2 \tau_C}{r_{HC}^6} \tag{12.2.9}$$

$$R_{2,L2} = \frac{1}{9} R_{2,L1} \tag{12.2.10}$$

$$R_{2,f} = \frac{9}{20} \frac{S_{axis}^2 \gamma_H^4 \hbar^2 \tau_C}{r_{HH}^6} + \frac{1}{45} \frac{S_{axis}^2 \gamma_H^2 \gamma_C^2 \hbar^2 \tau_C}{r_{HC}^6} \tag{12.2.11}$$

$$R_{2,s} = \frac{1}{45} \frac{S_{axis}^2 \gamma_H^2 \gamma_C^2 \hbar^2 \tau_c}{r_{HC}^6} \qquad (12.2.12)$$

其中 S_{axis}^2 为甲基基团的序参数，r_{HH} 和 r_{HC} 分别为氢氢以及氢碳原子之间的空间距离，γ_H 和 γ_C 为氢原子与碳原子的旋磁比，τ_c 为分子运动相关时间。由此可知对于碳氢都属于慢弛豫的单线，弛豫速率主要来源于碳氢原子之间的偶极-偶极相互作用，如果通过多量子脉冲技术的方法，使得碳氢保持在多量子状态，那么这部分偶极-偶极弛豫速率将会消失，慢弛豫单线的理论横向弛豫速率将会接近于零，此时的横向弛豫速率主要来源于与其他原子的相互作用。

图 12.2.5 是甲基的 ^{13}C-^1H-HSQC（a）以及 ^{13}C-^1H-HMQC（b）脉冲序列模块图。图 12.2.6 是不施加黑色虚线框的 180° 脉冲下乙酸甲基以及不同温度下的苹果酸合成酶甲基的 HSQC 以及 HMQC 信号，可知当蛋白表观分子量增大时，快弛豫单线会信号会急速减弱，慢弛豫单线的信号衰减很慢，而且 HMQC 相比于 HSQC 具有更高的灵敏度。

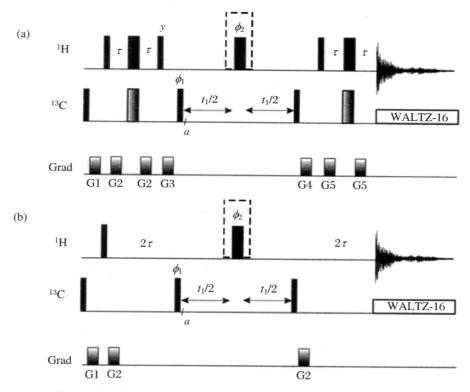

图 12.2.5 ^{13}C-^1H-HSQC（a）以及 ^{13}C-^1H-HMQC（b）脉冲序列模块图

除了由于 TROSY 效应带来的弛豫速率抵消外，甲基的高速运动也使得甲基的弛豫速率进一步下降，甲基信号这种优秀的弛豫性质可以用于超大分子以及超大分子复合物的结构和功能研究。图 12.2.7 是利用甲基 TROSY 以及小角散射技术解析的 HSP90 二聚体与 Tau 蛋白的复合物结构模型。

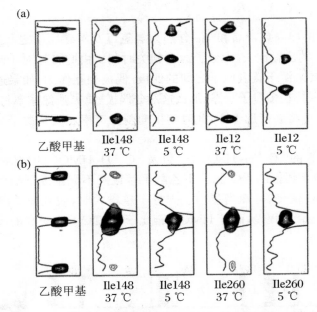

图 12.2.6　不同表观分子量的蛋白质甲基 HSQC(a)以及 HMQC(b)信号

37 ℃和 5 ℃分别代表异亮氨酸 δ1 甲基标记的苹果酸
合成酶 37 ℃以及 5 ℃下的信号。

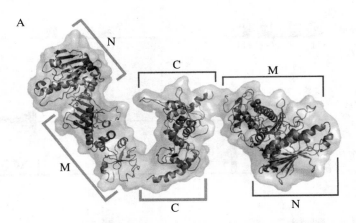

图 12.2.7　二聚体 HSP90 与 Tau 蛋白复合物的结构模型

12.3　RDC 实　验

12.3.1　RDC 产生的原理

溶液状态下的生物分子在各向同性且快速运动的前提下，核自旋的 Hamilton 量可以由下式表征：

$$H = \frac{1}{3}\mathrm{Tr}\{C\}u \cdot v \tag{12.3.1}$$

其中 Tr 代表矩阵的迹；C 是一个二阶张量，比如化学位移屏蔽因子、标量耦合常数 J 等；u 和 v 是向量，比如角动量算符 I_x，I_y 等。在这种各向同性的前提下，偶极-偶极相互作用张量的迹为 0，平均哈密顿为 0，因此它对化学位移没有净贡献，只表现为对弛豫速率即线宽的影响。如果溶液中的分子受到某种弱的势能力作用，使得它们对于某种取向具有偏好性，这时偶极-偶极相互作用对于化学位移会产生净贡献，而且可以由下式表述：

$$H = \pi D_{\mathrm{IS}}(3I_z S_z - I \cdot S) \tag{12.3.2}$$

在弱耦合近似 $\frac{2\pi D_{\mathrm{IS}}}{|I_z - S_z|} \ll 1$ 的条件下，(12.3.2)式可以写成：

$$H = 2\pi D_{\mathrm{IS}} I_z S_z \tag{12.3.3}$$

其中

$$D_{\mathrm{IS}} = D_{\mathrm{IS}}^{\max} \left\{ \frac{1}{2} A_a (3\cos^2\theta - 1) + \frac{3}{4} A_r \sin^2\theta \cos 2\varphi \right\} \tag{12.3.4}$$

其中 A_a 和 A_r 是与序参数相关的参数，θ 和 φ 为 IS 核间向量与分子固定排列张量主轴参照系间的夹角，如图 12.3.1 所示。

$$D_{\mathrm{IS}}^{\max} = -\frac{\mu_0 \gamma_{\mathrm{I}} \gamma_{\mathrm{S}} \hbar}{4\pi^2 r_{\mathrm{IS}}^2} \tag{12.3.5}$$

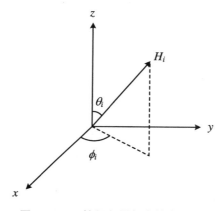

图 12.3.1　核间向量与主轴参照系

因为在弱耦合条件下，RDC 的哈密顿形式与 J 耦合一致，因此我们可以通过测定 J 耦合常数的方法来测定 RDC 的值。实际上，溶液状态的生物分子在静磁场中，也有一定的取向性，但是由于大部分生物分子抗磁性的特点，这种取向性很弱，在通常的静磁场强度下，这种取向性产生的碳氢单键的 RDC 值在 $-0.2\sim0.3$ Hz，远远小于一般的 J 耦合常数的值。因此在蛋白质以及其他生物大分子的应用中，通常会利用液晶介质或者其他介质来得到更大的 RDC 值。

12.3.2　通常的定向排列介质

能够用来实现分子定向排列的介质有很多，大部分的介质都是通过静电或者空间位阻来实现分子定向排列的。实际使用时，需要根据分子不同的性质以及需要的 RDC 值大小来选择合适的介质，表 12.3.1 列出了 RDC 实验中常用的定向排列介质，RDC 值的大小通常可以通过控制介质的含量来进行调节。由公式（12.3.4）可知，在轴对称的排列下，由一个RDC 值求解得到 θ 值，这样的 θ 值对应的核间向量分布在一个锥面上。理论上两种介质得到的数据便可确定核间向量的取向，但是有些时候因为不同介质得到的 RDC 数据存在线性相关性，因此实际可能需要更多的介质来获取相互独立的 RDC 约束。

表 12.3.1　RDC 实验中常用的定向排列介质

不同介质	分子种类	电荷	温度范围（℃）	特点与局限
酯键磷脂双分子层	DMPC/DHPC	中性	27~45	+ 易制备 - 昂贵，易水解
酯键磷脂双分子层	DIODPC/CHAPSO DIODPC/DIOHPC	中性	10~55	低 pH
掺杂带电脂质的磷脂双分子层	DMPC/DHPC/ CTAB/SDS	CTAB,正电 SDS,负电	27~40	
聚（乙烯）乙二醇酯双分子层	CnEm/n-alcohol	中性	0~60	+ 易制备，便宜 + 与生物分子高度相容
掺杂带电脂质的聚乙二醇醚双层膜	CnEm/n-alcohol/ CTAB/SDS	正电, 负电	0~60	
噬菌体	杆状病毒	中性	5~60	+ 易于制备和样品回收 - 仅适用于带负电的生物分子
紫色膜	协同各向异性膜	带电荷	<70	
拉伸的聚丙烯酰胺凝胶	聚丙烯酰胺凝胶	中性	5~45	+ 样品易回收 + 能容纳大分子量（膜）蛋白 - 难以均匀排列 - 强烈的空间相互作用导致宽谱线

续表

不同介质	分子种类	电荷	温度范围(℃)	特点与局限
带电荷的聚丙烯酰胺凝胶	丙烯酰胺/丙烯酸酯	带电荷	5~45	＋线展宽减少 －脆弱易破裂
固定化介质	凝胶或聚合物稳定的紫色膜或噬菌体	中性		＋特定方位定向
镧系离子/Ln 结合标签	敏感的各向异性排列			＋无相容性问题 －非常小的定向度
表面活性剂形成的液晶	CPyBr/n-hexanol/NaBr	中性	0~70	－对盐、缓冲和 pH 非常敏感

12.3.3　RDC 的测量

由公式(12.3.3)可知,在弱耦合近似下,RDC 耦合的哈密顿量与 J 耦合的哈密顿形式一致,因此,如果在定向介质中测量两个核的耦合常数,得到的应该是标量耦合常数 J 以及 RDC 耦合常数 D 的和 $J+D$。将这个值减去不包含定向介质时测得的标量耦合常数 J,便可以得到 RDC 的耦合常数值。通常用来测定 RDC 耦合常数的实验按照测定对象可以分为两类:第一类实验主要是通过测量裂分峰之间的裂分距离,第二类实验主要是通过测量不同时间间隔调制的峰的强度比值。表 12.3.2 列出了通常可以测定的 RDC 类型以及所用的核磁共振实验类型。图 12.3.2 是 ^{15}N 标记的泛素蛋白在不包含定向介质,包含质量浓度为 4.5% 的双层膜微胞(DMPC:DHPC:CTAB＝30:10:1)的条件以及包含 8% 的双层膜微胞(DMPC:DHPC:CTAB＝30:10:1)下测定的 ^{15}N—^{1}H 的耦合常数值。由包含定向介质的谱图的两条单线的裂分距离减去不包含定向介质的两条单线裂分距离即可得到 RDC 值。可以看出,包含的定向介质的含量越高,RDC 的耦合常数值越大。

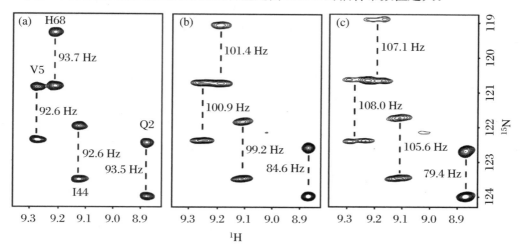

图 12.3.2　^{15}N 标记的泛素蛋白在不同介质条件下测定的耦合常数值

(a) 缓冲液不包含定向介质的谱图;(b)缓冲液包含质量浓度 4.5% 的双层膜微胞的谱图,双层膜微胞由摩尔比为 30:10:1 的 DMPC、DHPC 以及 CTAB 组成;(c) 缓冲液包含 8% 的双层膜微胞的谱图。

表 12.3.2　RDC 实验中常见的实验类型及样品同位素标记策略

生物分子	标记	偶极耦合	方法	原理
中小分子量蛋白质	^{15}N	H_N—N	J-HSQC	J 调制
			相位编译 HSQC	两个谱图中谱峰的强度
			SCE-HSQC	两个谱的谱线位置,归一化
			IPAP-HSQC	两个谱的线位置
			E.COSY-HSQC	E.COSY 提取
			S^3E-HSQC	两个谱的谱线位置
			S^3CT-HSQC	两个谱的谱线位置
			α/β-HSQC	两个谱的谱线位置
	^{13}C	C_α—H_α	CT-J-HSQC	J 调制
	^{15}N,^{13}C		HNCO	E.COSY 型谱图
			(HACACO)NH	J 调制
			(HACACO)NH	J 调制
			IPAP-(HA)CANH	两个谱的谱线位置
			HCCH-COSY	两个谱的谱线位置
	^{15}N,^{13}C	N—C′,N—C_α	TROSY-HNCO	J 调制
			J-相关的 HNC	两个谱图中谱峰的峰强
			SE-HSQC	两个谱的线位置
	^{13}C	C′—C_α	HN-(α/β-COCA-J)	两个谱的线位置
		C′—C_α	CT-HSQC	线位置
		H_N—C_α,H_N—H_α	CT-J-HSQC	J 调制
			S^3E-HSQC	两个谱的线位置
	^{15}N,(10-15%^{13}C)	H_N—C_α,H_N—H_α	soft-HNCA-E.COSY	E.COSY 提取
	^{15}N,^{13}C	N—C′,H_N—C′	半恒时-HSQC	谱线位置差异,归一化
			DIPSAP J-HNCO	三个谱的线位置
			S^3E/IPAP-HNCO	E.COSY 截取
		H_N—N,C_α—C′ H_N—N,C_α—H_α	IPAP-HNCO	两张谱图中 HN-N 谱线位置,同一张谱图中 C_α-X 的谱线位置
		H_α—N,C_α—H_α	E.COSY HNCA	E.COSY 截取
		侧链 CH_2:C—H	CT-J-HSQC CB(CA)CONH	J 调制 三张谱图的谱线位置

续表

生物分子	标记	偶极耦合	方法	原理
	$^{15}N, ^{13}C$	侧链 CH_2：C—H，C—H，H—H	SPITZE-HSQC	四张谱图的谱线位置
		侧链 CH_3：C—H	CT-J-HSQC	J 调制
			IPAP-CT-HSQC	两个谱的线位置
	$^{15}N, ^{13}C$ 50%，^{2}H-标记	侧链 CH_3：C—H	滤波-CT-HSQC	H,H 耦合的反向裂分
	$^{15}N, ^{13}C$	侧链 CH_3：C—C	CT-HSQC	J 调制
	$^{15}N, ^{13}C$ 50%^{2}H-标记	侧链 CH_3：H—H	DiM	H,H 耦合的反向裂分
		侧链 CH_3：H—H	滤波-CT-HSQC	两张谱图中的谱线分离
	非标记	H，H	COSY	ACME 幅度约束多重峰
			CT-COSY	强度调制
			有正负峰的 COSY	
			MOCCA-SIAM	ACME 幅度约束多重峰
		N—H，H_H—H_α	JHH-NOESY	E.COSY 提取
		$H_H H_\alpha$	HNHA	J 调制
	$^{15}N, ^{13}C$	$H_H H_\alpha$	HNCA-E.COSY	E.COSY 提取
	$^{15}N, ^{13}C, ^2H$	H—H	SS-HMQC	谱峰强度
			COSY-HMQC	谱峰强度
大蛋白	$^{15}N, ^2H$	H_N，N	JE-TROSY	第三维 J 耦合决定的谱图
			SCE-HSQC	谱线位置差异，归一化
	$^{15}N, ^{13}C, ^2H$	H_N，N	TROSY-HNCO	两个谱的线位置
		H_N—C_α，H_N—H_α	TROSY-HNCO	两个谱的线位置
		N—C′，H_N—C′	TROSY-HNCO	两个谱的线位置
	$^{15}N, ^{13}C, ^2H$	侧链 CH_3：C—C	^{13}C-^{13}C-TOCSY	H,H 耦合裂分
RNA/DNA	$^{15}N, ^{13}C$	C—H	J-调制 HSQC	强度调制
			TROSY-HSQC	两张谱图中^{1}H 维的谱线位置
		N_9—C，$H_8 N$—N_9 嘌呤 N_1—C，$H_6 N$—N_1 嘧啶	S^3E-HC[N]	两个谱的线位置
			MQ-HCN	E.COSY 提取

生物分子	标记	偶极耦合	方法	原理
		N_1—C,H_1N—N_9 嘌呤 N_3—C,H_3N—N_9 嘧啶	S^3E-HC[C]	两个谱的线位置
		$H_{2'}$—$H_{1'}$,$H_{2'}$—$C_{1'/2'}$, $H_{1'}$—$C_{1'/2'}$	CT-HMQC	E.COSY 从 $C^{1'}$—$C^{2'}$ 和 $H^{1'}$—$C^{2'}$ 平面提取
	非标记	H,H	CT-COSY	强度调制
			选择性-CT-COSY	谱峰强度
		H—P	CT-NOESY	强度调制
	^{19}F	H—F	E.COSY	E.COSY 提取
	^{15}N,^{13}C	通过氢键 H—N	HNN	E.COSY 提取
多糖	非标记	C—H	CT-CE-HSQC	C—H 裂分
			HMBC	线性拟合
		H—H	CT-COSY	强度调制
			E.COSY	E.COSY 提取
	^{13}C	H—H,C—C	CT-HSQC COSY	强度调制

12.3.4 RDC 的应用

通过多组 RDC 数值的测量,可以得到核间向量的相对取向信息,这些取向的信息有多方面的用途。比如直接提供二面角约束,通过远程的 RDC 提供远程的约束信息,因为 RDC 的值与基团的局部柔性密切相关,因此 RDC 还可以用来反映蛋白质局部的柔性信息。

12.4 CPMG 和 DEST 实验

大多数的结构生物学手段只能对生物大分子布居数最大的状态进行研究,但是很多时候蛋白质或者核酸等生物大分子在溶液中存在不止一个状态,这种额外的布居数少的激发状态往往反映了某些物理或者化学反应的中间态,对于这些状态的研究有利于我们更好地去了解某个反应或者生物学过程的具体原理。核磁共振技术中的 CPMG 和 DEST 技术能对这些激发态或者生物分子的动态和动力学过程进行研究。

12.4.1 CPMG 实验

第 4.5 节我们在测量横向弛豫时间 T_2 时利用到了这种 CPMG 脉冲,它是由一系列如

图 12.4.1 所示的 $(\tau - 180° - 2\tau - 180° - \tau)$ 模块组成的自旋回波脉冲集合。$\tau_{cp} = 2\tau$ 是这种 CPMG 脉冲中相邻两个 180° 脉冲的时间间隔。通常 τ_{cp} 的最小取值在 $0.1 \sim 1$ ms,一是因为过短的 τ_{cp} 会给样品带来很大的热效应影响样品状态,二是通常对 CPMG 弛豫分析的理论模型是建立在脉冲周期小于 10% 的基础上的,过小的 τ_{cp} 取值使得 CPMG 弛豫行为难以分析。这种 CPMG 实验当 $1/\tau_{cp}$ 的值与 K_{ex} 很接近时对化学位移交换过程特别敏感,τ_{cp} 值越小,这种自旋回波脉冲对化学交换过程的抑制作用越明显,因此 CPMG 实验所能研究的最快化学交换速率要小于 10^4 s^{-1}。

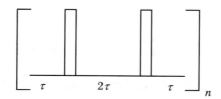

图 12.4.1　CPMG 基本脉冲模块

以一个在溶液中包含有两个状态 A 和 B 的生物分子为例,假设它们的交换速率常数为 K_{ex},通过之前 4.5 节的 CPMG 实验测量出来的横向弛豫速率受到 K_{ex} 和 τ_{cp} 的影响,这种影响关系可以用下式表述:

$$R_2\left(\frac{1}{\tau_{cp}}\right) = R_2^0 + \frac{1}{2}\left(k_{ex} - \frac{1}{\tau_{cp}}\cosh^{-1}\left[D_+\cosh(\eta_+) - D_-\cos(\eta_-)\right]\right) \quad (12.4.1)$$

其中:

$$D_\pm = \frac{1}{2}\left[\pm 1 + \frac{\psi + 2\Delta\omega^2}{(\psi^2 + \zeta^2)^{\frac{1}{2}}}\right]^{1/2} \quad (12.4.2)$$

$$\eta_\pm = \frac{\tau_{cp}}{2}\left[\pm\psi + (\psi^2 + \zeta^2)^{\frac{1}{2}}\right]^{1/2} \quad (12.4.3)$$

其中 $\psi = k_{ex}^2 + \Delta\omega^2$,$\zeta = -2\Delta\omega k_{ex}(p_1 - p_2)$,$p_1$ 和 p_2 分别为状态 A 和 B 的布居数,$\Delta\omega = \omega_1 - \omega_2$,$\omega_1$ 和 ω_2 分别为 A 和 B 状态的化学位移值。在快交换状态 $k_{ex} \gg |\Delta\omega|$ 下,公式 (12.4.1) 可以简写为

$$R_2\left(\frac{1}{\tau_{cp}}\right) = R_2^0 + \frac{p_1 p_2 \Delta\omega^2}{k_{ex}}\left[1 - \frac{2\tanh\left[\dfrac{k_{ex}\tau_{cp}}{2}\right]}{k_{ex}\tau_{cp}}\right] \quad (12.4.4)$$

这样,通过测定不同 τ_{cp} 值下的横向弛豫速率 $R_2\left(\dfrac{1}{\tau_{cp}}\right)$ 便可拟合出这两态相关的动力学参数。

图 12.4.2 是一个应用于 IS 体系的弛豫补偿的 CPMG 弛豫扩散实验,通过调整脉冲模块中 τ 的值并测量横向弛豫速率 R_2 便可以得到相关曲线。

如图 12.4.3 所示是 ^{15}N 同位素标记的 2.6 mmol·L^{-1} 的 BPTI 蛋白部分氨基酸残基的表观横向弛豫速率 $R_2\left(\dfrac{1}{\tau_{cp}}\right)$ 与 τ_{cp} 的关系图。利用公式 (12.4.1) 或者公式 (12.4.4) 进行拟合可以得到表 12.4.1 的相关动力学参数。其中

$$\tau_{ex} = 1/k_{ex}, \quad \Phi_{ex} = \frac{p_1 p_2 \Delta\omega^2}{k_{ex}}$$

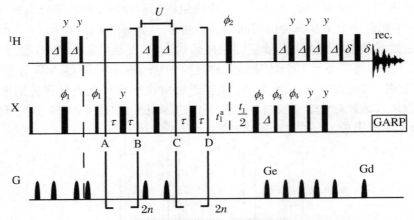

图 12.4.2 应用 IS 双核体系的弛豫补偿的 CPMG 弛豫扩散实验

2τ 为 180° 脉冲的时间间隔。

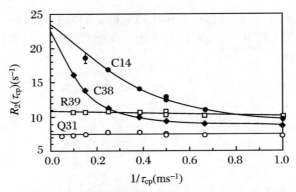

图 12.4.3 ^{15}N 标记的 BPTI 蛋白 C14、Q31、C38、R39 的弛豫扩散曲线

表 12.4.1 BPTI 蛋白部分氨基酸残基拟合得到的动力学参数信息

残基	τ_{ex}(ms)	$\Phi_{ex}\tau_{ex}$(s)	$\bar{R}$(s)
A16	4.52±0.22	3.36±0.10	6.61±0.03
G36	3.42±0.28	2.82±0.15	8.98±0.04
G37	3.21±0.63	3.90±0.72	8.62±0.06
C38	2.38±0.09	14.08±0.37	8.61±0.53
R39	0.89±0.06	15.40±0.61	8.19±0.24
A40	3.32±0.21	3.97±0.15	7.44±0.04

12.4.2 DEST 实验

DEST(Dark-state Exchange Saturation Transfer)实验与前面讲到的 CPMG 都可以用来测量生物分子动力学相关的参数或者激发态的结构信息,而这种 DEST 实验和 CPMG 实验有着相互补充的特点。由公式(12.4.1)以及公式(12.4.4)可知,CPMG 实验的灵敏度与

两态的化学位移差值的平方成正相关,对于两态化学位移差值很小的原子核,这种 CPMG 实验会变得非常不灵敏。但是这种 DEST 实验却不依赖于两态的化学位移差值,只与两态的横向弛豫速率差值相关。因此,这种 DEST 实验能对 CPMG 实验进行很好的补充。

假设有 A 和 B 的两态交换,其中 A 状态的分子量很小,横向弛豫速率很低,属于核磁共振可以观测的分子量范围,B 状态的分子量非常大,核磁共振实验不可观测。这种 AB 两态体系可以是分子的高聚现象或者某个小分子结合到一个超大的分子上面。如果通过微弱的连续波射频场去照射 B 状态的原子核,使其部分饱和,这种饱和状态会通过化学交换传递给 A 状态,最终使得核磁共振可观测状态 A 的核磁共振谱图信号减弱。如果照射的射频场按照一定的频率偏移进行照射,这种减弱的程度也会发生变化,这种照射频率偏移和 A 状态信号的减弱程度可以利用模型进行拟合从而得到 B 状态的弛豫信息和动力学参数。这种现象称为 DEST 效应。

图 12.4.4 是一个常规的 DEST 实验脉冲序列模块图,在 b 点建立起的 A 状态的磁化矢量 N_z 会通过化学交换传递给 B 状态,在 CW 连续波的照射下,B 状态部分饱和,然后通过化学交换传回 A 状态,最后通过化学位移演化进行观察。这样只要再记录一个没有连续波照射的 ^{15}N-HSQC 谱图,便可计算出相应的信号衰减。

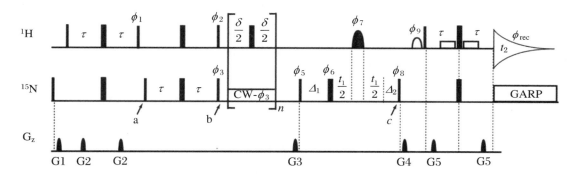

图 12.4.4　常规的 DEST 实验脉冲序列模块图

CW 代表弱的连续波射频场;GARP 代表去耦脉冲;n 代表 CW 模块的重复次数。

图 12.4.5 是一个 β-淀粉样蛋白在溶液中各状态平衡的示意图,包含一个 NMR 可以探测的单体状态以及两个 NMR 不可探测的超大分子量的寡聚体原纤丝状态。

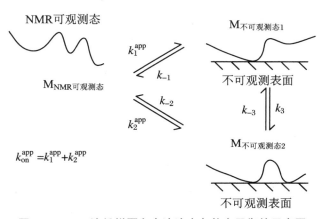

图 12.4.5　β-淀粉样蛋白在溶液中各状态平衡的示意图

图 12.4.6(a)是通过两种功率 170 Hz 和 350 Hz 以及不同的频率偏移(35 kHz,28 kHz,21 kHz,14 kHz,8 kHz,4 kHz,2 kHz,0 kHz,−2 kHz,−4 kHz,−8 kHz,−14 kHz,−21 kHz,−28 kHz,−35 kHz)照射得到的部分氨基酸残基 E3、L17 以及 N27 的 DEST 曲线图。图 12.4.6(b)是通过拟合模型得到的两种变体 Aβ40 以及 Aβ42 寡聚原纤丝状态的横向弛豫速率值以及动力学参数。

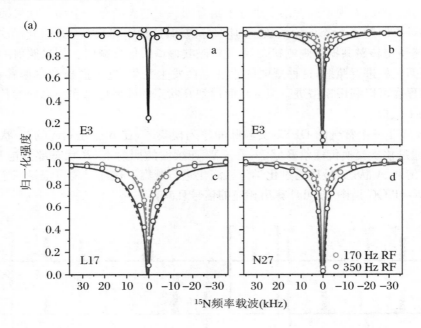

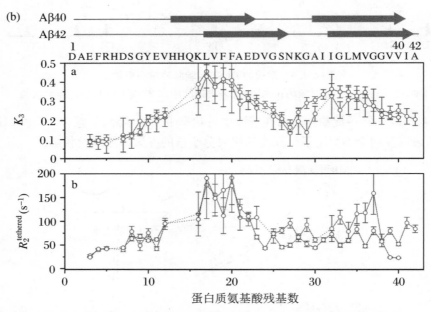

图 12.4.6 **Aβ40 以及 Aβ42** 在不同的照射功率下的 DEST 曲线(a)以及拟合得到的 K_3 和原纤丝状态的横向弛豫速率值(b)

12.5　PRE 和 PCS 实验

顺磁弛豫增强(PRE)以及赝接触化学位移(PCS)都能够提供长程的距离约束信息,它们产生的原理比较类似,都来源于未配对电子与核偶极的空间偶极相互作用。这种未配对电子往往来源于内层的杂化轨道,比如镧系金属离子 Ln^{3+} 的未配对电子来源于内层 f 轨道。

未成对电子与核偶极的作用可以用未成对电子的磁化率张量 χ 进行描述,PRE 与 χ 张量的各向同性组分相关而,PCS 与 χ 张量的各向异性组分 $\Delta\chi$ 相关。

12.5.1　PRE 实验

PRE 的产生主要有两个机制:一是直接的偶极-偶极相互作用,二是核自旋与电子的平均磁化相互作用。

1. 直接的偶极-偶极相互作用

这部分可以用 Solomon-Bloembergen 方程描述,未配对电子对纵向弛豫速率 Γ_1 以及横向弛豫速率 Γ_2 的影响可以分别用以下公式表征:

$$\Gamma_1 = \frac{2}{5}\left(\frac{\mu_0}{4\pi}\right)^2 \gamma_I^2 g^2 \mu_B^2 S(S+1) J_{SB}(\omega_I) \tag{12.5.1}$$

$$\Gamma_2 = \frac{1}{15}\left(\frac{\mu_0}{4\pi}\right)^2 \gamma_I^2 g^2 \mu_B^2 S(S+1)\{4J_{SB}(0)+3J_{SB}(\omega_I)\} \tag{12.5.2}$$

其中 g 代表电子的朗德 g 因子,γ_I 代表电子的旋磁比,μ_B 是电子的磁矩,μ_0 是真空介磁常数,S 是电子的自旋量子数,$J_{SB}(\omega)$ 代表谱密度函数,可以用下式表征:

$$J_{SB}(\omega) = r^{-6}\frac{\tau_c}{1+(\omega\tau_c)^2} \tag{12.5.3}$$

$$\tau_C = \frac{1}{\tau_r^{-1}+\tau_s^{-1}} \tag{12.5.4}$$

其中 τ_r 是分子各向同性运动相关时间,τ_s 是有效电子弛豫时间。

2. 核自旋与电子的平均磁化相互作用

这部分可以用居里自旋弛豫方程描述,未配对电子对横向弛豫速率 Γ_2 的影响可以用下式表征:

$$\Gamma_2 = \frac{1}{5}\left(\frac{\mu_0}{4\pi}\right)^2 \frac{\omega_I^2 g^4 \mu_B^4 S^2(S+1)^2}{(3k_BT)^2 r^6}\left(4\tau_r + \frac{3\tau_r}{1+(\omega_I\tau_r)^2} - 4\tau_c - \frac{3\tau_c}{1+(\omega_I\tau_c)^2}\right) \tag{12.5.5}$$

其中 k_B 代表玻尔兹曼常数,T 代表温度。

由公式(12.2.12)以及公式(12.5.5)可知,这两种弛豫机制的主导作用受到未配对电子性质、磁感应强度以及温度的影响。比如当未配对电子来自 NO·自由基时,因为 $\tau_c \approx \tau_r$,居里自旋弛豫的贡献几乎可以忽略;当未配对电子来自具有一个很大各向异性 g 因子以及很短的电子弛豫时间的金属离子比如 Fe^{3+} 以及 Dy^{3+} 时,主要的弛豫贡献来自于距离自旋弛豫机制;当

未配对电子来自 Mn^{2+} 以及 Gd^{3+} 时,即使是在高场条件下,距离自旋弛豫也几乎可以忽略。

无论是偶极-偶极直接相互作用机制还是偶极与电子平均磁矩的作用,它们都与未配对电子与原子核距离的 6 次方成反比,因此只要测量出在顺磁电子存在以及抗磁性物质存在下的弛豫速率,便可以得到 PRE 带来的弛豫速率值。

图 12.5.1 是一个简易的测量 $^1H^N$ 原子核 PRE 的脉冲序列模块图,通过设置两个不同的 T 的值,$T = T_a$ 和 $T = T_b$,分别测量这两个时间下的顺磁状态以及抗磁性状态下的谱图信号强度,便可以得到 PRE 的值,如下式所示:

$$\Gamma_2 = \frac{1}{T_b - T_a} \ln \frac{I_{dia}(T_b) \, I_{para}(T_a)}{I_{dia}(T_a) \, I_{para}(T_b)} \tag{12.5.6}$$

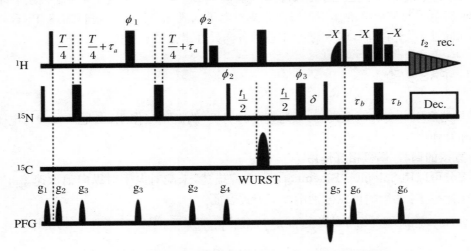

图 12.5.1　简易的测量 $^1H^N$ 原子 PRE 值的脉冲序列模块图

其中 I_{dia}、I_{para} 分别代表抗磁性状态以及顺磁性状态下的谱图信号强度。图 12.5.2 是 SRY 蛋白和 DNA 的复合物在抗磁性状态(引入抗磁性 Ca^{2+})以及顺磁性状态(引入顺磁性 Mn^{2+})下的 ^{15}N-HSQC 谱图,可以看出顺磁物质的引入使得部分氨基酸残基横向弛豫速率明显增加。

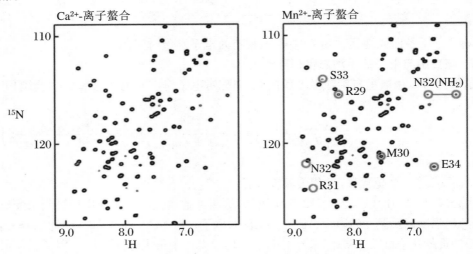

图 12.5.2　SRY 蛋白和 DNA 的复合物在抗磁性状态以及顺磁性状态下的 ^{15}N-HSQC 谱图

这种 PRE 值的测量还可以为复合物结构解析提供距离约束。图 12.5.3 是在 EIN-HPR 蛋白复合物中的 HPR 蛋白的 E5、E25、E32 位分别通过 E5C、E25C 以及 E32C 的半胱氨酸突变引入顺磁性金属离子 EDTA-Mn^{2+} 后测得的分子间的 PRE 值,抗磁性状态下采用同样的方式引入 Ca^{2+} 抗磁性金属离子。可以看出实验测得的 PRE 值与理论计算的 PRE 值吻合较好。

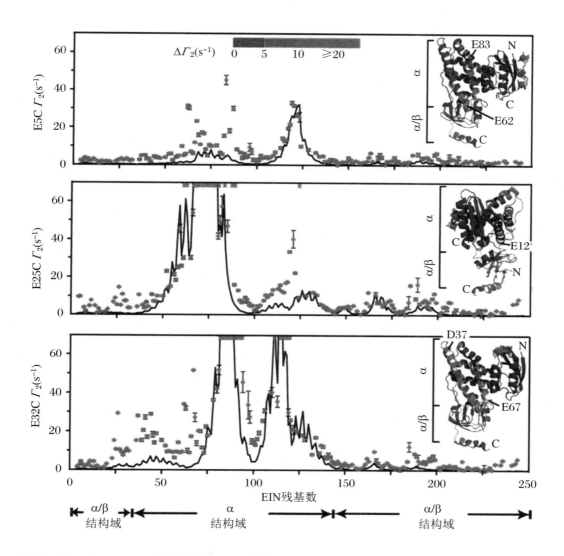

图 12.5.3 在 EIN-HPR 复合物中的 HPR 蛋白的 E5、E25、E32 位分别通过 E5C、E25C 以及 E32C 的半胱氨酸突变引入顺磁性金属离子 EDTA-Mn^{2+} 后测得的分子间的 PRE 值

黑色实线代表理论计算得到的 PRE 值。

1. PCS 实验

PCS 主要来源于未配对电子与核偶极的空间偶极相互作用。这种相互作用可以用磁化率张量 χ 来进行描述。PCS 主要依赖于磁化率张量 χ 的各向异性组分 $\Delta\chi$。这种磁化率张量 χ 可以通过下式建立起与朗德 g 因子之间的关联：

$$\chi_{kk} = \frac{\mu_0 N_A \mu_B^2 S(S+1)}{3k_B T}\theta_{kk}^2 \tag{12.5.7}$$

其中 N_A 是阿伏伽德罗常数，$k = (x, y, z)$。未配对电子对于原子核化学位移的影响可以用下式表征：

$$\delta_{pcs} = \frac{1}{12\pi r^3}\left[\Delta\chi_{ax}(3\cos^2\theta - 1) + \frac{3}{2}\Delta\chi_{rh}\sin^2\theta\cos(2\varphi)\right] \tag{12.5.8}$$

其中 r 是顺磁物质与原子核之间的距离，θ 和 φ 是核自旋与磁化率张量主轴坐标系的夹角，$\Delta\chi_{ax}$ 和 $\Delta\chi_{rh}$ 代表磁化率张量的轴向以及平面方向的组分，满足下两式：

$$\Delta\chi_{ax} = \chi_{zz} - \frac{1}{2}(\chi_{xx} + \chi_{yy}) \tag{12.5.9}$$

$$\Delta\chi_{rh} = \chi_{xx} - \chi_{yy} \tag{12.5.10}$$

可以看出 PCS 与距离的 3 次方成反比，因此 PCS 可以检测的距离范围要远大于 PRE，而且 PRE 的顺磁效应往往会带来很大的信号衰减，因此 PCS 的信号灵敏度要高于 PRE。但是这种 PCS 效应必须依赖于具有各向异性 g 因子的顺磁物质，比如 Dy^{3+}、Tb^{3+}、Fe^{3+} 等。

相比于 PRE 的测量，PCS 的测量要简单许多，因为 PCS 的观测项为原子的化学位移，因此只需要分别记录抗磁性状态以及顺磁性状态下的谱图，通过谱图叠加便可以得到 PCS 的值，再根据顺磁物质的性质以及公式(12.5.8)便可以推算出各个原子与顺磁物质的距离。

图 12.5.4(a)、(b)是 ^{15}N、^2H 标记的 Pdx 和未标记的 P450cam 蛋白复合物在 P450cam 上引入各向同性的顺磁离子(Gd^{3+})以及各向异性的顺磁离子(Tm^{3+})时的 PRE(a)以及 PCS(b)效应。可以看出，在分子量比较大的蛋白及复合物中 PRE 效应会导致很严重的信号消失，但是 PCS 效应却十分明显。图 12.5.4(c)是一个离顺磁中心 7 nm 的 L14 氨基酸(d)的 PCS 效应，可以看出 PCS 效应作用的范围非常大。

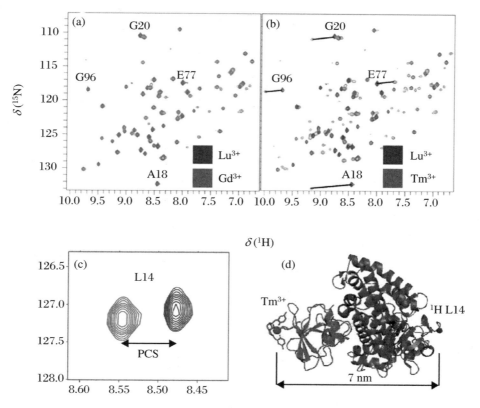

图 12.5.4　^{15}N、^{2}H 标记的 Pdx 和未标记的 P450cam 蛋白复合物在 P450cam 上引入各向同性的
顺磁离子（Gd^{3+}）以及各向异性的顺磁离子（Tm^{3+}）时的 PRE(a) 以及 PCS(b) 效应；
Lu^{3+} 为抗磁性金属离子；(c)、(d) 离顺磁中心 7 nm 的 L14 氨基酸的 PCS 效应

习　题

1. 什么是核磁共振? 要满足哪些条件才能观察到核磁共振现象?

2. 一核磁共振谱仪的磁场强度为 1.4092 T,求下述核的工作频率: ^1H、^{13}C、^{19}F、^{31}P。(参考答案:59.998 MHz,15.085 MHz,56.444 MHz,24.288 MHz)

3. 欲在 25.144 MHz 测定 ^{13}C NMR,外磁场应是多少? （参考答案:2.3488 T)

4. 为什么提高磁场强度和降低样品的温度可提高观察 NMR 信号的灵敏度?

5. 在室温(27 ℃)和磁场强度 1.4092 T 的条件下,求 ^1H、^{13}C、^{19}F 和 ^{31}P 的 $(N_\beta - N\alpha)/N\alpha$ 值。 （参考答案:9.54×10^{-6},2.40×10^{-6},8.97×10^{-6},3.86×10^{-6})

6. 共振谱学的通式为 $h\nu = \Delta E$,但检测灵敏度正比于跃迁所跨越的上下能级粒子的占有概率之差。试计算:

① 一个 ^1H 核位于 500 MHz 谱仪的磁场中,α、β 二能级的粒子占有率之比;

② 一个自由基电子位于 3400 Gs 的磁场中,α、β 二能级的粒子占有率之比;

③ 有机分子中一个 π 电子在可见光段上下能级的占有率之比。最后试谈谈为何检测可见光谱时,样品浓度可稀释至 10^{-10} mol · L^{-1};对 ESR,可为 10^{-6} mol · L^{-1};而 NMR 则需 0.01 mol · L^{-1} 以上浓度?

7. 令静磁场方向为 z 方向,射频场方向为 x 方向,磁化矢量在 zy 平面上旋转称为章动,而在 xy 平面上旋转称为进动。试用 Bloch 方程推出:章动角频率为 $\omega_1 = \gamma H_1$,进动角频率为 $\omega_0 = \gamma H_0$。

8. 试阐述磁化强度的自由感应衰减(FID)是如何在检测线圈中诱发产生出 NMR 电流的。

9. 试证明:当射频场 $H_1 e^{i\omega t}$ 或 $H_1 \cos \omega t$ 加在 z 方向上时,不能在检测线圈中感应出 NMR 电流。

10. 试证明:NMR 的跃迁选率为 $\Delta m = \pm 1$。

11. 试将实验室坐标系中的 Bloch 方程转换成旋转坐标系中的 Bloch 方程。

12. 试证明:NMR 的检测灵敏度正比于核的丰度、旋磁比 γ 的三次方以及 $I(I + 1)$。(I 为核自旋)

13. ^{13}C 的 NMR 灵敏度低的原因是什么?

14. 计算单频 FID$[e^{(i\omega_0 - 1/T_2)t}]$ 的傅里叶变换,从中分离出吸收型和色散型的部分。

15. 求出 CH_3CN 样品中,^1H、^{13}C 及 ^{15}N 三种核信号的灵敏度之比,^1H 谱的 ^{13}C 卫星峰与 ^{13}C 峰的灵敏度之比,^1H 谱的 ^{15}N 卫星峰与 ^{15}N 峰的灵敏度之比。(样品中各核为自然丰度,计算时不计入检测线圈的 Q 值)。

16. 将化合物 $C_2H_2F_2$ 氢谱的 10 条谱线的位置由 Hz 换算成 ppm,该谱图的质子工作频率为 60 MHz。它们的共振频率为 583.9 Hz,565.9 Hz,472.8 Hz,443.9 Hz,442.2 Hz, 424.9 Hz,423.3 Hz,394.4 Hz,301.0 Hz,283.1 Hz。

17. 化合物 $CH_3COC_2H_6$ 的三组峰的 δ 值（1.19,1.97,4.06）是以 HMDS 为标准测定出来的。试将其换算成以 TMS 为标准时的数值。

18. 为什么 s 电子的磁屏蔽以抗磁项为主,而 p 电子的磁屏蔽以顺磁项为主?

19. 顺磁性位移与顺磁物质引起的位移有何区别?

20. 比较下面化学基团质子 δ 值的大小,并说明其原因。

(1) $CH_3CH_2\underset{\sim}{F}$,　　　　$CH_3CH_2\underset{\sim}{O}H$,　　　　$CH_3CH_2\underset{\sim}{C}OOH$

(2) $\underset{H}{\overset{H}{>}}C=C\underset{F}{\overset{\underset{\sim}{H}}{<}}$　　$\underset{H}{\overset{H}{>}}C=C\underset{OH}{\overset{\underset{\sim}{H}}{<}}$　　$\underset{H}{\overset{H}{>}}C=C\underset{COOH}{\overset{\underset{\sim}{H}}{<}}$

(3) $\underset{H}{\overset{\underset{\sim}{H}}{>}}C=C\underset{OH}{\overset{H}{<}}$　　$\underset{H}{\overset{\underset{\sim}{H}}{>}}C=C\underset{COOH}{\overset{H}{<}}$

(4)

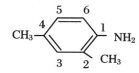

21. 计算某 1,2,3 三取代苯（三个取代基分别为 NO_2,OH 和 CHO）的三种可能结构的苯环质子的 δ 值。

22. 液态分子处于无休止的无规翻滚运动中。试说明为何苯分子的 π 电子云能使 ^1H 的化学位移移向低场,而乙炔分子的 π 电子云却使 ^1H 的化学位移移向高场。

23. 正戊胺宽带去耦 ^{13}C-NMR 有几条谱线? 计算各种碳的 δ 值。　　（参考答案:13.6, 22.4,28.3,33.7,41.9）

24. 画出 $Cl(CH_2)_4CH_3$ 的宽带去耦 ^{13}C-NMR 谱。　　（参考答案:44.7,32.9,29.4, 23.5,13.9）

25. 画出下面化合物的宽带去耦 ^{13}C-NMR 谱。

$$CH_3 \overset{4}{\underset{3}{}}\overset{5\quad 6}{\bigcirc}\overset{1}{\underset{2}{}}NH_2 \quad CH_3$$

（答:$\delta_1 = 145.7, \delta_2 = 145.7, \delta_3 = 131.5, \delta_4 = 128.7, \delta_5 = 127.9, \delta_6 = 116.5$）

26. 自旋耦合与自旋裂分有何区别?

27. 自旋耦合的途径有几种类型? 哪种类型是主要的?

28. 试讨论"$n+1$ 规律"的适用范围。

29. 耦合常数 J 值为什么会有正负号之分?

30. 影响耦合常数的因素可概括为几类?

31. 已知 HDS 分子的 $^2J_{H-D}$ 值为 2.0 Hz,试求 H_2S 分子的 $^2J_{H-H}$ 值。　　（参考答案: 13.0 Hz）

32. 核自旋体系与 NMR 谱的分类原则是什么? 如何表示?

33. 试指出下列化合物可能属于哪些 NMR 谱类型:

(1) 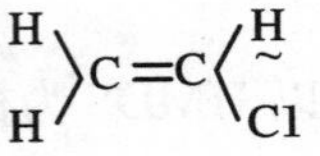 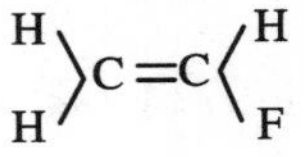 $\mathrm{\underset{H}{H}} C = C \mathrm{\underset{\tilde{C}l}{\overset{H}{<}}}$ $\mathrm{\underset{H}{H}} C = C \mathrm{\underset{F}{\overset{H}{<}}}$

(2) 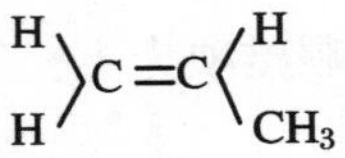 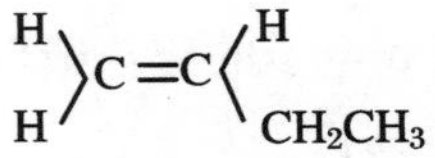 $\mathrm{\underset{H}{H}} C = C \mathrm{\underset{CH_3}{\overset{H}{<}}}$ $\mathrm{\underset{H}{H}} C = C \mathrm{\underset{CH_2CH_3}{\overset{H}{<}}}$

(3) $ClCH_2CH_2Br$ FCH_2CH_2I

(4) 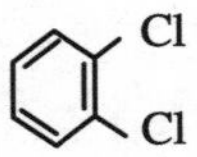 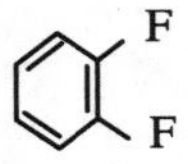 [苯环 邻位二Cl] [苯环 邻位二F]

(5) 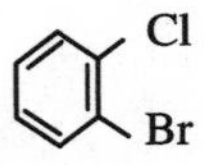  [苯环 邻位Cl、Br] [苯环 对位Cl、Br]

(6) 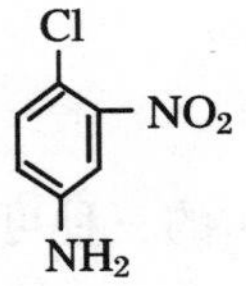 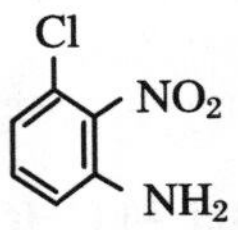 [苯环 Cl、NO_2、NH_2] [苯环 Cl、NO_2、NH_2]

(7) 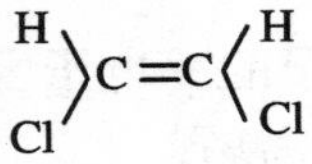 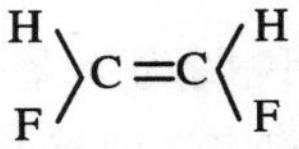 $\mathrm{\underset{Cl}{H}} C = C \mathrm{\underset{Cl}{\overset{H}{<}}}$ $\mathrm{\underset{F}{H}} C = C \mathrm{\underset{F}{\overset{H}{<}}}$

(8) 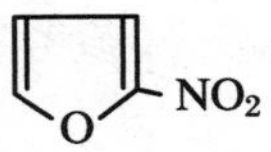 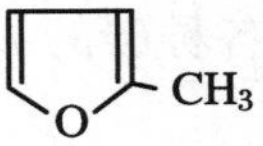 [呋喃环 NO_2] [呋喃环 CH_3]

34. ^{13}C NMR 在有机结构分析中的重要意义是什么?

35. D_2O 溶液中的绿氨酸(2-胺基-3-羟基丙酸)的^1H 应显示出几组峰?蛋氨酸(2-胺基-4-甲硫基丁酸)呢?试比较两化合物的结构和图谱,找出差异,并说明为什么。

36. BH_4^- 离子具有正四面体结构,质子在 B 原子处产生的电场梯度为零。在这种情况下,^1H 谱应观测到多少重峰?强度比如何?

37. 为何常规^{13}C 谱中见不到^{13}C—^{13}C 耦合?

38. 核磁共振谱用于定性分析应注意些什么?

39. 核磁共振谱用于定量分析的依据是什么?

40. 设计实验,确定一个样品的结构是题图 1 中的(a)而不是(b):

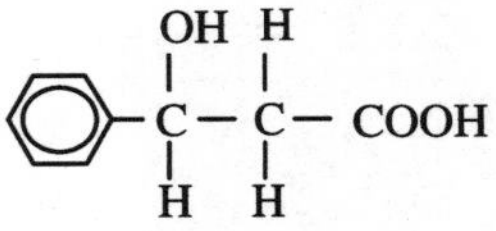

$$\phi - \mathrm{\underset{H}{\overset{OH}{C}}} - \mathrm{\underset{H}{\overset{H}{C}}} - COOH \qquad \phi - \mathrm{\underset{H}{\overset{H}{C}}} - \mathrm{\underset{H}{\overset{OH}{C}}} - COOH$$

(a) 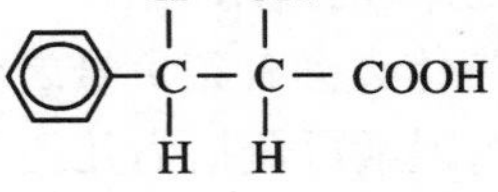 (b)

题图 1

41. 试证明:甲基中 3 个质子之间虽存在着强的标量耦合,但却观察不到质子的谱线裂分。

42. 在弛豫时间 T_1 测量中,常采用反转恢复法,并采用三参数拟合公式:
$$\text{Intensity} = A_1(1 - A_2 e^{-\tau/A_3})$$
试分别讨论:

① 当 180° 脉冲不准确时;

② 当 90° 脉冲不准确时;

③ 当实验重复时间小于 $5T_1$ 时;

④ 当信噪比太差时;

⑤ 当数字分辨率太差时,拟合是否受到影响? 怎样受到影响? 具体哪个参数受到影响? 采用什么样的补救方法?

43. 在 NMR 实验中,常常要有目的地做一些变温实验。试分析有哪些优缺点? 半定量地计算当温度从 25 ℃ 升到 50 ℃ 时,^{13}C 谱累加 1 小时所获得的强度变化。(假定 25 ℃ 时,^{13}C 的 $T_1 = 10\ \text{s}$,50 ℃ 时,^{13}C 的 $T_1 = 5\ \text{s}$)

44. 为什么在核自旋体系中,只要其中一种核具有较大的四极矩,便观察不到此种核与其他核之间的耦合作用?

45. 设 ^{13}C 的弛豫时间为 10 s。试计算在确定的时间内就取最大信噪比的最佳脉冲翻转角和脉冲间隔。

46. 从弛豫时间的测量,我们能得到什么结构信息? 在刚性分子中,CH 基团中的 ^{13}C 的 T_1 是 CH_2 基团中的 T_1 的 2 倍,但 CH 基团中的 ^{13}C 的 T_1 并不是 CH_3 基团中 T_1 的 3 倍,为什么?

47. 弛豫时间(T_1,T_2)的测量方法,各有哪些优缺点?

48. 位移试剂是一种什么类型的化合物? 它为什么能使 NMR 谱图简化?

49. 为什么在 98% 的乙醇中观察不到 OH 基与 CH_2 基之间的耦合,而在 100% 的乙醇中却可观察到这种耦合?

50. 当溶液中含有少量稀土试剂时,不能直接用外标定 ^1H 的化学位移,为什么?

51. 什么是 NOE? 什么情况下要利用 NOE? 而什么情况下要抑制 NOE? 如何用 ^{13}C 谱作定量分析?

52. 计算 $^{13}C—^1H$ 系统中,可能得到的最大欧沃豪斯效应增强。计算过程中需要作出什么假定?

53. 对于质子 NOE,不同大小的分子,有不同大小的 NOE 增强,什么情况下,NOE 为正;什么情况下,NOE 为负;什么情况下,NOE 为零?

54. 自旋扩散对 NOE 有什么影响,怎样才能缩小自旋扩散,从而能得到正确的距离信息?

55. 自旋去耦的基本原理是什么? 为什么它能使 NMR 谱简化?

56. 阐述异核去耦的几种方法及其效应:噪声宽带去耦;偏共振去耦;选择性去耦;门控去耦;反门控去耦;组合脉冲去耦。

57. 提高磁场强度对谱仪的性能指标有何影响?

58. 试比较 NMR 谱仪所采用的各种磁体的优缺点。

59. 从哪些方面可大体上衡量一台 NMR 谱仪质量的优劣?

60. 在仪器验收时,以 0.1% 乙基苯的四重 CH_2 峰为参考,进行一次扫描,本应测得信噪比为 480(信噪比定义为信号强度 ÷ 噪声峰峰幅值 ×2.5),但实际只测得 320。试谈谈怎

样才能将信噪比提高到 480？（规定权重因子 LB＝1）

61．LB(Line Broadening Factor)的作用是使谱线加宽，当面积保持不变时，理应使谱线强度降低。但在实际应用中却成为提高信噪比的人为手段。如当 LB＝0 时，信噪比假定为 50，采用 LB＝2，有时可使信噪比提高到 80。试谈谈理由是什么。

62．何谓零填充？进行零填充对图谱产生什么样的影响？

63．如题图 2(a)为正常的 FID，图(b)、图(c)分别为何种现象？为何出现这种现象？傅里叶变换后有什么特征？采取什么办法可予以改正？

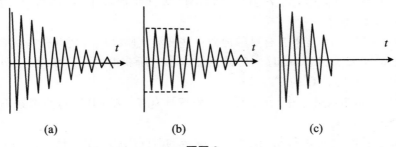

(a)　　　　　　　(b)　　　　　　　(c)

题图 2

64．采用指数滤波改变信号的灵敏度或分辨率是数据处理中最常用的方法。设二信号的积分强度比为 M_1/M_2，试证明，当采用指数滤波 e^{-at}（a 为常数）处理 FID 时，不会改变二信号的积分比。

65．核磁共振谱仪主要包括哪些部件？各部件所起的作用是什么？

66．试叙述三种取数方式的优缺点及其折叠形式。怎样区分折叠峰？

67．INEPT 和 DEPT 是两个非常有用的谱编辑实验方法，这两种方法是怎样进行谱编辑的？

68．如何用 ^{13}C 谱区分季碳、CH、CH_2、CH_3 中的 C？试比较各种方法的优缺点。

69．什么是极化转移技术？什么是相干转移？它们有何用处？

70．举例说明如下几种 NMR 中常用的"饱和"的含义及其效应：

(1) 双共振中同一射频场对 AB 系统中的 A 核进行照射并使之饱和；

(2) 由于信号太强，计算机动态范围有限而出现饱和；

(3) 慢通过实验中由于功率太大而出现饱和；

(4) 为了测得 T_1 而预先采用一系列 90°脉冲使信号饱和；

(5) 为了压制溶剂峰采用低功率单频照射使信号饱和；

(6) 由于脉冲之间的弛豫延迟不够长而使 ^{13}C 谱中的季碳峰出现饱和效应。

71．什么是 2D-NMR？大体上可分为几种类型？有何用处？

72．TPPI 方法是怎样区分 F_1 维的正、负频率的共振的？超复数傅里叶变换方法是怎样实现 F_1 维的正交取数的？

73．什么是幅度调制？什么是相位调制？对于幅度调制和相位调制的 FID，要怎样进行 2D-FT，才能得到纯吸收谱？

74．二维谱实验方法众多。我们从 COSY(包括幅度 COSY、相敏 COSY 和 DQF-COSY)、Relay、TOCSY、NOESY、ROESY 实验中能得到什么信息？

75．在 TOCSY 和 NOESY 实验中，混合时间 τ_m 的选取非常重要。设置 τ_m 为多少才算合理?

76. 在二维核磁共振实验里,有非常多的假峰。叙述各种假峰的来源,并且要怎样才能区分它们,并减小或消除它们。

77. 什么叫自旋系统? 怎样进行自旋系统识别? 怎样进行序列识别? 试叙述用二维核磁共振方法结合分子动力学模拟进行生物大分子溶液构象研究的过程。

参 考 文 献

［1］ 裘祖文,裴奉奎. 核磁共振波谱［M］. 北京:科学出版社,1989.

［2］ 杨文火,王宏钧,卢葛覃. 核磁共振原理及其在结构化学中的应用［M］. 福州:福建科学技术出版社,1988.

［3］ 伍越寰. 有机结构分析［M］. 合肥:中国科学技术大学出版社,1993.

［4］ 华庆新. 蛋白质分子的溶液三维结构测定:多维核磁共振方法［M］. 长沙:湖南师范大学出版社,1995.

［5］ M. L. 马丹,G. J. 马丹,J.-J. 戴尔布什. 实用核磁共振波谱学［M］. 苏邦瑛,陈邦钦,译. 北京:科学出版社,1987.

［6］ 高汉宾,郑耀华. 简明核磁共振手册［M］. 武汉:湖北科学技术出版社,1987.

［7］ 梁晓天. 核磁共振:高分辨氢谱的解析和应用［M］. 北京:科学出版社,1976.

［8］ 夏佑林,吴季辉,刘琴,施蕴渝. 生物大分子核磁共振［M］. 合肥:中国科学技术大学出版社,2000.

［9］ Bertini I. NMR of Biomolecules［M］. Weinheim : Wiley-VCH Verlag,2012.

［10］ Levitt M H. Spin Dynamics:Basic of Nuclear Magnetic Resonance［M］. New York:John Wiley,2008.

［11］ Blümich B. Essential NMR for Scientists and Engineers［M］. Berlin:Springer,2019.

［12］ Kimmich R. Field-cycling NMRRelaxometry:Instrumentation,Model Theories and Applications［M］. Cambridge:The Royal Society of Chemistry,2019.

［13］ Webb A G. Magnetic Resonance Technology:Hardware and System Component Design［M］. Cambridge:The Royal Society of Chemistry,2016.

［14］ Mispelter J,Lupu M,Briquet A. NMR Probe heads for Biophysical and Biomedical Experiments:Theoretical Principles and Practical Guidelines［M］. 2nd Ed. London:Imperial College Press,2015.

［15］ Cavanagh J,Fairbrother W J,Lii A G P,et al. Protein NMR Spectroscopy,Principles and Practice［M］. 2nd Ed. San Diego:Academic Press,2007.

［16］ Fisher J. Modern NMR Techniques for Synthetic Chemistry［M］. Boca Raton:CRC Press,2015.

［17］ Lambert J B,Mazzola E P. Nuclear Magnetic Resonance:An Introduction to Principles,Applications,and Experimental Methods［M］. Boston:Pearson Education Inc. ,2003

［18］ Jacobsen N E. NMR Spectroscopy Explained:Simplified Theory,Applications and Examples for Organic Chemistry and Structural Biology［M］. New York:Wiley-interscience publication John. Wiley & Sons. ,2007.

［19］ Günther H. NMR Spectroscopy:Basic Principles,Concepts and Applications in Chemistry［M］. 3rd Ed. Weinheim:Wiley-VCH,2013.

［20］ Cavanagh J,Fairbrother W J. Protein NMR Spectroscopy:Principles and Practice［M］. 2nd Ed. London:Academic Press,2007.

［21］ Ghose R. Protein NMR：Methods and Protocols［M］. Berlin：Spinger Nature,2018.

［22］ Gowda G A,Raftery D. NMR-Based Metabolomics：Methods and Protocols［M］. Totowa：Humana Press,2019.

［23］ Lian L Y,Robert G. Protein NMR Spectroscopy：Practical Techniques and Applications［M］. New York：Wiley-interscience publication John. Wiley & Sons. ,2001.

［24］ Findeisen M,Berger S. 50 and More Essen Experiments［M］. Weinheim：Wiley-VCH,2014.

［25］ Price W S. Para magnetism in Experimental Biomolecular NMR［M］. Cambridge：The Royal Society of Chemistry,2018.

［26］ Webb A G. Magnetic Resonance Technology：Hardware and System Component Design［M］. Cambridge：The Royal Society of Chemistry,2016.

［27］ Mobli M,Hoch J C. Fast NMR Data Acquisition：Beyond the Fourier Transform［M］. Cambridge：The Royal Society of Chemistry,2017.

［28］ Pervushin K,Riek R,Wider G, et al. Attenuated T2 relaxation by mutual cancellation of dipole-dipole coupling and chemical shift anisotropy indicates an avenue to NMR structures of very large biological macromolecules in solution［J］. Proc. Natl. Acad. Sci. USA,1997,94：12366-12371.

［29］ Pervushin K,Riek R,Wider G,et al. Transverse Relaxation-Optimized Spectroscopy (TROSY) for NMR Studies of Aromatic Spin Systems in 13C-Labeled Proteins［J］. J. Am. Chem. Soc. ,1998, 120：6394-6400.

［30］ Ollerenshaw J E,Tugarinov V,Kay L E. Methyl TROSY：explanation and experimental verification［J］. Magn. Reson. Chem. ,2003,41,843-852

［31］ Wiesner S,Sprangers R. Methyl groups as NMR probe for biomolecular interactions［J］. Current Opinion in Structural Biology,2015,35：60-67.

［32］ Karagoz G E,Duarte A M S,Akoury E,et al. Hsp90-Tau Complex Reveals Molecular Basis for Specificity in Chaperone Action［J］. Cell,2014,156：963-974.

［33］ Tolman J R,Ruan K. NMR Residual Dipolar Couplings as Probes of Biomolecular Dynamics［J］. Chem. Rev. ,2006,106：1720-1736.

［34］ Prestegard J H,Bougault C M,Kishore A I. Residual Dipolar Couplings in Structure Determination of Biomolecules［J］. Chem. Rev. ,2004,104：3519-3540.

［35］ Palmer A G,Kroenke C D,Loria J P. Nuclear Magnetic Resonance Methods for Quantifying Microsecond-to-Millisecond Motions in Biological Macromolecules［J］. Methods Enzymol. ,2001, 339：204-238.

［36］ Palmer A G. Chemical exchange in biomacromolecules：Past,present,and future［J］. Journal of Magnetic Resonance,2014,241：3-17.

［37］ Fawzi N L,Ying J,Torchia D A,et al. Probing exchange kinetics and atomic resolution dynamics in high-molecular-weight complexes using dark-state exchange saturation transfer NMR spectroscopy ［J］. nature protocols,2012,7(8)：1523-1533.

［38］ Fawzi N L,Ying J,Ghirlando R,et al. Atomic-resolution dynamics on the surface of amyloid-b protofibrils probed by solution NMR［J］. Nature,2011,480(8)：268-272.

［39］ Clore G M,Iwahara J. Theory,Practice,and Applications of Paramagnetic Relaxation Enhancement for the Characterization of Transient Low-Population States of Biological Macromolecules and Their Complexes［J］. Chem. Rev. ,2009,109：4108-4139.

［40］ Hass M A,Ubbink M. Structure determination of protein-protein complexes with long-range anisotropic paramagnetic NMR restraints［J］. Current Opinion in Structural Biology,2014,24：45-53.

附录 1　NMR 研究常用核的物理常数[①]

元素	自旋	自然丰度	相对灵敏度	绝对灵敏度	核磁共振频率磁场 2.3488(T)	磁矩 μ	电四极矩 Q
^{1}H	1/2	99.98%	1.00	1.00	100	2.7927	
^{2}D	1	0.015%	9.65×10^{-3}	1.45×10^{-6}	15.351	0.8574	2.77×10^{-3}
^{11}B	3/2	81.17%	1.65×10^{-1}	1.30×10^{-1}	32.084	2.6880	3.55×10^{-2}
^{13}C	1/2	1.11%	1.59×10^{-2}	1.76×10^{-4}	25.144	0.7022	
^{14}N	1	99.63%	1.01×10^{-3}	1.01×10^{-3}	7.244	0.4036	7.1×10^{-2}
^{15}N	1/2	0.37%	1.04×10^{-3}	3.85×10^{-6}	10.133	-0.2830	
^{17}O	5/2	0.04%	2.91×10^{-2}	1.08×10^{-5}	13.557	-1.8930	-4×10^{-2}
^{19}F	1/2	100%	8.33×10^{-1}	8.30×10^{-1}	94.077	2.6273	
^{23}Na	3/2	100%	9.25×10^{-2}	9.25×10^{-2}	26.451	2.2161	1×10^{-1}
^{25}Mg	5/2	10.05%	2.68×10^{-3}	2.71×10^{-4}	6.1195	-0.8547	
^{29}Si	1/2	4.70%	7.85×10^{-2}	3.69×10^{-4}	19.865	-0.5548	
^{31}P	1/2	100%	6.63×10^{-2}	6.63×10^{-2}	40.481	1.1305	
^{33}S	3/2	0.74%	2.26×10^{-3}	1.17×10^{-5}	7.670	0.6427	-6.4×10^{-2}
^{35}Cl	3/2	75.4%	4.70×10^{-3}	3.55×10^{-3}	9.798	0.8209	-7.9×10^{-2}
^{37}Cl	3/2	24.6%	2.71×10^{-3}	6.63×10^{-4}	8.156	0.6833	-6.21×10^{-2}
^{39}K	3/2	93.08%	5.08×10^{-4}	4.73×10^{-4}	4.667	0.3909	1×10^{-1}
^{43}Ca	7/2	0.13%	6.40×10^{-3}	9.28×10^{-6}	6.728	-1.3153	
^{79}Br	3/2	50.57%	7.86×10^{-2}	3.97×10^{-2}	25.053	2.0990	2.3×10^{-1}

---

①　灵敏度为 $\gamma 3I(I+1)$，绝对灵敏度为 $N\gamma 3I(I+1)$，其中 γ 为旋磁比，I 为核自旋量子数，N 为自然丰度。

元素	自旋	自然丰度	相对灵敏度	绝对灵敏度	核磁共振频率磁场 2.3488(T)	磁矩 μ	电四极矩 Q
^{81}Br	3/2	49.43%	9.85×10^{-2}	4.87×10^{-2}	27.006	2.2626	2.8×10^{-1}
^{111}Cd	1/2	12.86%	9.54×10^{-3}	1.21×10^{-3}	21.305	-0.5922	
^{113}Cd	1/2	12.34%	1.09×10^{-2}	1.47×10^{-2}	22.182	-0.6195	
^{127}I	5/2	100%	9.34×10^{-2}	2.20×10^{-3}	20.007	2.7939	2.77×10^{-3}

附录 2　20 种常见氨基酸残基在无规卷曲肽段中 ^{1}H 的化学位移

残基	NH	αH	βH	其他
Gly	8.39	3.97		
Ala	8.25	4.35	1.39	
Val	8.44	4.18	2.13	γCH$_3$ 0.97,0.94
Ile	8.19	4.23	1.90	γCH$_2$ 1.48,1.19;γCH$_3$ 0.95;δCH$_3$ 0.89
Leu	8.42	4.38	1.65,1.65	γH 1.64;δCH$_3$ 0.94,0.90
Pro		4.44	2.28,2.02	γCH$_2$ 2.03,2.03;δCH3 3.68,3.65
Ser	8.38	4.50	3.88,3.88	
Thr	8.24	4.35	4.22	γCH$_3$ 1.23
Asp	8.41	4.76	2.84,2.75	
Glu	8.37	4.29	2.09,1.97	γCH$_2$ 2.31,2.28
Lys	8.41	4.36	1.85,1.76	γCH$_2$ 1.45,1.45;δCH$_2$ 1.70,1.70 εCH$_2$ 3.02,3.02;εNH$_3^+$ 7.52
Arg	8.27	4.38	1.89,1.79	γCH$_2$ 1.70,1.70;δCH$_2$ 3.32,3.32,NH 7.17,6.62
Asn	8.75	4.75	2.83,2.75	γNH$_2$ 7.59,6.91
Gln	8.41	4.37	2.13,2.01	γCH$_2$ 2.38,2.38;δNH$_2$ 6.87,7.59
Met	8.42	4.52	2.15,2.01	γCH$_2$ 2.64,2.64;εCH$_2$ 2.13
Cys	8.31	4.69	3.28,2.96	
Trp	8.09	4.70	3.32,3.19	2H 7.24;4H 7.65;5H 7.17,6H 7.24;7H 7.50;NH 10.22
Phe	8.23	4.66	3.22,2.99	2,6H 7.30;3,5H 7.39;4H 7.34
Tyr	8.18	4.60	3.13,2.92	2,6H 7.15;3,5H 6.86
His	8.41	4.63	3.26,3.20	2H 8.12;4H 7.14

附录 3   20 种常见氨基酸残基在无规卷曲肽段中的 ^{13}C 的化学位移

残基	C=O	C_α	C_β	其他
Ala	177.8	52.5	19.1	
Cys(还原型)	174.6	58.2	29.0	
Cys(氧化型)	174.6	55.4	41.1	
Asp	176.3	54.2	41.1	γCO 180.0
Glu	176.6	56.6	29.9	γCH₂ 35.6;δCO 183.4
Phe	175.8	57.7	39.6	1C 138.9;2,6CH 131.9;3,5CH 131.5; 4CH 129.9
Gly	174.9	45.1		
His	174.1	55.0	29.0	2CH 136.2;4CH 120.1;5C 131.1
Ile	176.4	61.1	38.8	γCH 227.2;γCH 317.4;δCH 312.9
Lys	176.6	56.2	33.1	γCH₂ 24.7;δCH₂ 29.0;εCH₂ 41.9
Leu	177.6	55.1	42.4	γCH₂ 6.9;δCH₃ 24.9,23.3
Met	176.3	55.4	32.9	γCH₂ 32.0;εCH₃ 16.9
Asn	175.2	53.1	38.9	γCO 177.2
Pro	177.3	63.3	32.1	γCH₂ 27.2;δCH₂ 49.8
Gln	176.0	55.7	29.4	γCH₂ 33.7;δCO 180.5
Arg	176.3	56.0	30.9	γCH₂ 27.1;δCH₂ 43.3;εC 159.5
Ser	174.6	58.3	63.8	
Thr	174.7	61.8	69.8	γCH₃ 21.5
Val	176.3	62.2	32.9	γCH₃ 21.1,20.3
Trp	176.1	57.5	29.6	2CH 127.4;3C 111.2;4CH 122.2; 5CH 124.8;6CH 121.0;7CH 114.7; 8C 138.7;9C 129.5
Tyr	175.9	57.9	38.8	1C 130.6;2,6CH 133.3;3,5 CH 118.2; 4C 157.3

附录 4　20 种常见氨基酸残基在无规卷曲肽段中的 ^{15}N 及氨基 ^{1}H 的化学位移

残基	^{15}N 化学位移		^{1}H 化学位移	
	NH	其他	HN	其他
Ala	123.8		8.24	
Cys(还原型)	118.8		8.32	
Cys(氧化型)	118.6		8.43	
Asp	120.4		8.34	
Glu	120.2		8.42	
Phe	120.3		8.30	
Gly	108.8		8.33	
His	118.2		8.42	
Ile	119.9		8.00	
Lys	120.4	εNH$_3$ 125.9	8.29	εNH$_3$ 7.81
Leu	121.8		8.16	
Met	119.6		8.28	
Asn	118.7	γNH$_2$ 112.7	8.40	γNH$_2$ 6.91,7.59
Pro	−		−	
Gln	119.8	δNH$_2$ 112.1	8.32	δNH$_2$ 6.85,7.52
Arg	120.5		8.23	
Ser	115.7		8.31	
Thr	113.6		8.15	
Val	119.2		8.03	
Trp	121.3		8.25	
Tyr	120.3		8.12	

附录5 核磁共振实验中一些常用的溶剂

溶剂名称	缩写	分子式	分子量	熔点	沸点	$\delta(^1H)$	$\delta(^{13}C)$
乙酸		$C_2H_4O_2$	60.0	16.7	117.9	2.1	21.1,177.3
丙酮	AC	C_3H_6O	58.1	−94.7	56.3	2.2	20.2,205.1
乙腈	AN	C_2H_3N	41.0	−44	81.6	2.0	0.3,117.2
苯*		C_6H_6	78.1	5.5	80.1	7.4	128.7
特-丁醇	t-BuOH	$C_4H_{10}O$	74.1	25.5	82.2	1.3	31.6,68.7
二硫化碳		CS_2	76.1	−111.6	46.2		192.8
四氯化碳*		CCl_4	153.8	−23	76.7		96.7
氯仿*		$CHCl_3$	119.4	−63.5	61.1	7.3	77.7
环己烷		C_6H_{12}	84.2	6.6	80.7	1.4	27.8
环戊烷		C_5H_{10}	70.1	−93.8	49.3	1.5	26.5
萘烷		$C_{10}H_{18}$	138.2	−43	191.7	0.9~1.8	24~44
二溴代甲烷		CH_2Br_2	173.8	−52.6	97.0	5.0	21.6
邻-二氯苯*	ODCB	$C_6H_4Cl_2$	147.0	−17	180.5	7.0~7.4	128~133
乙醚		$C_4H_{10}O$	74.1	−116.2	34.5	1.2,3.5	17.1,67.4
1,2-二氯乙烷		$C_2H_4Cl_2$	99.0	−35.7	83.5	3.7	51.7
1,2-二氯乙烯 Z		$C_2H_2Cl_2$	96.9	−80.0	60.6	6.4	119.3
1,2-二氯乙烯 E		$C_2H_2Cl_2$	96.9	−49.8	47.7	6.3	121.1
1,2-二氯乙烯		C_2H_2Cl	96.9	−122.6	31.6	5.5	115.5,128.9
二氯甲烷		CH_2Cl_2	84.9	−95.1	39.8	5.3	54.2
二甲氧基甲烷		$C_3H_8O_2$	76.1	−105.2	42.3	3.2,4.4	54.8,97.9
二甲基乙酰胺	DMA	C_4H_9NO	87.1	−20.0	166.1	2.1,3	34,169.6
二甲基碳酸盐*		$C_3H_6O_3$	90.1	3	90.5	3.65	54.8,156.9

溶剂名称	缩写	分子式	分子量	熔点	沸点	$\delta(^1H)$	$\delta(^{13}C)$
二甲基醚		C_2H_6O	46.1	-139	-24		59.4
N,N-二甲基甲酰胺	DMF	C_3H_7NO	73.1	-60.4	153.0	2.9,8.0	31,161.7
二甲基亚枫	DMSO	C_2H_6SO	78.4	18.5	189.0	2.6	43.5
二氧杂烷乙烷*	D	$C_4H_8O_2$	88.1	11.8	101.3	3.7	67.8
乙醇	EtOH	C_2H_5O	46.1	-114.1	78.3	1.2,3.7	17.9,57.3
乙酸乙脂		$C_4H_8O_2$	88.1	-83.9	77.1	1.2,4.1	14.3,60.1,170.4
碳酸乙烯	EC	$C_3H_4O_3$	88.1	36.4	238	4.4	65.0,155.8
氟利昂12		CF_2Cl_2	120.9	-158	-20.8		
氟利昂22		$CHClF_2$	86.5	-146	-40.8		
甲酰胺	F	CH_3ON	45.0	2.6	29.5	7.2,8.1	165.1
六氯丙酮		$C_3Cl_{16}O$	264.8	-30	203		123.7,126.4
六氟二氯丙烷		$C_3F_6Cl_{12}$	220.9	-136	35		
六甲基氨基磷酸盐	HMPT	$C_6H_8N_3PO$	179.2	7.2	233	2.4,2.6	36.6
甲醇	MeOH	CH_4O	32.0	-97.7	64.7	3.5	49.3
甲基氯化物		CH_3Cl	50.5	-97.7	64.7		25.1
吗啉		C_4H_9NO	87.1	-3.1	128.9	2.6,3.9	46.8,68.9
硝基甲烷		CH_3NO_2	61.0	-28.5	101.2	4.3	57.3
吡啶		C_5H_5N	79.1	-41.6	115.3	7.1~8.8	124~150
喹啉		C_9H_7N	129.2	-14.9	237.1	7~8.8	121~151
二氧化硫		SO2	64.1	-72.9	-10.0		
2,2-四氯乙烷		$C_2H_2Cl_4$	167.8	-43.8	146.2	6.0	74.0
四氯乙烯		C_2Cl_4	165.8	-22.3	121.2		120.4
四氢呋喃	THF	C_4H_8O	72.1	-66	66.0	1.8,3.7	26.7,68.6
四甲基脲	TMU	$C_5H_{12}N_2O$	116.2	-1.2	176.5	2.8	38.5,165.6
甲苯		C_7H_8	92.1	-94.9	19.6	2.3,7.2	21.3,125
三氯乙烯		C_2HCl_3	131.4	-73	87.2	6.4	116.7,124.0
水		H_2O	18.02	0	100	4.8	